信息科学技术专著丛书

# 非正交多址接入理论与分析

岳新伟　李学华　刘荣科
姚媛媛　刘元玮　著

U0290909

北京邮电大学出版社
www.buptpress.com

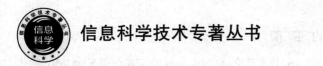

## 内 容 简 介

本书全面深入地介绍了非正交多址接入(NOMA)技术理论，对 Nakagami-*m* 衰落信道下 NOMA 系统性能、全双工/半双工模式下的协作 NOMA 通信技术、基于 NOMA 的中继选择技术、双向中继 NOMA 通信系统以及 NOMA 统一技术框架、基于 NOMA 的物理层安全通信系统以及基于 NOMA 的卫星通信技术等进行了阐述，突出了 NOMA 技术的理论、性能、应用及未来发展演进方向，为 NOMA 系统设计及研究提供了理论基础。

本书既可作为高等院校高年级本科生、研究生的前沿技术课程教材，也可作为无线通信技术人员的参考用书。

**图书在版编目（CIP）数据**

非正交多址接入理论与分析 / 岳新伟等著. -- 北京：北京邮电大学出版社，2021.6
ISBN 978-7-5635-6269-5

Ⅰ.①非… Ⅱ.①岳… Ⅲ.①多址联接方式 Ⅳ.①TN927

中国版本图书馆 CIP 数据核字（2020）第 253669 号

**策划编辑**：刘纳新 姚 顺 **责任编辑**：满志文 **封面设计**：七星博纳

**出版发行**：北京邮电大学出版社
**社　　址**：北京市海淀区西土城路 10 号
**邮政编码**：100876
**发 行 部**：电话：010-62282185 传真：010-62283578
**E-mail**：publish@bupt. edu. cn
**经　　销**：各地新华书店
**印　　刷**：唐山玺诚印务有限公司
**开　　本**：787 mm×1 092 mm 1/16
**印　　张**：11. 25
**字　　数**：275 千字
**版　　次**：2021 年 6 月第 1 版
**印　　次**：2021 年 6 月第 1 次印刷

ISBN 978-7-5635-6269-5 定 价：45. 00 元

# 前　言

随着移动通信数据业务需求的飞速增长，对下一代移动通信系统的频谱效率和用户连接宽度等关键技术指标提出了更高要求。移动通信系统从第一代到第四代均采用传统的正交多址接入方案，即无线资源在时域、频域、码域或空域等方向的自由度受限于接入方案的正交性；接收端使用较低复杂度算法进行用户信息检测，这不仅使得无线资源无法得到充分利用，而且限制了用户的接入数量。面对无线通信业务量以及设备接入量的爆炸式增长，非正交多址接入（Non-Orthogonal Multiple Access，NOMA）凭借其能提高无线通信系统频谱效率和网络容量等优势，已经成为未来移动通信网络的关键技术之一。

本书将从 NOMA 基本原理、下行 NOMA 通信、协作 NOMA 通信、NOMA 中继选择技术、双向中继 NOMA 通信、NOMA 统一技术框架、NOMA 物理层安全通信以及基于 NOMA 卫星通信技术等角度进行阐述，每部分内容又将从系统模型构建、理论性能分析、数值仿真验证等方面展开，力求让读者对 NOMA 的理论与技术有一个整体认知，通过介绍相关技术原理，引领读者逐层深入 NOMA 研究领域，帮助读者把握无线通信物理层关键技术的发展方向，为未来就业和科研打下坚实的理论基础。

本书在内容设置上注重时代性和技术前沿性，结合 NOMA 技术的最新研究进展，构建了 9 个章节的模块化结构。第 1 章介绍了 5G 研究现状、标准化进展以及关键技术，并对下一代移动通信相关技术进行了展望；第 2 章介绍了 NOMA 的基本知识、分类以及性能评估指标等，让读者了解 NOMA 的发展历程，为后续章节的学习打下必备的理论基础；第 3 章介绍了 Nakagami-$m$ 衰落信道下 NOMA 系统的性能；第 4 章介绍了基于全双工/半双工的协作 NOMA 系统性能，将近端用户当作 DF 中继以协助基站转发信息给远端用户；第 5 章介绍了基于 NOMA 的单阶段/双阶段中继选择技术，借助随机几何理论分析了这两种中继选择机制的理论性能；第 6 章介绍了双向中继 NOMA 通信系统的性能，两组用户在中继的帮助下完成信息的交互；第 7 章介绍了一种用于下行 NOMA 通信的统一技术框架，根据子载波数的设置，该框架可以分别应用于功率域 NOMA 和码域 NOMA；第 8 章介绍了基于 NOMA 的物理层安全通信技术，在 NOMA 统一框架下讨论了内部窃听和外部窃听两种通信场景；第 9 章介绍了基于 NOMA 的卫星通信技术，分析了阴影-莱斯衰落信道下地面用户的中断性能。本书各章节之间既相对独立，又前后呼应，有机地结合在一起，每个章节均采取数学建模-理论研究-仿真分析的研究思路，分阶段逐步解决，力求让读者对 NOMA 技术有一个深刻的认识，同时了解相关技术细节的原理。

本书由北京信息科技大学、北京航空航天大学和伦敦玛丽女王大学相关专业老师和专家撰写，其中第1章由李学华撰写，第2章由刘荣科撰写，第3、4章由姚媛媛撰写，第5、6章由刘元玮撰写，第7、8、9章由岳新伟撰写，全书由岳新伟定稿。

本书获国家重点研发计划（No. 2020YFB1807102）和国家自然科学基金（No. 62071052）部分资助，撰写过程得到了北京信息科技大学信息与通信工程学院的大力支持，在此表示衷心感谢。

由于本书涉及移动通信前沿技术及多个学科领域，加之作者水平有限，书中难免有不足之处，敬请各位专家、学者、同行批评指正！

作 者

# 主要符号对照表

| | |
|---|---|
| $x$ | 标量 |
| $\boldsymbol{x}$ | 矢量 |
| $\boldsymbol{I}$ | 单位矩阵 |
| $(\cdot)^{\mathrm{T}}$ | 转置 |
| $(\cdot)^{\mathrm{H}}$ | 共轭转置 |
| $E[\cdot]$ | 数学期望 |
| $\\| \\|_{\mathrm{P}}$ | P 范数 |
| $\|x\|$ | 取 $x$ 的模 |
| $\mathrm{diag}(\boldsymbol{a})$ | 以矢量 $\boldsymbol{a}$ 的元素为对角元素的对角矩阵 |
| $\mathrm{tr}(\cdot)$ | 矩阵的迹 |
| $\max\{\cdot\}$ | 取最大值运算 |
| $\min\{\cdot\}$ | 取最小值运算 |
| $\underset{x}{\mathrm{argmin}} f(x)$ | 使 $f(x)$ 最小的 $x$ 值 |
| $\underset{x}{\mathrm{argmax}} f(x)$ | 使 $f(x)$ 最大的 $x$ 值 |

# 目 录

# 第1章 绪　论

## 1.1 5G研究现状

随着第五代移动通信系统(The Fifth Generation Mobile Communication System,5G)的发展,5G网络建设和终端设备已逐步定型并进入商用阶段。全球主要国家的通信运营商都在加速进行5G网络的建设和商用进度。自2013年成立面向2020年的宽带无线移动通信系统(International Mobile Telecommunications-2020,IMT-2020)推进组以来,中国5G技术持续快速发展,在世界范围内已经成为5G技术的领跑者。2019年中国工信部正式向中国电信、中国移动、中国联通、中国广电发放5G商用牌照,我国正式进入5G商用元年。对于中国市场,业界预计在2020—2025年期间,中国5G商用直接带动的经济总产出将超过10万亿元人民币,间接拉动的经济总产出将超过24亿万元人民币。预计到2025年,5G将直接创造超过300万个就业岗位,支撑未来十年(2020—2030年)信息社会的无线通信需求,成为有史以来最庞大复杂的通信网络,并将深刻影响人类生活方式及社会发展的方方面面。与水和电一样,未来移动通信也将成为人类社会的基本需求,成为推动社会经济、文化和日常生活的社会结构变革的重要驱动力。IMT-2020推进组在《5G愿景与需求白皮书》中指出,5G无线通信系统相较4G具有以下优势:典型用户在传输速率方面将提高10～100倍,可以实现10 Gbit/s的峰值传输速率和100 Mbit/s～1 Gbit/s的边缘传输速率;端到端传输时延缩短5倍,显著提高能量效率和频谱效率;无线应用终端容量增加10～100倍。

到目前为止,5G已经成为国内外无线移动通信的焦点,许多国家和组织已经对其开展了全面而丰富的研究。IMT-2020推进组由我国工业和信息化部牵头,联合科学技术部等科研机构推动成立,其目的在于借助于产学研力量推进中国5G技术研发和开展国际交流与合作。欧盟在2012年组建了面向2020年的无线移动通信推动组项目进行有关5G方面的研究和设计,提供了技术需求、系统框架和性能评估等阶段性研究成果,为欧盟5G关键技术研究与技术突破提供参考和依据。紧接着,欧盟还启动了5G基础设施公共私人合作科研项目,该项目以欧盟构建2020年信息社会的无线移动通信关键技术(Mobile and Wireless Communications Enablers for the Twenty-Twenty (2020) Information Society,METIS)的研究成果为基础,目的是更好地衔接5G在不同阶段的研究成果。另外,韩国、日本等国家也分别成立了各自的5G项目推进组开展5G相关技术的研究开发工作。

国际电信联盟针对5G业务需求定义了连接数密度、峰值速率、移动性、用户体验速率、流量密度以及端到端时延等关键性能指标。在5G的主要应用场景中,比如移动互联网业务、虚拟现实、大数据、物联网和智能家居等，差异化业务特征对关键性能指标的需求各不相同。如图 1-1 所示，5G 场景下具体的关键性能指标描述如下：5G 应用场景需要支持的用户体验速率为 0.1～1 Gbit/s（比特每秒）、连接数密度为一平方千米支持一百万个终端设备接入、峰值速率 10 Gbit/s 以上、流量密度为每平方千米支持 10 Tbit/s 以上、移动性支持每小时 500 km、端到端的时延为毫秒级，其中，连接数密度、用户体验速率和端到端的时延是 5G 网络中最基本的关键性能指标。

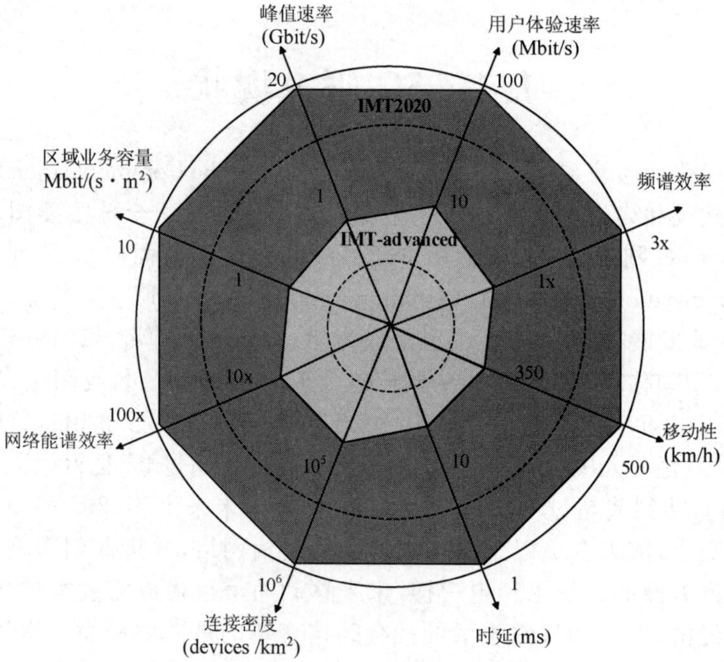


图 1-1　5G 关键性能指标示意图

面对上述业务需求和技术指标，第三代合作伙伴计划（The 3rd Generation Partner Project，3GPP）定义了 5G 三大应用场景，如表 1-1 所示，它们分别是增强性移动宽带（Enhanced Mobile Broadband，eMBB）场景、大连接机器类通信（Massive Machine Type Communication，mMTC）场景和超可靠和低时延通信（Ultra-Reliance and Low Latency Communications，uRLLC）场景。

**表 1-1　5G 三大应用场景**

| 5G 应用场景 | 主要技术需求 |
| --- | --- |
| eMBB | 提升系统吞吐量、用户连接密度、提供统一的用户体验以及支持混合业务模型发送方式等 |
| mMTC | 支持大连接和高效率业务发送方式等 |
| uRLLC | 支持超低时延和高可靠性发送方式等 |

eMBB 是以人为中心的应用场景，集中表现为超高的传输数据速率，广覆盖下的移动性保证等。在该场景下需要提升系统吞吐量和用户连接密度、提供统一的用户体验以及支持混合的业务发送方式等，支持移动宽带业务，包括随时随地的三维/超高清视频直播和分享、虚拟现实、随时随地云存取、高速移动上网等大流量移动宽带业务。在大带宽、低时延需求

上具有一定优势，是三大场景中最先实现商用的部分。对应的关键技术性能指标：下行峰值速率为 20 Gbit/s、上行峰值速率为 10 Gbit/s、下行用户体验速率为 100 Mbit/s、上行用户体验速率为 50 Mbit/s、控制面时延 20 ms、用户面时延 4 ms 等。

mMTC 场景支持海量连接、低功耗、低带宽、低成本和时延不敏感的应用，如智慧路灯、可穿戴设备和智能抄表等。以往的 Wi-Fi、ZigBee、蓝牙等无线技术属于家庭小范围用的通信技术，回传线路主要靠长期演进(Long Term Evolution，LTE)系统，近期随着大范围覆盖的 NB-IoT、LoRa 等无线技术标准的出炉，将促使物联网的发展更为广泛。与 eMBB 不同，mMTC 追求的不是高速率，而是低功耗和低成本。需要满足每平方公里内 100 万个终端设备之间的通信需求，以较低速率发送数据且对传输延迟有较低需求。在该场景下的设备连接数密度将达每平方千米 100 万个，功耗方面要求续航 10 年，电表气表等一般设备只有 2～5 年续航能力。

uRLLC 场景需要支持超低时延和高可靠性发送方式等，侧重于人与物之间的信息交互，主要包括车联网、智能物流、智能资产管理等，要求提供多连接的承载通道，实现万物互联。其应用主要涉及车联网、工业应用和控制、交通安全和控制、远程制造、远程培训及远程手术等行业。工业自动化控制时延需求大约为 10 ms，在 4G 时代难以实现。在无人驾驶方面，对时延的要求则更高，传输时延需要低至 1 ms，而且对安全可靠性要求极高，uRLLC 在无人驾驶业务方面表现出巨大的潜力。此外对于安防行业也十分重要。

## 1.2　5G 标准化进展

上述提出的 5G 愿景还需要通信领域的技术人员与其他相关行业人员一起努力逐步实现，包括标准不断完善、工程化逐步落地及商业应用模式突破等。从标准化角度来看，5G 标准是一个不断完善的过程。在标准化的初期阶段，即 Release 14(R14)，终止了 LTE 系统启动了 5G 无线技术和网络架构体系的研究项目。在 R14 上的 5G 研究项目集中在新的无线电接入网络技术和新的系统架构方面。关于 5G 的新无线电接入网络技术的研究称为新空口(New Radio，NR)，其重点是定义足够灵活的新无线电接入，以支持更大范围的频带。紧接着，3GPP 在 Release 15(R15)的基础上开始了 5G 规范第一阶段的研究，即 5G 基础功能标准化阶段。该阶段主要针对 eMBB 技术特性优化，同时兼顾 uRLLC 和 mMTC 两种特性的基础需求。2017 年 12 月 3GPP 完成了针对 R15 非独立 5G NR 规范的升级，2018 年 6 月 R15 的独立式 5G NR 规范提供了一套完整的带有独立式 NR 系统的套件。其后，5G 标准的第二阶段 Release 16(R16)的研究项目和工作项目致力于解决 R15 中的所有未解决问题。R16 相对于 R15 在网络能力扩展、挖潜以及降低运营成本等方面做了改进。主要场景包括 uRLLC 的增强、对垂直行业和 LAN 服务的支持、蜂窝物联网的支持与扩展、增强 V2X 支持、5G 定位和定位服务、用户无线功能信令优化、5G 卫星接入、5G 网络自动化架构的支持、无线和有线融合增强、流媒体和广播、用户身份验证，多设备支持、增强网络切片、增强无线 NR 功能等。5G 效率的提高将包括 5G 自组网、大数据功能的增强、多输入多输出(Multiple Input and Multiple Output，MIMO)的增强、对设备功能交换的支持以及对非正交多址接入(Non-Orthogonal Multiple Access，NOMA)支持的研究。5G 标准化的下一阶段从 2020 年开始，对应的标准版本为 5G NR Release 17(R17)及后续版本，标准化重点包括优化 uRLLC 和 mMTC 两种物联网场景应用，以更好支持垂直行业的应用(例如工业无线互联网、高铁无线通信等)。

## 1.3 5G关键技术

针对上述三大应用场景，5G关键技术为这些场景需求提供了解决思路。这些技术主要包括：大规模MIMO、毫米波通信（Millimeter Wave Communications，mmWave）、超密集组网（Ultra-Dense Network，UDN）、NOMA、全双工通信、设备到设备（Device-to-Device，D2D）通信以及基于滤波器组的多载波（Filter-Bank based Multicarrier，FBMC）等技术。下面对这几种技术进行逐个介绍。

（1）MIMO技术作为提高系统频谱效率和传输可靠性的有效手段，已经广泛应用于多种无线通信系统。它利用空间中多径因素，在发送端和接收端分别使用多个天线阵列，通过空时处理技术实现空间复用增益和分集增益，充分利用空间资源来提高系统频谱利用率。具体而言，空间复用是充分利用空间传播中的多径分量，在同一频带上使用多个数据通道发射信号，使得容量随着天线数量的增加而线性增加。这种信道容量的增加不需要占用额外的带宽，也不需要消耗额外的发射功率，因此是提高系统信道容量一种非常有效的手段；空间分集分为接收分集和发送分集两类，一般是用两副或者多副大于相关距离的天线同时接收信号，然后在基带处理中将多路信号合并，可以显著提高信道的传输可靠性，降低信道误码率。相对于传统MIMO的2、4、8天线的配置，大规模MIMO采用几十甚至数以百计的天线振子，利用大规模天线提供空间自由度，在相同的时频资源上为数十个甚至更多的用户提供服务，有效提升系统容量和频谱效率，从而更好地面对未来数据传输业务与用户数量激增的情况。其优势主要体现在：

① 空间分辨率较传统MIMO显著增强，可实现空间资源的深度挖掘；

② 通过波束赋形技术将波束集中在很窄的范围内，进而大幅度降低干扰；

③ 当天线数量足够大时，使用简单的线性预编码即可有效防止各类噪声的干扰。

然而，大规模MIMO的发展和应用仍存在诸多挑战，例如导频污染问题，对于不具有上下行互易性的频分双工系统，如何实现有效的信道估计仍然是一个需要深思的开放性课题。

（2）毫米波是指波长从1～10 mm、频率从30 GHz至300 GHz的电磁波，利用毫米波进行通信的方法称为毫米波通信。毫米波属于甚高频段，它以直射波的方式在空间传播，波束很窄，具有良好的方向性。mmWave技术能够实现数十Gbit/s的高速率传输，因此成为5G移动通信技术关注的焦点，其基本原理是利用非授权频段进行超大带宽传输，实现极高速率的无线传输从而获得更大的系统容量。mmWave技术具有频率较高、波长较短以及数据传输稳定的特点，比较适合在人口密集的区域使用，是一种典型具有高质量、恒定参数的无线传输通信技术。优点主要表现为：

① 极宽的带宽。通常认为毫米波频率范围为26.5～300 GHz，带宽高达273.5 GHz。超过从直流到微波全部带宽的10倍。配合各种多址复用技术的使用可以极大提升信道容量，适用于高速多媒体传输业务，这在频率资源紧张的今天无疑极具吸引力。

② 波束窄。在相同天线尺寸下毫米波的波束要比微波的波束窄得多。例如一个12 cm的天线，在9.4 GHz时波束宽度为18度，而94 GHz时波束宽度仅1.8度。因此可以分辨相距更近的小目标或者更为清晰地观察目标的细节。

③ 可靠性高。较高的频率使其受干扰很少，能较好抵抗雨水天气的影响，提供稳定

的传输信道;与激光相比,毫米波的传播受气候的影响要小得多,可以认为具有全天候特性。

④ 方向性好。毫米波受空气中各种悬浮颗粒物的吸收较大,使得传输波束较窄,增大了窃听难度,适合短距离点对点通信。

⑤ 波长极短。所需的天线尺寸很小,易于在较小的空间内集成大规模天线阵。和微波相比,毫米波元器件的尺寸要小得多。因此毫米波系统更容易小型化。

但面向5G及下一代移动通信,其传输损耗大、易被遮挡等信道传输特性为mmWave通信在实际中的应用带来了巨大挑战。

(3) UDN技术通过更加密集化的无线网络部署,将基站间距离缩短为几十米甚至十几米,使得站点密度大大增加,拉近了终端与基站间的距离,使得网络的频谱效率得到大幅度提升;同时扩大了网络覆盖范围,提高了频谱利用率、单位面积网络容量和用户体验速率。虽然超密集异构网络架构在5G网络中有很大的发展前景,但是节点间距离的减少、越发密集的网络部署将使网络拓扑变得尤为复杂,进而导致严重的干扰和设备不兼容等问题。因此,需要进行有效的干扰管理和干扰协调抑制。3GPP提出了小区干扰协调机制,分别从时域、频域和功率控制三个不同的层面来减轻密集网络引发的干扰。而对于多小区协作以及频谱资源匮乏难以进行频段分配的场景,则要求未来提出更加先进干扰消除算法尽可能地提高频谱效率。随着各种无线接入技术的广泛应用,5G将成为一种多样化的异构密集分布网络节点覆盖下、面向各种服务需求的多业务和多技术融合的新型无线通信系统,其中一个关键的特征是不同无线接入终端设备间的整合。广覆盖的多无线接入异构网络是5G网络中必须解决的任务。

随着小区部署密度的增加,UDN将面临许多新的技术挑战,如回传链路、干扰、移动性、站址、传输资源和部署成本等。为了实现易部署、易维护及用户体验佳等目标,超密集组网的研究方向包括小区虚拟化、自组织自优化、动态时分双工、先进的干扰管理和先进的联合传输等。

(4) NOMA技术是无线移动通信系统实现网络升级的核心问题。面向5G的多址接入技术需要从系统和网络的角度出发,来实现在给定频谱资源条件下的系统总接入用户数和总吞吐量的提升。传统正交多址接入(Orthogonal Multiple Access,OMA)分别从频域、时域、码域、空域等资源维度给用户分配不同的正交资源,以便于对原始信号在接收端进行检测与恢复。基于OMA的移动通信系统有利于接收端采用低计算复杂度的线性检测算法,然而根据多用户信息理论可知,OMA技术只能达到多用户信道容量的内界,无法充分利用多用户信道的传输能力。随着移动业务不断增加与相对紧缺的频谱资源之间矛盾的不断升级,NOMA技术的研究逐渐受到重视。截止到3GPP RAN1第86次会议,各家公司提出了多种NOMA技术方案,其支持多用户的非正交资源分配,通过功率复用或特征码本设计,发送端允许多个用户占用相同的时间、频谱、空间等多维度资源进行多用户叠加传输,接收端采用非线性检测算法进行多用户检测,不仅大幅度提升了用户接入数量而且提高了频谱利用率。在保证用户传输速率的前提下,NOMA相对于OMA大幅度提升了系统频谱效率以及系统容量,受到学术界和工业界的广泛关注。

(5) 全双工技术即同时同频进行双向通信的技术,能够显著提升频谱利用率,被认为是5G空中接口关键技术之一。由于通信终端能够在同一时间同一频段同时发送和接收信号,从理论上来说，相对于传统时分双工或频分双工模式能够提升将近一倍的频谱效率，还能有效降低端到端的传输时延并减小信令开销。但是当全双工技术采用收发独立的天线时，由于收发天线距离较近且收发信号功率差异较大，在接收端侧导致严重的自干扰。因此，实现全双工技术应用的首要问题是如何有效地抑制、消除自干扰信号。随着天线和信号处理技术的发展，自干扰消除技术得到了广泛研究，目前实现的自干扰抑制主要有空域、射频域和数字域联合等技术方案，且研究以高校的理论分析和技术试验为主，目前尚无成熟的产品样机和应用。此外，全双工在解决无线网络中的某些特殊问题时具有潜在优势，如隐藏终端问题和多跳无线网络端到端时延问题等。

(6) D2D 通信技术在提升系统网络性能、降低端到端传输时延以及提高频谱效率方面表现出巨大的潜力，可以有效地解决移动数据流量爆炸式增长、海量的终端设备连接等引发的频谱资源利用效率低下等问题。D2D 通信，即两个终端设备不用借助于其他设备直接进行通信的新型技术，凭借其优越的特点可应用到多种通信场景中，如车联网和蜂窝网等。应用 D2D 技术需要通过检测和识别邻近 D2D 的终端用户建立通信链路。由于蜂窝网络中的 D2D 技术会给蜂窝通信带来额外干扰，可通过高效的无线资源调度和管理以及控制 D2D 用户发射功率等方法降低干扰；通信模式切换决定着是否能够提高系统的频谱效率，并影响着蜂窝用户和 D2D 用户间的干扰程度，已成为备受关注的研究点。为了保证 5G 通信网络的通信质量，需建设超密集异构网络来提升网络的覆盖密度，增加覆盖区域。这种方案虽然在一定程度上扩宽了 5G 通信网的覆盖范围以及提高了通信质量。但当大量用户同时通过 D2D 设备连接入网时，很可能造成网络通信延迟大幅提升，对用户的实际使用造成影响。

(7) FBMC 通信采用多个载波信号将高速数据流分割成若干并行的子数据流，使得每个子数据流具有较低的传输速率，并利用这些子数据流分别调制相应的子载波信号。与正交频分复用(Orthogonal Frequency Division Multiplexing，OFDM)技术相比，FBMC 中原型滤波器的冲激响应和频率响应可以根据需要进行设计，各载波之间不再必须是正交的，不需要插入循环前缀。它能够实现对各子载波带宽设置、各子载波之间交叠程度的控制，从而灵活控制相邻子载波之间的干扰，并且便于使用一些空闲零散的频谱资源；各子载波之间不需要同步，可在各子载波上单独进行信道估计和检测，尤其适用于难以实现各用户之间严格同步的上行通信链路。需要指出的是由于各载波之间相互不正交，使得子载波之间存在干扰，需要采用一些干扰消除技术来降低干扰。由于 FBMC 针对不同的子载波分别进行滤波处理，并且子载波的间隔较窄，只有滤波器的长度较长时才能满足窄带滤波的性能需求，因此在突发性小文件包或对时延要求较高的应用场景下的使用效果会受到影响。

## 1.4 NOMA 研究背景

多址接入作为移动通信系统更新换代的标志性技术历来受到业界的广泛关注。从无线移动通信的发展历程来看，可以将其划分为四个阶段：第一代移动通信系统(The First Generation Mobile Communication System，1G)使用频分多址接入(Frequency Division Multiple Access，FDMA)技术，其主要特性是将系统频带资源划分成若干个互不相交的频段，每个用户只占用一个频段进行通信；第二代移动通信系统(The Second Generation

Mobile Communication System，2G）使用时分多址接入（Time Division Multiple Access，TDMA）技术，其主要特性是将时间划分成若干个不同的时隙，每个用户只占用一个时隙进行通信；第三代移动通信系统（The Third Generation Mobile Communication System，3G）使用码分多址接入技术，其主要特性是通过扩频码字来区分用户；第四代移动通信系统（The Fourth Generation Mobile Communication System，4G）使用 OFDM 技术，其主要特性是在频域上采用相互正交的子载波来区分用户，融合了 OFDM 和 FDMA 技术，从频域和时域两个维度，实现资源的有效管理和高效利用。4G 网络相对于前三代移动通信网络在用户体验、传输时延、系统安全以及无线覆盖等性能方面有了较大的提升。需要注意的是由于 OFDM 技术需要引入足够长的循环前缀来抵抗符号间干扰以及载波间干扰，带来了子载波频偏等问题。同时循环前缀占据整个频带资源的比例较大，严重浪费了有限的频谱资源。可以看出传统 OMA 技术天然存在资源利用率低等缺点以牺牲额外资源为代价确保用户间的正交性。

5G 应用场景提升峰值速率和实现海量连接的有效解决方案是提高系统频谱效率，然而频谱资源的紧缺性严重制约了无线移动通信业务的发展。1G 到 4G 无线移动通信系统普遍采用 OMA 的方式来避免用户在时域、频域以及码域等资源上的干扰问题；接收端使用相对简单的算法进行用户信息检测。虽然 OMA 技术在物理资源上避免了干扰问题，但限制了无线通信系统资源的使用自由度，无法实现最优的频谱利用率。根据多用户信息理论可知，在多址接入信道和退化广播信道下，发送端使用叠加编码机制将多个用户的信息进行叠加发送，接收端使用串行干扰删除（Successive Interference Cancellation，SIC）机制进行多用户检测可以达到多用户系统的容量界。因此从提升用户连接数密度和频谱效率的性能角度分析，NOMA 技术相对于 OMA 技术具有潜在的优势。自 1972 年 T. M. Cover 提出了叠加编码之后，NOMA 技术逐渐成为学术界的研究热点。2012 年初，在世界无线电大会上国际电信联盟通过了 4G 标准之后，5G 的研究在产业界逐步开展起来。中国的 IMT-2020 推进组、METIS、第五代基础设施公私合作伙伴关系以及下一代移动网络等 5G 组织，都将 NOMA 作为 5G 系统最重要的基础技术并开展了相应的研究工作。3GPP 最初在 R14 中开展了下行多用叠加编码（Multiuser Superposition Transmission，MUST）项目的研究，讨论了下行两个非正交用户通信的问题，随后在基于 R15 的 NOMA 研究项目中讨论了上行多个非正交用户通信技术方案。

受限于基站和用户的硬件实现能力，1G 至 3G 系统难以采用高复杂度的非线性检测算法，例如 SIC 算法和低复杂度的最大似然检测算法等。随着大规模集成电路数字信号处理芯片能力在摩尔定律下的逐年提升，硬件设备的处理能力进一步增强，4G 系统的基站和用户已经开始采用 SIC 算法和最大似然检测算法，支撑了非线性检测算法在 5G 以及下一代移动通信系统中的工程应用。

## 1.5 下一代移动通信相关技术展望

随着 5G 商用的开启，第六代移动通信系统（The Sixth Generation Mobile Communication System，6G）逐渐成为学术界和工业界关注的焦点。相对于 5G 而言，6G 需要实现更快的网络传输速率、更低的传输延迟、更广泛的覆盖范围、更智能的网络连接以及更高的能量和频谱效率，这也将促使天线和射频系统的材料、工艺、技术及形式不断演进。6G 的目标是满足十年后(2030 年后)的信息社会需求，通过全新架构、全新能力，结合社会发展的新需求和新场景，打造 6G 全新技术形态。

## 1.5.1 6G 总体愿景

作为 5G 愿景的进一步扩展和升级，6G 场景的总体愿景是实现智慧连接、深度连接、全息连接、泛在连接，真正实现信息突破时空限制、网络拉近万物距离，实现无缝融合的人与万物智慧互联；从网络接入方式看，6G 将包含多样化的接入网，如移动蜂窝、卫星通信、无人机通信、水声通信、可见光通信等多种接入方式；从网络覆盖范围看，6G 将构建跨地域、跨空域、跨海域的空-天-海-地一体化网络，实现真正意义上的全球无缝覆盖；从网络性能指标看，6G 在传输速率、端到端时延、可靠性、连接数密度、频谱效率以及网络能效等方面都会有大幅度的提升，从而满足各种垂直行业多样化的网络需求；从网络智能化程度看，6G 网络和用户将成为统一整体，人工智能在赋能 6G 网络的同时，深入挖掘用户的智能需求，大幅提升每个用户的体验；从网络服务的边界看，6G 服务的对象将从物理世界的人、机、物拓展至虚拟世界的“境”，通过连接物理世界和虚拟世界实现人-机-物-境的协作，满足人类精神和物质的全方位需求。

6G 将以 5G 三大应用场景为基础，不断通过技术创新来提升性能和用户体验，进一步将服务的边界从物理世界延拓至虚拟世界，在“人-机-物-境”完美协作的基础上，探索新的应用场景、新的业务形态和新的商业模式，实现甚大容量与极小距离通信、超越尽力而为与高精度通信和融合多类通信。相较于 5G，6G 的峰值速率、用户体验速率、时延、流量密度、连接数密度、移动性、频谱效率、定位能力、频谱支持能力和网络能效等关键指标都有了明显的提升。具体指标之间的对比如表 1-2 所示。

**表 1-2 5G 与 6G 关键性能指标对比**

| 指标 | 5G | 6G | 提升效果 |
|---|---|---|---|
| 移动性 | 500 km/h | 大于 1000 km/h | 2 倍 |
| 时延指标 | 1 ms | 0.1 ms | 10 倍 |
| 频谱效率 | 可达 100 bit/(s·Hz) | 200～300 bit/(s·Hz) | 2～3 倍 |
| 定位能力 | 室外 10 m，室内几米甚至 1 m 以下 | 室外 1 m，室内 10 cm | 10 倍 |
| 连接数密度 | 每平方千米可达 1 百万个连接 | 最大连接数密度可达每平方千米 1 亿个连接 | 100 倍 |
| 速率指标 | 峰值速率：10～20 Gbit/s<br>用户体验速率：0.1～1 Gbit/s | 峰值速率：100 Gbit/s～1 Tbit/s<br>用户体验速率：1 Gbit/s | 10～100 倍 |
| 频谱支持能力 | Sub6G 常用载波带宽可达 100 MHz，多载波聚合可能实现 200 MHz；毫米波频段常用载波带宽可达 400 MHz，多载波聚合可能实现 800 MHz | 常用载波带宽可达到 20 GHz，多载波聚合可能实现 100 GHz | 50～100 倍 |
| 流量密度 | 10 Tbit/(s·km$^2$) | 100～10 000 Tbit/(s·km$^2$) | 10～1000 倍 |
| 速率需求 | 1 Gbit/s | 1 Tbit/s | 1000 倍 |

## 1.5.2 6G关键技术

针对产业界对未来移动通信技术的愿景设想，6G网络将实现100 Gbit/s的数据速率，使用高于275 GHz的太赫兹频段，信道带宽以GHz为单位。同时面临毫米波、空间、海洋等更为复杂的业务传输场景，对物理层相关技术提出了新的挑战。

(1) 超大规模天线技术：超大规模天线技术是更好发挥天线增益，提升通信系统频谱效率的重要手段。它是大规模MIMO的进一步演进升级，将提供更高的频谱效率、更高的能量效率及创新应用等。超大规模天线不仅仅增加天线的规模，也涉及创新的天线阵列实现方式、创新的部署形式和应用等。当前6G太赫兹频谱特性研究还处于初级阶段，超大规模天线在理论和工程设计上面临大范围跨频段、空天海地全域覆盖理论与技术设计、射频电路的高功耗和多干扰等问题。因此需要进一步研发新型大规模阵列天线设计理论与技术、高集成度射频电路优化设计理论与实现方法、高性能大规模模拟波束成型网络设计技术以及新型电子材料及器件，以满足超大规模天线的应用需求。

(2) 新型调制编码技术：作为无线网络通信的基础技术，新型调制编码技术应提前对6G网络Tbit/s的吞吐量、GHz为单位的大信道带宽、太赫兹信道特性、空天海地网络架构下基于复杂场景干扰的传输模型特征进行研究和优化，对信道编码算法和硬件芯片实现方案进行验证和评估。目前业界已经开始了一些预先研究，包括结合现有Turbo、LDPC、Polar等编码机制，开展未来通信场景应用的编码机制和芯片方案；针对人工智能技术与编码理论的互补研究，开展突破纠错码技术的全新信道编码机制研究等。与此同时，针对6G网络多用户/多复杂场景信息传输特性，综合考虑干扰的复杂性，对现有的多用户信道编码机制进行优化。

(3) 新型多址接入系统的设计与优化：当前业界普遍认为NOMA是当前5G和下一代移动通信的代表性多址接入技术。针对6G场景多样化与差异性的特点，如何设计灵活统一的多址接入技术框架，并研究该框架下多址接入的信息理论极限，是一个值得考虑的重要问题。另外将当前极化编码技术引入上述系统，依据广义极化的总体原则优化信道极化分解方案是5G/6G发展中不可或缺的环节。由此可见，6G网络将进一步赋能极化多址接入系统的设计与优化，可以结合6G网络和业务场景的需求，对NOMA总体架构和关键技术进行深入研究和升级，构建基于多用户原则的极化编码通信机制，对相应的算法做进一步优化处理。

(4) 基于深度学习的信号处理技术：结合6G无线通信关键参数，对基于深度学习的信号处理技术进行深入研究和优化，目前业界从基于深度学习的信道估计技术和基于深度学习的干扰检测与抵消技术开展相关工作。基于深度学习的信道估计技术通过空-时-频三维信道估计算法建模，对用户信道、传输环境等关键参数进行自主学习，预测6G通信系统信道，主要涉及神经网络、长短期记忆网络等关键技术。基于深度学习的干扰检测与抵消技术主要针对6G网络复杂多小区场景的干扰进行自主学习和预测。

(5) 空天海地一体化通信技术：6G网络将是5G网络、卫星通信网络及深海远洋网络的有效集成，卫星通信网络涵盖通信、导航、遥感遥测等各个领域，实现空天海地一体化的全球连接。空天地海一体化网络将优化陆(现有陆地蜂窝、非蜂窝网络设施等)、海(海上及海下通信设备、海洋岛屿网络设施等)、空(各类飞行器及设备等)、天(各类卫星、地球站、空间飞行器等)基础设施，实现太空、空中、陆地、海洋等全要素覆盖。当前，将卫星通信纳入6G网络作为其中一个重要子系统，需要对网络架构、星间链路方案选择、天基信息处理、卫星系统之间互联互通等关键技术进行深入研究。

(6) 太赫兹无线通信技术：太赫兹技术被业界评为"改变未来世界的十大技术"之一，6G的一个显著特点就是迈向太赫兹时代。当前太赫兹通信关键技术研究还不够成熟，很多关键器件还没有研制成功，需要持续突破。结合6G网络和业务需求，太赫兹领域主要研究内容包括：太赫兹空间和地面通信以及信道传输理论，包括信道测量、建模和算法等；太赫兹信号编码调制技术，包括高速高精度的捕获和跟踪机制、波形与信道编码、太赫兹直接调制、太赫兹混频调制和太赫兹光电调制等；太赫兹天线和射频系统技术，包括新材料研发、新器件研制、太赫兹通信基带、天线关键技术、高速基带信号处理技术和集成电路设计方法等；太赫兹通信系统实验、太赫兹硬件及设备研制等。

(7) 可见光通信技术：它是一种对现有无线射频通信技术的的补充技术，频段包括红外、可见光和紫外线，可以有效地缓解当前射频通信频带紧张的问题。可见光频段充分利用可见光发光二极管的优势，实现照明和高速数据通信的双重目的。首先，可见光通信技术可以提供大量潜在的可用频谱并且频谱资源使用不受限，不需频谱监管机构的授权；其次，可见光通信不产生电磁辐射，且不易受外部电磁干扰影响，可以广泛应用于对电磁干扰敏感、甚至必须消除电磁干扰的特殊场合，如医院、航空器、加油站和化工厂等；另外，可见光通信技术所搭建的网络安全性更高，使用的传输媒介是可见光，不能穿透墙壁等遮挡物，传输限制在用户的视距范围以内，这就意味着网络信息的传输被局限在一个建筑物内，有效地避免了传输信息被外部恶意截获，保证了信息的安全性；可见光通信技术支持快速搭建无线网络，可以方便灵活的组建临时网络与通信链路，降低网络使用与维护成本。像地铁、隧道等射频信号覆盖盲区，如果使用射频通信，则需要高昂的成本建立基站，并支付昂贵的维护费用。而室内可见光通信技术可以利用其室内的照明光源作为基站，结合其他无线/有线通信技术，为用户提供便捷的室内无线通信服务。

(8) 认知无线电与智能频谱共享技术：为满足未来6G系统频谱资源使用需求，一方面，需要扩展可用频谱，例如采用太赫兹频谱和可见光频谱；另一方面也需要在频谱使用规则上有所改变，突破目前授权载波使用方式为主的现状，以更灵活的方式分配和使用频谱，从而提升频谱资源利用率。目前蜂窝网络主要是采用授权载波的使用方式，频谱资源所有者独占频谱使用权限，即使所述频谱资源暂时空闲，其他需求者也没有机会使用。独占授权频谱对用户的技术指标和使用区域等有严格的限制和要求，能够有效避免系统间干扰并可以长期使用。

(9) 数字孪生技术是一种充分利用模型、数据、智能集成多种科学的技术，面向生产环节的生命周期全过程。它就像是连接物理世界与信息世界的"桥梁"，为智慧城市提供实时、高效、智能的服务。其本质是实现物理实体与数字模型之间的双向数据传输和交互，物理实体运行中产生的数据或状态信息需要传输给数字模型处理，分析处理的结果又将应用于物理实体的维护和运行状态的优化。

(10) 智能反射面辅助无线通信技术：智能反射面通过在整个空间区域的规则阵列布置一组小的散射或孔径来设计编码超材料，借助数字序列进行编程控制，实现对电磁波幅度、相位、频导等电磁参数的实时调控，完成无线传播环境的重新配置。智能反射面辅助无线通信技术着眼于挖掘智能反射面的潜在应用，已被证实可以当作电磁中继来提高网络的性能。

智能反射面的使用带来了新的通信资源维度，在提高系统吞吐量与分集增益方面展现出了强大优势，已经成为学术界和工业界的研究热点。

### 1.5.3 6G研究进展

6G研究受到了学术界和工业界的广泛关注。2020年2月，国际电信联盟无线电通信工作组会议正式启动了面向2030年的6G研究工作。该会议初步制定了6G研究时间表，包括未来技术趋势研究报告、未来技术展望建议等重要规划节点。此外，国际电信联盟还计划于2021年上半年推出"未来技术展望建议书"，包含面向2030年及之后IMT系统的总体目标等。当前世界各国已经开始布局6G，中国于2019年11月3日成立国家6G技术研发推进工作组和总体专家组，标志着6G研发正式启动。运营商方面，中国电信、中国移动和中国联通均已启动6G研发工作。美国方面，早在2018年美国联邦通信委员会官员就对6G系统进行了展望，提出6G将使用太赫兹频段，6G基站容量将可达到5G基站的1000倍。韩国作为全球第一个实现5G商用的国家，于2019年4月召开了6G论坛，正式宣布开展6G研究并组建了6G研究小组，其任务是定义6G及其用例/应用、开发6G核心技术。日本方面，计划通过官民合作制定如何在2030年实现6G的综合战略。据报道，该计划由日本东京大学校长担任主席，日本东芝等科技巨头公司全力提供技术支持，在2020年6月前汇总6G综合战略。英国方面，目前产业界对6G系统进行了初步展望。2019年6月，英国电信集团首席网络架构师Neil McRae预计6G将在2025年实现商用，特征包括"5G+卫星网络"、利用"无线光纤"等技术实现的高性价比的超快宽带、广泛部署于各处的纳米天线以及可飞行的传感器等。

## 1.6 本书主要内容

全书共分为9章，主要从NOMA基本知识、Nakagami-*m*衰落信道下NOMA系统的性能、基于全双工/半双工协作NOMA系统性能、基于NOMA的单阶段/双阶段中继选择技术、双向中继NOMA通信系统性能、NOMA统一技框架、NOMA物理层安全通信以及NOMA卫星通信等方面展开介绍，让读者对NOMA技术有个全面的认识和理解。各章主要内容如图1-2所示。

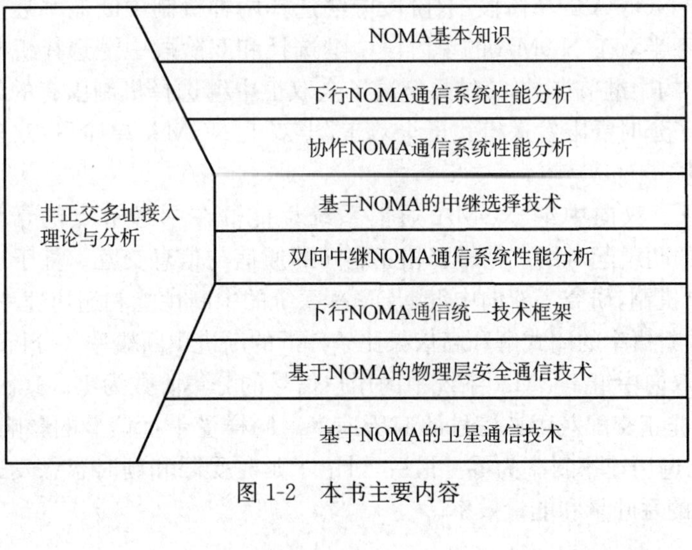


图1-2 本书主要内容

第 1 章介绍了 5G 研究现状、标准化进展及其关键技术，对下一代移动通信相关技术进行了展望；最后介绍了本书的主要内容以及各章节的具体安排。

第 2 章介绍了 NOMA 基础知识。具体包括 NOMA 的分类、基本概念、研究现状以及性能评估指标等。首先，根据资源映射和扩频特性等特点将多址技术方案分为功率域 NOMA（Power-domain NOMA，PD-NOMA）和码域 NOMA（Code-domain NOMA，CD-NOMA），阐述了两类技术方案的基本概念；其次，从点对点通信、协作通信、物理层安全以及卫星通信等方面对 NOMA 的研究现状做了详细的分析；最后，介绍了中断概率、遍历速率以及能量效率等性能指标。

第 3 章介绍了下行 NOMA 通信系统性能。由多用户信息理论可知，在发送端使用叠加编码，接收端采用 SIC 检测可以达到下行退化广播新的容量界。首先，利用排序理论对基站到用户信道进行排序处理，推导非协作 NOMA 场景下用户中断概率的闭式解和渐近表达式。其次，考虑使用放大转发中继协作基站与用户通信的场景，推导该场景下用户中断概率闭合表达式和渐近表达式。根据高信噪比条件下的近似分析结果，计算给出这两种场景下用户的分集阶数。最后，讨论了延时受限发送模式下的系统吞吐量。

第 4 章介绍了全双工/半双工模式下的协作 NOMA 通信系统性能。将 NOMA 系统中的近端用户当作译码转发中继协助基站传递信息给远端用户。首先，在考虑基站与远端用户之间有/无直链链路两种场景下，分别推导了用户的中断概率闭式解和渐近表达式。分析表明由于全双工模式带来了环路干扰，致使用户的分集阶数为零，而利用基站与远端用户之间的直链链路进行通信有效地解决了全双工协作通信固有的零分集阶数的问题。其次，推导了全双工/半双工 NOMA 在有/无直链链路场景下的遍历和速率。最后，讨论了延时受限与延时容忍两种发送模式下全双工/半双工 NOMA 系统吞吐量和能量效率。

第 5 章介绍了基于 NOMA 的单阶段中继选择和双阶段中继选择机制性能。将中继选择技术应用到 NOMA 网络进一步提高了系统的频谱效率和空间分集。首先，利用随机几何对中继节点的空间分布进行建模，推导了在全双工模式下基于 NOMA 的单阶段/双阶段中继选择两种机制的中断概率近似解和渐近表达式。受环路干扰信号的影响，基于全双工 NOMA 的单阶段中继选择/双阶段中继选择机制提供的分集阶数为零。其次，推导了在半双工模式下基于 NOMA 的单阶段/双阶段中继选择两种机制中断概率近似解和渐近表达式；分析表明基于半双工 NOMA 的单阶段中继选择和双阶段中继选择机制提供的分集阶数均等于系统中的中继节点数，该结果解决了全双工中继选择机制固有的零分集阶数的问题。最后，讨论了延时受限发送模式下全双工/半双工 NOMA 单阶段/双阶段中继选择机制的系统吞吐量。

第 6 章介绍了双向中继 NOMA 通信系统性能。在中继节点的帮助下，双向中继 NOMA 系统中的两组配对用户完成了相互之间的通信与信息交互。基于理想 SIC 和非理想 SIC 两种检测机制，研究了双向中继 NOMA 系统的中断性能和遍历速率。首先，推导了配对用户信号中断概率的闭式解和高信噪比条件下的渐进中断概率。分析表明由于存在干扰信号的影响，双向中继 NOMA 系统中的用户信号的分集阶数为零。其次，推导了双向中继 NOMA 系统非正交配对用户信号的遍历速率。同样受干扰信号的影响，在高信噪比条件下用户信号的遍历速率斜率为零。最后，讨论了延时受限和延时容忍发送模式下双向中继 NOMA 系统的吞吐量和能量效率。

第 7 章介绍了一种用于下行 NOMA 通信的统一技术框架。根据系统设置子载波数的大小，NOMA 统一框架可以转换为 CD-NOMA 或者 PD-NOMA。利用排序理论对基站到用户信道进行排序，首先，推导了 CD/PD-NOMA 系统中第 $f$ 个用户的中断概率闭式解以及高信噪比条件下的渐近中断概率；其次，推导了 CD/PD-NOMA 系统中第 $n$ 个用户分别使用 ipSIC/pSIC 时的中断概率闭式解和渐近表达式。研究表明对于 CD-NOMA 系统，用户的分集阶数不仅与用户信道的排序有关，还与系统中子载波数 $K$ 的大小有关。最后，讨论了延时受限发送模式下 CD/PD-NOMA 系统吞吐量。

第 8 章介绍了基于 NOMA 物理层安全通信技术。由于无线信道的开放性，发射机与非正交用户之间的安全通信面临严峻的挑战。本书主要介绍 NOMA 统一框架下的物理层安全通信系统性能，考虑两种场景：①外部窃听场景，即存在窃听者窃取远端用户和近端用户的信息；②内部窃听场景，即将远端用户看作窃听者监听近端用户的信息。针对外部窃听场景，给出 CD/PD-NOMA 系统用户的安全中断概率准确表达式以及渐近表达式，分析高信噪比条件下用户所能获得的安全分集阶数；针对内部窃听场景，给出 CD/PD-NOMA 系统远端用户窃听近端用户时的安全中断概率准确表达式以及渐近表达式，分析高信噪比条件下用户的安全分集阶数；最后，讨论了这两种场景下的能量效率和系统吞吐量，并对理论分析结果进行仿真验证。

第 9 章介绍了基于 NOMA 卫星通信技术。随着高通量卫星的大量应用，卫星通信领域面临着频谱匮乏的瓶颈，引入 NOMA 技术能够有效缓解问题，降低未来卫星通信的资源消耗，满足日益增长的卫星宽带接入需求。本章研究了基于 NOMA 的卫星通信技术，给出了地面第 $p$ 个用户的中断概率闭合表达式和渐近表达式，分析了高信噪比条件下用户的分集阶数；最后，讨论了阴影-莱斯衰落信道参数对系统性能的影响，并对理论结果进行了仿真验证与分析。

# 第 2 章　NOMA 基本知识

本章主要介绍 NOMA 的基本知识，包括 NOMA 的分类、基本概念、研究现状以及性能评估指标等内容，为后续章节的学习奠定基础。

## 2.1 概　述

随着移动通信数据业务与需求的迅速增长，下一代移动通信系统对频谱效率和用户连接密度等关键技术指标提出了更高的要求。典型的用户需求可以概括为高速率、低时延以及无缝连接等方面。从用户角度出发，以人为核心的移动互联网主要体现在超大的流量消耗以及高速移动状态下较为稳定的数据服务两个方面，比如 8K 视频即使经过压缩仍然需要至少 1 Gbit/s 的传输速率才能保证用户端的良好体验。实现在高铁等高速移动的交通工具中保障流畅的用户体验也带来巨大的挑战。另外物联网应用场景除了满足不同业务类型对时延的需求外还要支持海量终端设备的接入。因此，寻求高频谱利用率的多址方式一直是推动无线通信不断向上发展的源动力。多址接入技术是移动通信网络升级的核心问题，它决定了网络的基本性能和容量，直接影响着系统复杂度和部署成本，已经成为移动通信系统更新换代的标志。第一代到第四代移动通信系统均采用传统 OMA 技术，即多个用户的数据流在相互正交的物理资源上传输，接收端各数据流之间互不干扰。这种无线资源在时域、频域、码域或空域等方向的自由度受限于接入方案的正交性，不仅导致无法充分利用无线资源，而且限制了用户接入数量。根据多用户信息理论可知，OMA 技术只能达到多用户信道容量的内界，不能充分利用多用户信道的传输能力。

根据国际电信联盟的预测数据，全球移动订阅数量将会从 2020 年的 107 亿增加到 2030 年的 171 亿，全球移动数据流量更是从 2020 年的每月 62 EB 猛增至 2030 年的每月 5016 EB。面对无线通信业务量以及无线设备接入量爆炸式的增长，下一代移动通信系统的多址接入技术需要从系统和网络的角度出发，实现给定物理资源条件下系统总接入用户数和总吞吐量的提升。NOMA 技术借助于叠加编码机制将多个用户的信息在相同的物理资源上传输，能有效提高无线通信系统的频谱效率以及用户连接密度；允许大量用户同时接入相同的信道进行通信，提高了用户接入通信网络能力，达到与机会式通信相同的系统吞吐量性能。与传统 OMA 相互兼容，即构建混合多址接入系统或多载波多址接入系统，从而降低发射机与接收机的复杂度。

## 2.2　NOMA 分类

在 R14 NR 研究项目(Study Item，SI)期间已对 NOMA 技术进行了研究和讨论，给出了具体的评估假设、方法和结果。SI 的结论是要支持 eMBB 上行使用 OMA；对于 mMTC，除了 OMA 方案还支持上行 NOMA 方案。2017 年 3 月 RAN 全会通过了 R15 NOMA SI，继续研究上行 NOMA 技术。为了给 NR 工作项目更多的时间，SI 直到 2018 年 2 月才开始在 RAN1 讨论，项目也推迟到 R16。R15/16 NOMA SI 于 2018 年 12 月结项。

截至 2019 年的 3GPP RAN1 第 86 次会议，工业界提出了多达 15 种 NOMA 技术方案，其中，具有代表性的多址方案有稀疏编码多址接入（Sparse Code Multiple Access，SCMA）、图样分割多址接入（Pattern Division Multiple Access，PDMA）、多用户共享接入（Multi-User Shared Access，MUSA）和资源扩频多址接入（Resource Spread Multiple Access，RSMA）、交织图格多址接入（Interleave Division Multiple Access，IDMA）、非正交编码多址接入（Non-Orthogonal Coded Multiple Access，NCMA），非正交编码接入（Non-Orthogonal Coded Access，NOCA）、基于符号级扰码的资源扩展多址接入（Resource Spread Multiple Access，RSMA）、基于符号级扩频和扰码的分组正交编码接入（Group Orthogonal Coded Access，GOCA）、低码率和签名共享多址接入（Low Code Rate and Signature Based Shared Access，LSSA）、重复分区多址接入（Repetition Division Multiple Access，RDMA）、基于符号级交织的网格交织多址接入（Interleave-Grid Multiple Access，IGMA）、基于比特级扩频的低码率扩频（Low Code Rate Spreading，LCRS）、基于功率域叠加的非正交多址接入（Power Superimposed Based Non-Orthogonal Multiple Access，P-NOMA）。如表 2-1 所示，总结了一些具有代表性多址方案的技术特点。

**表 2-1 多址接入方案技术特点**

| 基于功率域的多址方案 | 基于比特级的多址方案 | | 基于符号级的多址方案 | | |
|---|---|---|---|---|---|
| 功率域多用户叠加特性 | 特定用户比特级加扰 | 特定用户比特级交织 | 传统 NR 调制的特定用户符号级扩展 | 符号级加扰 | 补零特定用户符号级交织 |
| P-NOMA | LCRS<br>NCMA<br>IGMA | IDMA | RSMA MUSA<br>NCMA NOCA<br>SCMA PDMA | RSMA | IGMA |

根据资源映射和扩频特性等特点，可以将这些多址方案归纳为两大类：即 PD-NOMA 和 CD-NOMA（或称为单载波非正交多址接入和多载波非正交多址接入）。学术界针对 PD-NOMA 和 CD-NOMA 均展开了深入广泛的研究，比如点对点 NOMA 通信、MIMO-NOMA 通信、协作 NOMA 通信、毫米波 NOMA 通信等方面。另外将 NOMA 技术应用到认知无线电、无线缓存、物理层安全以及卫星通信等方向的研究也有了新的进展。本书在对 PD-NOMA 和 CD-NOMA 进行基本概念介绍的基础上，主要针对 PD-NOMA 展开深入详细的探讨。

## 2.3 NOMA 基本概念

下面分别介绍 PD-NOMA 和 CD-NOMA 的基本概念。

### 2.3.1 PD-NOMA 技术

PD-NOMA 的核心思想主要体现在两个方面：①基站借助于叠加编码机制将多个用户的数据信息通过不同的功率等级映射到相同的物理资源（时域/频域/码域/空域）上；②接收端使用 SIC 机制进行多用户检测。具体过程如图 2-1 所示，该场景主要包括一个基站和两个用户，其中，一个近端用户（指信道条件好的用户）和一个远端用户（指信道条件差的用户）。为了保证用户之间的公平性，在占用相同物理资源的情况下给近端用户分配较小的功率，给远端用户分配较大的功率；然后基站利用叠加编码机制发送叠加信号给远端用户和近端用户。近端用户具有较好的信道条件，可以利用 SIC 机制先检测出远端用户的信号，然后将该信号从叠加信号中删除再检测自身的信号。相反远端用户信道条件差，检测时直接将近端用户的信号作为干扰。

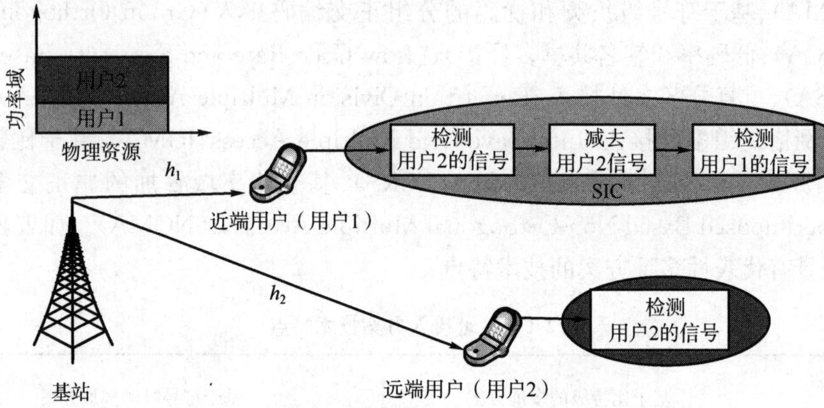


图 2-1 PD-NOMA 系统模型

下面通过高信噪比（Signal-to-Noise Ratio，SNR）下的分析来说明 PD-NOMA 相对于 OMA 带来的性能优势。如图 2-1 所示，基站使用叠加编码机制将信号发送给近端用户（用户 1）和远端用户（用户 2），此时它们对应的接收信号表达式可以分别表示为

$$y_1=h_1(\sqrt{P_s a_1}\,x_1+\sqrt{P_s a_2}\,x_2)+n_1 \tag{2-1}$$

$$y_2=h_2(\sqrt{P_s a_1}\,x_1+\sqrt{P_s a_2}\,x_2)+n_2 \tag{2-2}$$

式中，$h_1$ 和 $h_2$ 分别表示基站到用户 1 和用户 2 的信道。$P_s$ 表示基站的发射功率，$a_1$ 和 $a_2$ 分别表示基站分配给用户 1 和用户 2 的功率因子。$x_1$ 和 $x_2$ 分别是用户 1 和用户 2 的能量归一化信号。$n_1$ 和 $n_2$ 分别表示在用户 1 和用户 2 处的高斯白噪声（Additive White Gaussian Noise，AWGN）。

在 OMA 情况下，用户 1 和用户 2 的可达数据速率可以分别表示为

$$R_{OMA,1}=\frac{1}{2}\log(1+\rho\,|h_1|^2) \tag{2-3}$$

$$R_{OMA,2}=\frac{1}{2}\log(1+\rho\,|h_2|^2) \tag{2-4}$$

式中，1/2 表示将系统的带宽分配给两个用户，$\rho$ 表示发送端 SNR，$|h_1|^2$ 和 $|h_2|^2$ 分别表示基站到用户 1 和用户 2 的信道增益。当 $\rho\to\infty$ 时，OMA 系统的可达和速率可以近似为

$$R_{sum,OMA} \approx \frac{1}{2}\log(\rho\,|h_1|^2)+\frac{1}{2}\log(\rho\,|h_2|^2) \tag{2-5}$$

在 PD-NOMA 通信情况下，用户 1 具有较好的信道条件，它使用 SIC 先检测出用户 2 的信号 $x_2$，然后再解码自身的信号 $x_1$。假设用户 1 成功解码了信号 $x_2$，则用户 1 的可达速率表示为

$$R_{NOMA,1}=\log(1+\rho\,|h_1|^2 a_1) \tag{2-6}$$

用户 2 具有较差的信道条件不执行 SIC 检测，直接将用户 1 的信号 $x_1$ 当作干扰去解码自身的信号 $x_2$。因此，用户 2 的可达速率可以表示为

$$R_{NOMA,2}=\log\left(1+\frac{\rho\,|h_2|^2 a_2}{\rho\,|h_2|^2 a_1+1}\right) \tag{2-7}$$

当 $\rho\to\infty$ 时，PD-NOMA 系统的可达和速率可以近似为

$$R_{sum,NOMA}=\log(\rho\,|h_1|^2 a_1) \tag{2-8}$$

可以看出，当用户 1 和用户 2 的信道增益 $|h_1|^2$ 和 $|h_2|^2$ 存在较大差异时（比如 $|h_1|^2>|h_2|^2$），PD-NOMA 系统的和速率远大于 OMA。这是由于正交用户之间需要分配不同的频带资源，此时公式(2-5)中因子 $\frac{1}{2}$ 比公式(2-8)中的功率分配因子 $a_1$ 对系统和速率的影响大。PD-NOMA 的优势保证了系统吞吐量和用户公平性之间的折中。在仅以系统吞吐量为目标情况下，OMA 可以将所有功率分配给具有较好信道状态信息的用户 1 来最大化系统吞吐量，但却无法保证用户 2 的服务质量（Quality of Service，QoS）。而 PD-NOMA 系统较 OMA 在提供较大吞吐量的同时保证了用户之间的公平性。另外通过 LTE 系统链路级和系统级仿真平台验证可知 PD-NOMA 相对于 OMA 提高了频谱效率、增加了系统容量以及边缘用户的吞吐量。

从标准化的角度，下行 MUST 机制作为 PD-NOMA 的一种特殊情况已经在 3GPP 会议中进行了标准化并写进了 LTE-Advanced Release 13，其中 MUST 技术方案大致可以分为三类，如表 2-2 所示。

**表 2-2　MUST 技术分类与特性**

| 分类 | 功率因子 | 格雷映射 | 标签位置 |
|---|---|---|---|
| MUST 方案一 | 自适应、星座旋转 | 否 | 组合星座 |
| MUST 方案二 | 自适应、星座旋转 | 是 | 组合星座 |
| MUST 方案三 | 非自适应、星座旋转 | 是 | 组合星座 |

如图 2-2 所示，在 MUST 方案一中，叠加发送的两个用户编码比特独立映射形成各自星座，然后通过功率加权叠加产生组合星座。此时，组合的星座图不满足格雷映射。

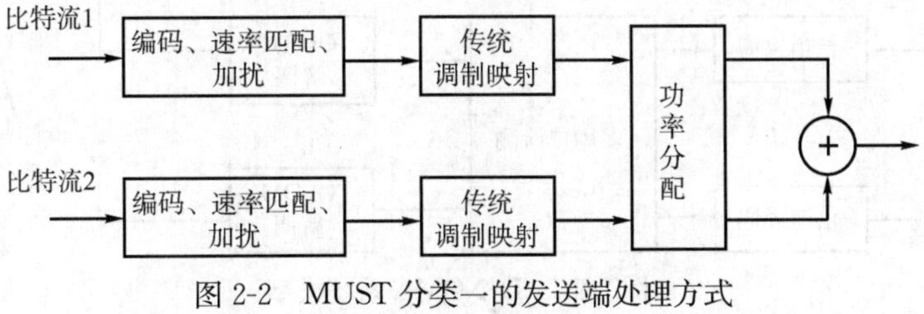


图 2-2　MUST 分类一的发送端处理方式

如图 2-3 所示，MUST 方案二与 MUST 方案一类似，区别在于叠加后的组合星座映射满足格雷映射。为了满足这一条件，信道编码速率匹配和加扰之后的编码比特需在两个用户之间联合进行星座映射。

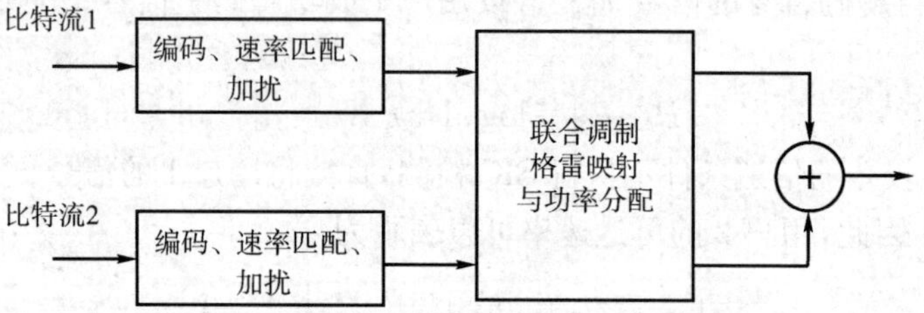


图 2-3　MUST 分类二的发送端处理方式

MUST 方案一和方案二中两个用户信息是在调制符号上叠加的，而对于 MUST 方案三，信息是在编码比特上叠加的。换言之，两个用户的编码比特不是进行独立调制，而是共同映射到组合星座上。如图 2-4 所示，所有的操作均在组合星座上进行，而不是在每个用户的组成星座上进行，最后得出的组合星座是一个标准 QAM 星座，满足格雷映射。

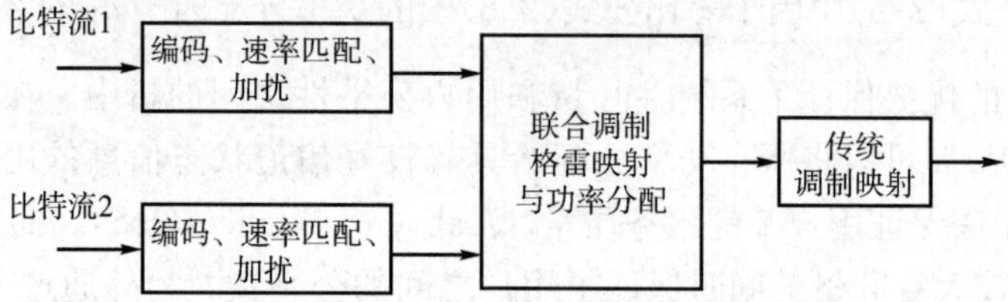


图 2-4　MUST 分类三的发送端处理方式

## 2.3.2　CD-NOMA 技术

如图 2-5 所示，CD-NOMA 的基本思想是在发送端将多个用户的调制符号通过预先设计好的特征矩阵，比如稀疏扩频矩阵或码本，映射到相同的物理资源上；在接收端采用广义串行干扰消除算法（SIC 算法或消息传递算法（Message Passing Algorithm，MPA）等）进行多用户信息检测。下面分别以华为、大唐和中兴等公司提出的 CD-NOMA 技术方案为例阐述其基本原理。

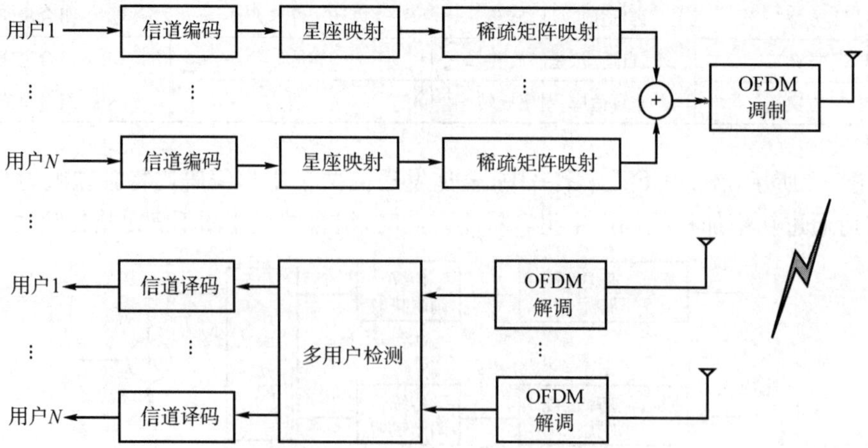


图 2-5　CD-NOMA 系统模型

SCMA 是由华为提出的一种基于稀疏编码结合调制的多址接入技术。其基本原理是在发送端将低密度码与调制相结合进行联合优化，通过共轭、置换以及相位旋转等方式选择最优的码本集合，不同用户对应不同的码本，用户在传输信息时直接将比特映射成码字，实现多个传输层占用相同的时频资源达到资源复用的效果；为了实现高吞吐量，接收端一般采用 MPA 对用户数据检测进而实现近似多用户最大似然的译码性能，也可以使用线性解扩和 SIC 算法进行检测。由于码本具有稀疏特性可以明显降低计算复杂度，但相对于 SIC 算法仍然较为复杂，因此设计合适的接收算法降低工程实现复杂度是值得考虑的重要问题。SCMA 采用非正交叠加技术，在同样资源条件下可以支持更多的用户数，利用多维调制和频域扩展技术大幅提升了单用户链路质量。借助于盲检测技术以及 SCMA 对码字碰撞不敏感的特性，可以实现免调度随机竞争接入，有效降低实现复杂度和时延，更适合用于小数据包、低功耗、低成本的物联网业务。

PDMA 是大唐（电信科学技术研究院）在早期基于串行干扰删除的友好多址接入（SIC Amenable Multiple Access，SAMA）基础上提出的一种新型非正交多址接入技术。其基本原理是以多用户信息理论为基础进行发送端和接收端的联合优化设计，发送端将多个用户的信号通过图样映射到相同的时域、频域或空域资源上进行复用传输；接收端使用高性能低复杂度的多用户检测技术，例如用置信传播算法逼近最大后验概率检测性能，从而实现上行和下行的非正交传输，逼近多用户信道的容量界，实现通信系统整体性能最优。为了降低接收端复杂度，在 PDMA 设计中借鉴了低密度扩频码的稀疏编码思想，编码图样的扩频码字中存在一部分零元素，使编码图样呈现稀疏性。这种稀疏特性使接收端以较低的复杂度实现置信传播算法，并通过多用户联合迭代，实现近似于最大后验概率的检测性能。由于 PDMA 技术能够减少传统 NOMA 技术中 SIC 接收机的差错传播，且相对于 OMA 技术能支持更多的用户数和更高的系统频谱效率。PDMA 技术受到了业界广泛关注，2014 年被写入 ITU 新技术报告 IMT. Trend。

MUSA 是由中兴提出的一种基于码域叠加的非正交多址接入技术方案，在发送端每个用户随机选择使用预先设计好的码本，不同用户的已调符号经过该码本扩频后在相同物理资源上叠加发送；接收端采用 SIC 接收机对叠加用户的数据信息进行检测。需要注意扩展序列的设计是 MUSA 性能提升的关键，该序列要求在码长很短（4 个或 8 个）的情况下需要具有较低的互相关特性，保证非正交用户之间具有较低的干扰。扩展序列码的设计直接影响着 SIC 实现的复杂度以及系统的性能。当用户信道条件存在差异时，较大的码本选择余地可以保证系统容量最大化以及各用户的均衡性，使得系统在同一物理资源上拥有高可靠接入量。MUSA 通过对用户信息扩频编码，显著提高了通信系统的资源复用能力。

RSMA 是由高通提出一种基于资源扩频的非正交多址接入方案，该方案借助于低码率信道编码和扰码的优势区分叠加在一起的用户信息。它一般使用两种低复杂度的多用户检测算法：一是匹配滤波，即每一层的信号在送到译码器之前先进行解扰和解扩。多用户检测是通过扩频序列/扰码的共轭转置实现的，这一过程可以看作匹配滤波。二是基于匹配滤波的 SIC 检测算法，数据分组经过译码器后，接收机从接收到的信号中减去对该数据分组译码后的信号，然后对未成功译码的数据分组重新译码，直到所有的数据分组都完成译码。

## 2.4 NOMA 研究现状

结合本书的主要内容，以下主要从点对点 NOMA 通信、MIMO-NOMA通信、协作 NOMA 通信以及基于 NOMA 的物理层安全通信等方面的研究现状展开详细说明。为了表示方便，后续的章节中用 NOMA 来表示 PD-NOMA。

### 2.4.1 点对点 NOMA 研究现状分析

由多用户信息理论可知，NOMA 在多址信道和退化广播信道下，发送端使用叠加编码将多个用户的信息叠加发送，接收端使用 SIC 进行多用户检测可达到系统的容量界。同时，还可以通过合理选择非正交用户的目标数据速率以及优化用户间的功率分配，提高用户随机分布的 NOMA 网络性能。在各种非正交多址接入技术方案中，NOMA 的理论研究最为充分，也具备较好的商用前景。

点对点 NOMA 系统的研究主要从上行通信和下行通信两个方面展开。针对上行 NOMA 通信，Al-Imari 等人提出了一种有效的非正交发送机制，该机制能在无扩频冗余的情况下允许多个用户占用相同的子载波进行信息发送，在接收端通过联合处理检测用户的信号，数值结果表明相对于正交频分多址技术，NOMA 显著提高了系统频谱效率和用户的公平性。进一步，Zhang 等人提出了一种上行 NOMA 功率控制方案，通过该方案保证了非正交用户发送功率的差异性，研究了用户的中断概率以及系统可达和速率。另外，Tabassum 等人利用随机几何理论中的泊松簇过程分析了多小区上行 NOMA 系统性能，评估了理想串行干扰删除与非理想串行干扰删除两种机制下的用户覆盖概率。相对于上行 NOMA 通信，下行 NOMA 的研究工作更加丰富。借助于排序理论和有界路损模型，Ding 等人对多个用户的信道进行排序和建模，研究了用户的中断概率和系统遍历和速率等性能，研究表明 NOMA 相对于 OMA 有着更好的用户公平性，该研究工作对后续有关 NOMA 系统性能分析方面的研究具有重要指导意义。从信息论的角度，Peng 等人研究了下行 NOMA 系统的性能，阐述了广播信道容量、NOMA 和 TDMA 可达速率之间的联系，研究表明 NOMA 系统和速率优于 TDMA 系统。由于 NOMA 是功率受限系统，让系统中的所有用户都进行非正交通信是不现实的，因此可以对用户进行分组配对处理，组内的配对用户执行 NOMA 操作，组与组之间在物理资源上保持正交性。在此基础上，Ding 等人研究了用户配对 NOMA 系统的影响，分析对比了固定功率分配因子和动态功率分配因子下的 NOMA 性能。

为了评估信道估计误差对系统性能的影响，Yang 等人研究了基于非理想信道状态信息的 NOMA 中断性能和遍历速率，仿真结果表明 NOMA 相对于传统 OMA 实现了更优的通信性能。Choi 提出了一种应用于 NOMA 实际场景的线性叠加编码发送机制，给出了该机制下的最优功率分配方案。针对混合 NOMA 系统，Ding 等人提出了一种新的功率分配方案，得到了混合 NOMA 系统用户的中断概率闭式解和高 SNR 条件下的渐近中断概率表达式，数值仿真显示 NOMA 相对于 OMA 提供了较好的中断性能，实现了两个用户可达数据速率的折中。同时，Liu 等人在大规模认知无线电 NOMA 网络下讨论了两种不同的功率受限场景：主发送机以固定功率发送用户的信息和主发送机以正比于基站发送的功率来发送信息。研究表明在认知无线电网络中 NOMA 中断性能优于 OMA。针对基于 NOMA 的无线缓存通信系统，Ding 等人提出了推送然后发送和推送并发送两种缓存方案，研究表明推送然后发送的缓存方案有效提高了缓存击打概率同时减小了发送中断概率；推送并发送的缓存方案可以及时服务于用户的需求，而且可以直接应用于设备到设备的应用场景。另外，如何将 PD-NOMA 和 CD-NOMA 两类方案融合在一个统一技术框架下进行理论分析是一个值得考虑的重要问题。从统一框架的角度，Wang 等人将多种 NOMA 方案进行分类，对比了用户过载、接收机复杂度以及系统吞吐量等指标。Qin 等人研究了在基于异构超密集网络的 NOMA 统一框架下用户关联和资源分配等问题。

## 2.4.2 MIMO-NOMA研究现状分析

MIMO 技术利用多天线信道引入空间自由度，通过与时域或频域的联合处理以及信道编码的结合，获得更高的传输效率、可靠性和系统信道容量。因此 NOMA 与 MIMO 技术的结合将进一步增强系统频谱效率和空间自由度，为系统用户接入数量以及用户移动性问题提供相应的解决方案。Chen 等人评估了基于开环单用户MIMO-NOMA系统性能，分析表明MIMO-NOMA相对于单用户 MIMO 增强了系统通信性能。Saito 等人分析了开环单用户MIMO-NOMA系统中的 SIC 检测性能，对比了码字级 SIC、符号级 SIC 和理想 SIC (Perfect Successive Interference Cancellation，pSIC)接收机的性能，链路级仿真结果表明码字级 SIC 的性能优于符号级 SIC 接收机，该性能几乎接近于 pSIC 接收机的性能。Ding 等人提出了一种应用于MIMO-NOMA系统的预编码方案，分析了固定分配功率和用户配对对系统性能的影响。紧接着利用信号对齐的概念，Ding 等人提出一种能够应用到上行和下行 NOMA 通信的多天线技术框架，分析了固定功率分配下用户的中断概率以及系统和速率。Sun 等人分析了MIMO-NOMA系统可达和速率，提出一种低复杂度次优的功率分配机制来最大化系统的遍历容量。在单层发送机制下，Ding 等人集中讨论了MIMO-NOMA系统最优功率分配机制，提出一种最大化MIMO-NOMA最大和速率的方法，推导给出在已知信道状态信息条件下的系统遍历和速率闭合表达式。在给定用户分簇的情况下，Liu 等人从公平的角度讨论了MIMO-NOMA系统动态用户分簇的问题，采用分半搜索算法能最优化功率分配因子，仿真结果表明提出的自顶向下的算法在性能损失较小的情况下降低了算法复杂度。针对物联网应用场景，Ding 等人设计了一种新的MIMO-NOMA发送机制来支持该场景下的小包业务，即当其中一个用户的 QoS 得到满足时，通过使用 NOMA 机制来机会的服务于另外一个用户。为了增强MIMO-NOMA的系统性能，Shin 等人提出两种协作波束赋性技术，有效地降低小区间干扰，增加了同时服务的用户数量与小区边缘用户吞吐量。利用大规模 MIMO 发送方式，Zhang 等人提出一种低反馈 NOMA 机制，即将大规模 MIMO-NOMA信道分解成多个单天线 NOMA 信道，然后根据用户排序和 1-bit 反馈两个指标对提出的机制进行评估。Nikopour 等人提出将伪双散射信道矩阵应用到 MIMO-NOMA系统中，并利用随机矩阵理论分析了系统的中断概率性能，数值仿真结果表明随着天线数的增加系统中断性能越来越小。

## 2.4.3 协作 NOMA 研究现状分析

小区边缘节点的通信质量直接决定通信网络总体吞吐量和用户体验。在蜂窝移动网络加入中继引入协作通信的思想，可以在不明显改变骨干网络结构的同时显著提高网络覆盖范围。较多的文献已经证实协作通信能有效提高系统分集，克服多径衰落对系统性能的影响。因此将协作通信技术与 NOMA 技术结合，可以提升 NOMA 系统通信质量和稳定性，对于实现网络海量连接等需求具有重大的意义。

目前存在多种不同形式的协作 NOMA 通信技术方案，可以归纳为两大类：第一类是将具有较好信道增益的近端用户当作中继来协助基站完成通信。具体来说，Ding 等人提出将近端用户当作译码转发(Decode and Forward，DF)中继研究了 NOMA 用户之间的协作通信，分析表明远端用户获得了较好的分集性能。在此基础上，Liu 等人在近端用户处使用无线携能通信技术将收集的能量用于解码转发远端用户的信息。为了提高系统频带利用率，Zhang 等人在近端用户处使用全双工模式，研究了协作 NOMA 系统的中断概率以及遍历和速率。由于受环路自干扰信号的影响，近端用户的中断性能在高 SNR 下收敛于错误平层。第二类是使用专用中继来协助基站完成通信。Kim 等人研究了基于 DF 中继的协作 NOMA 系统性能，得到了用户的中断概率以及遍历速率的闭式解，通过这种协作通信的方式保证了远端用户的 QoS。在基站和非正交用户之间没有直连通信链路的情况下，Men 等人研究了基于变增益放大转发(Amplify and Forward，AF)中继的 NOMA 通信系统性能，分析了排序用户中断概率并揭示了用户的分集增益与其信道的排序有直接的联系。在仅已知统计信道状态信息的条件下，Wan 等人讨论了基于 AF 和 DF 中继的协作 NOMA 系统中断概率以及遍历速率，数值仿真结果表明基于 DF 中继的协作 NOMA 在低 SNR 范围内相对于 AF 中继协作 NOMA 具有较小的中断概率，同时提供了较大的系统遍历和速率。针对频谱共享认知无线电网络，Liu 等人提出了一种基于 NOMA 的协作发送机制，在该机制下将次发射机当作中继协助主发射机传递信息，分别给出了主/次网络的中断概率和系统吞吐量，仿真结果表明在使用基于 NOMA 的协作发送机制时网络性能有较大提升。

在协作 NOMA 通信网络中往往具有多个中继节点，并不意味着越多的中继节点参与协作系统性能就越好。因此，中继选择技术需要考虑与谁协作、如何协作等问题，即如何从候选中继集合中选择一个最优的中继或多个中继来提高协作 NOMA 系统的性能。在使用 pSIC 检测和已知理想信道状态信息的条件下，Ding 等人首次将中继选择技术应用到 NOMA 系统，提出基于 NOMA 的双阶段中继选择机制，即在保证远端数据速率的情况下最大化近端用户的数据速率，讨论了该机制的中断性能以及提供的分集阶数等问题。紧接着，Yang 等人根据用户的不同 QoS 需求，提出了基于 NOMA 的 AF/DF 双阶段中继选择机制，研究表明这两种中继选择机制的中断性能优于基于 OMA 的中继选择机制。为了优化系统中断性能，Deng 等人研究了协作 NOMA 系统用户分组和中继选择等技术问题，提出一种用户与中继配对的最优中继选择机制，分析结果表明：当用户的目标数据速率较小时，该机制提供的分集阶数等于系统的中继数量。Xiao 等人提出了一种基于 AF/DF 的协作 NOMA 自适应中继选择机制，推导给出了用户中断概率和遍历速率准确表达式。另外，将 NOMA 与双向中继技术相结合，能有效降低系统中断概率和提高分集阶数，进一步增强协作 NOMA 系统的通信可靠性。

### 2.4.4 NOMA 物理层安全研究现状分析

随着日益加快的通信系统部署，无线通信应用给安全通信机制的设计带来了巨大挑战，无线信道开放性和差异化的通信服务需求使得用户的信息安全和隐私保护显得尤为重要。安全通信是保证无线通信网络能够提供给用户稳定、可靠性服务的关键。物理层安全技术充分利用无线信道的多样性、时变性和互易性等特点，在保证合法用户安全接收私密信息的同时使得窃听者无法获得任何有用信息。在 NOMA 网络中，由于发送端采用叠加编码接收端利用串行干扰删除译码的特性，以及多用服务需求差异性较人等因素，可能导致非正交用户成为被动窃听者或存在恶意拦截、窃取用户信息的情况。因此，从物理层保障 NOMA 网络的安全通信是需要考虑的关键技术问题之一。

由于在一个资源块中发射多个用户的叠加信号，因此，在实际系统部署时如何保证 NOMA 用户的安全通信是一个亟待解决的重要问题，也是当前研究的热点。在用户具有理想信道状态信息且窃听者信道状态信息未知的情况下，Zhang 等人通过在每个用户处采用理想的串行干扰消除给出了最优功率分配策略方案，并且根据每个用户的 QoS 要求得出了系统的最大安全和速率。在单播和多播通信场景下，Ding 等人考虑内部窃听的情况即将远端用户作为窃听者窃取近端用户的信息，推导了 NOMA 系统安全用户的中断概率闭合表达式，证明了在单播模式高 SNR 下 NOMA 系统的保密中断性能优于 OMA 系统。在存在外部窃听者的情况下，He 等人研究了安全用户的解码顺序、传输速率和功率分配问题，指出安全中断概率约束不会改变 NOMA 的最佳解码顺序。进一步，Liu 等人讨论了单天线和多天线通信场景，分析了用户的安全中断概率并给出了高 SNR 条件下用户所能获得的分集增益，理论分析和仿真结果表明在基站周围设置保护区域和产生人工噪声，增强了 NOMA 网络的物理层安全通信性能。针对多输入单输出 NOMA 系统，Lv 等人设计了一种新的保密波束赋形方案，该方案能有效地利用人工噪声保护合法用户的保密信息。以最大化安全中断概率为设计目标，Lei 等人在下行两用户 NOMA 网络中分析了不同天线选择机制对系统性能的影响，得到了次优天线选择方案和最佳天线选择方案的闭合表达式。

在协作 NOMA 物理层安全研究方面，Chen 等人讨论了基于 AF 和 DF 中继的协作 NOMA 安全中断概率和遍历速率，理论分析表明两种转发中继基本上具有相同的安全性能，而且与中继到远端用户之间的信道条件无关。Lei 等人使用多个译码转发中继来协助基站传递信息给合泆用户，分别分析了固定和动态功率分配方案下 NOMA 用户的安全中断概率，得到了准确和渐近闭合表达式，仿真结果表明使用中继选择技术减小了合法用户的安全中断概率。在有外部窃听者的情况下，Jiang 等人通过联合设计子载波分配方式、用户配对方案和功率分配方案，使得基于放大转发双向中继的 NOMA 网络安全能量效率达到了最优。通过引入可信任的半双工中继节点，Arafa 等人研究了译码转发和放大转发中继辅助的 NOMA 安全通信方案，并设计发射波束成型信号用于增加合法用户的安全速率和降低窃听者的窃听速率。Zheng 等人研究了基于全双工的双向中继 NOMA 网络安全通信，在该场景下中继不但转发保密信息给合法用户，同时还发射干扰信号来降低潜在窃听者的性能，得到了存在恶意窃听者时合法用户可实现的安全遍历速率闭合表达式。

### 2.4.5 NOMA卫星通信研究现状分析

与地面移动通信系统相比,卫星通信系统具有通信容量大、通信距离远、组网灵活,不受地理环境以及地形因素影响等优势。因此,在地面网络覆盖不到的边远山区、空中、远海等区域,可以利用卫星通信与地面移动通信网络形成良好的互补。卫星与5G的融合将充分发挥各自优势,为用户提供更全面优质的服务。3GPP从R14开始展开星地融合的研究工作,对卫星在5G系统中的角色和优势进行了探讨。在2017年底发布的技术报告中,3GPP业务与系统工作组对卫星相关的接入网协议及架构进行了评估,定义了5G中使用卫星接入的三大类用例,分别为连续服务、泛在服务和扩展服务。在3GPP面向非地面网络的5G新空口研究项目中,定义了包括卫星通信在内的非地面通信网络的部署场景。

目前5G系统采用了大量颠覆性技术,网络具备了新的特征,使得地面移动网络与卫星网络的融合成为可能。卫星通信系统主要采用的是OMA技术,比如FDMA或TDMA,而在未来的卫星网络中,大量用户需要高标准的QoS。考虑到提高频谱效率和降低卫星通信中的资源消耗等问题,将NOMA技术应用到卫星通信系统将能有效地解决这些问题,进而更好地支持5G mMTC应用场景。最近有学者开展了基于NOMA的卫星通信技术方面的研究,Zhu等人针对基于NOMA的综合地面卫星网络展开了研究,通过设计波束向量和功率分配方案,分析了地面卫星网络的容量性能。以中断概率作为评估指标,Yan等人研究了基于NOMA的陆地移动卫星通信系统性能,分析表明相对于TDMA,在卫星通信系统中使用NOMA方案展现出明显的优势。紧接着Yan等人将地面近端用户当作中继协助卫星转发信息给远端用户,分析了基于协作NOMA的卫星通信系统地面用户的遍历速率性能,研究表明协作NOMA用户获得的遍历速率优于TDMA。针对低轨卫星通信系统,Li等人提出了一种基于NOMA的卫星协作方案,该方案由两颗卫星来保证波束边缘用户的QoS,利用等效下行链路信道增益的差异,使用NOMA技术同时为位于波束中心和波束边缘的用户提供服务,分析结果表明基于NOMA的协作方案在保证波束边缘用户速率质量的同时增强了系统容量。Zhang等人研究了基于AF中继的卫星-地面混合网络通信,通过瞬时信道状态信息确定NOMA用户的功率分配,推导了用户的中断概率闭合表达式以及高SNR条件下渐近表达式。Cioni等人提出将协作NOMA技术应用到多播卫星通信网络,给出了最优用户配对机制,以及卫星通信系统的吞吐量。另外,Yan等人介绍了在协作卫星网络以及卫星-地面混合网络架构中使用NOMA技术带来的优势。利用地面用户配置天线口径的不同,Li等人提出一种基于功率域复用的共载波传输机制,分析了下行非正交用户的中断概率和遍历速率等理论性能。

## 2.5 性能评估指标

理论性能分析是指导无线通信系统实际设计和性能优化的一个重要工具。通过优化所得的性能解析表达式,例如通过最小化错误概率性能,最小化中断概率性能以及最大化遍历速率性能等,得到最优的系统参数设置方案,以此来指导无线通信系统的实际设计和优化。

### 2.5.1 中断概率

中断概率是无线通信系统的一个重要性能评估指标，能够准确地描述系统性能特征。根据香农信息论可知：通信系统的传输速率低于信道容量时，可以利用信道编解码技术正确地恢复发送信号。相反，如果信号传输速率高于信道容量时，发送信号就不可能被完全正确接收，此时系统发生中断。因此，中断概率 $P_{out}$ 可以定义为指瞬时 SNR $\gamma$ 小于某一特定目标 SNR 值 $\gamma_{th}$ 的概率，即

$$P_{out} = \Pr(\gamma < \gamma_{th}) = \int_0^{\gamma_{th}} f_\gamma(x)\mathrm{d}x \tag{2-9}$$

式中，$f_\gamma(\cdot)$ 为 $\gamma$ 的概率密度函数。

无线通信以电磁波为传播媒介，具有开放性和不稳定性使得无线通信系统在信号传输过程中面临极大的安全挑战。物理层安全通信利用无线信道的时变性，结合编码和加密等技术保证安全用户的信息不被窃取。在实际通信场景基站无法获取窃听者的信道状态信息，因此可以选择一个固定的安全速率进行通信；当受无线信道衰落的影响较大时，系统可能发生中断。定义通信系统的安全速率 $C$ 为安全用户速率与窃听者速率的差值，用数学表达式表示为

$$C=[\log_2(1+\gamma_S)-\log_2(1+\gamma_E)]^+ \tag{2-10}$$

式中，$(x)^+=\max\{0,x\}$，$\gamma_S$ 和 $\gamma_E$ 分别表示合法用户和窃听用户的检测 SNR。当系统安全速率 $C_s$ 小于目标速率 $R_S$ 时系统发生安全中断，对应的安全中断概率可以表示为

$$\begin{aligned} P_{PLS} &= \Pr(C_s < R_S) \\ &= \int_0^\infty f_{\gamma_E}(x)F_{\gamma_S}[2^{R_S}(1+x)-1]\mathrm{d}x \end{aligned} \tag{2-11}$$

式中，$f_{\gamma_E}(\cdot)$ 和 $F_{\gamma_S}(\cdot)$ 分别表示 $\gamma_E$ 和 $\gamma_S$ 的概率密度函数和累计分布函数。

### 2.5.2 遍历速率

遍历速率是无线通信系统另一个重要的性能评估指标，它是指信道码字可以遍历所有衰落状态，即衰落信道下系统可以正确传输的最大速率。在衰落信道条件下通信系统的遍历速率 $R_{ave}$ 通常可以通过下式求解：

$$\begin{aligned} R_{ave} &= E[\log(1+\gamma)] \\ &= \bar{\zeta}\int_0^\infty \log(1+x)f_\gamma(x)\mathrm{d}x \end{aligned} \tag{2-12}$$

式中，$\bar{\zeta}$ 表示信道复用因子，$E\{\cdot\}$ 表示取数学期望操作。比如，在 $\overline{N}$ 跳中继系统中，$\bar{\zeta}=1/\overline{N}$，因为其需要使用 $\overline{N}$ 个时隙或频段来传输信息。

当已知窃听者的信道状态信息时，基站通过选择不同的数据速率发送来实现理想安全通信性能，此时选取遍历安全速率作为评价标准。安全速率是指系统可达安全通信时的速率最大值，即保证信息安全传输时信息速率达到的上界值。由此可知，通信系统的遍历安全速率可以表示为

$$R_{PLS}=E\{[\log_2(1+\gamma_S)-\log_2(1+\gamma_E)]^+\} \tag{2-13}$$

### 2.5.3 能量效率

由于无线通信产业的迅速发展，使得移动通信量不断增加。这意味着能量效率

(Energy Efficiency,EE)是一个需要关注的紧迫问题,被认为是5G/6G网络的一个重要评估指标。常用的能量效率计算方式归纳为两大类。

(1) 数据传输速率与总的能量消耗之比,即

$$\eta_{EE}=\frac{\text{数据传输速率}}{\text{系统总的能量消耗}} \tag{2-14}$$

(2) 通过某种算法来实现功率/能量的保存(比如在已知能量或功率的差异后,去计算节约能量的百分比)。

## 2.6 本章小结

本章是基础理论部分,主要内容包括NOMA分类、基本概念、NOMA研究现状以及性能评估指标。首先,根据资源映射和扩频特性等特点将多址技术方案分为PD-NOMA和CD-NOMA,阐述了这两类技术方案的基本概念;其次,从点对点NOMA、协作NOMA通信、NOMA物理层安全以及NOMA卫星通信等方面介绍了NOMA的研究现状,让读者对NOMA研究进展有个较为全面的认识;最后,介绍了NOMA系统的性能评估指标。

# 第3章 下行NOMA通信系统性能分析

本章主要介绍下行NOMA通信系统性能。目前较多文献研究的是瑞利衰落信道下NOMA系统性能，然而在更一般衰落信道下，比如Nakagami-$m$衰落信道等，NOMA系统性能如何需要做进一步探讨。本章首先介绍Nakagami-$m$衰落信道下的NOMA系统性能，给出该场景下非正交用户的中断概率闭合表达式以及高SNR条件下的渐近中断概率表达式；其次，考虑基站和用户之间利用AF中继协作通信的场景，给出该场景下配对用户的中断概率闭合表达式和渐近表达式；基于理论分析结果，求解出Nakagami-$m$衰落信道下NOMA系统非正交用户的分集阶数；最后，分析延时受限发送模式下的NOMA系统吞吐量。

## 3.1 概 述

点对点NOMA通信系统的高频谱效率和支持海量连接等优势引起了广泛关注。在分析下行NOMA系统性能时，一般根据排序统计理论将基站到用户的信道进行排序处理来区分远端用户和近端用户，这样接收端使用SIC机制检测时能获得较大的性能增益。目前有较多的文献讨论了瑞利衰落信道下的NOMA系统性能，分析了用户的中断概率和遍历速率等理论性能，研究表明在同时满足多个用户的QoS时，NOMA相对于传统OMA提供了更好的用户公平性。需要指出的是讨论一般衰落信道下的NOMA系统性能如何更具有普遍意义。在无线通信系统中，Nakagami-$m$信道是一种更加广义的衰落信道，能够较好地描述无线接收信号的衰落情况，它可以建模衰落信道幅度的变化规律。根据不同衰落参数$m$的取值，Nakagami-$m$衰落信道可以转变为不同的衰落信道，比如，当$m=1/2$和$m=1$时，Nakagami-$m$衰落信道分别转变为高斯信道和瑞利信道。在实际通信场景中，基站和用户之间的直连通信链路可能会遭受高楼等建筑物或远距离的影响处于深度衰落而无法进行正常通信。因此，在NOMA系统中引入专用中继转发信息将有效地扩大通信范围、提升边缘用户的通信质量。目前有文献研究了Nakagami-$m$衰落信道下基于变增益AF中继的NOMA系统性能，但并没有考虑基站与用户之间存在直连通信链路等情况。在此基础上，本章主要介绍Nakagami-$m$衰落信道下NOMA系统性能和基于固定增益的AF中继NOMA系统性能，重点讨论两种场景：①基站直接与用户进行通信；②基站通过AF中继与用户进行协作通信，同时考虑基站与用户之间存在直连通信链路的情况。为了评估这两种场景的性能，分别推导了非正交用户的中断概率闭式解表达式和高信噪比条件下的渐近表达式，给出了用户所能获得的分集阶数。比如，在场景1和场景2中第$p$个用户获得的分集增益分别为$mp$和$m(p+1)$，可以看出在Nakagami-$m$衰落信道下，用户获得的分集阶数不仅和信道的排序有关还与信道衰落参数$m$有关。

本章剩余部分具体安排如下：3.2 节介绍了下行 NOMA 系统模型和基于 AF 中继的 NOMA 系统模型；3.3 节分析了这两种场景下非正交用户的中断性能，并得到相应的渐近表达式以及用户的分集阶数；3.4 节给了出数值仿真结果用于证实前述章节理论分析的正确性；最后 3.5 节对本章进行了小结。

## 3.2 系统模型

本小节分别介绍如下两种场景的系统模型：①下行 NOMA 系统模型；②基于 AF 中继的 NOMA 系统模型。

### 3.2.1 场景 1

考虑一个下行 NOMA 通信场景，如图 3-1 所示，包括一个基站和 $M$ 个用户，基站和用户均配备单根天线。为了使用户节点使用 SIC 进行检测时获得较好的性能增益，根据排序统计理论将基站与用户之间的信道进行排序处理，即 $|h_1|^2 \leqslant \cdots \leqslant |h_p|^2 \leqslant \cdots \leqslant |h_M|^2$，其中，$h_p$ 表示基站到第 $p$ 个用户的复信道系数并将其建模为服从 Nakagami-$m$ 分布的衰落信道。此外假设基站到用户的无线通信链路受到均值为零、方差为 $N_0$ 的 AWGN 噪声影响。

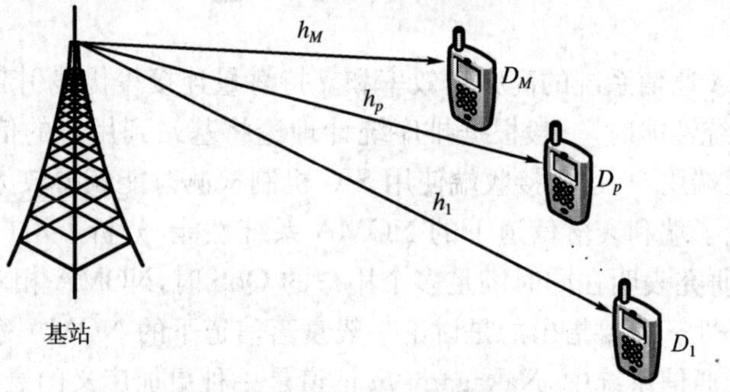


图 3-1 下行 NOMA 系统模型

在该场景下基站直接向用户发送信息，整个通信过程在一个时隙内完成。根据 NOMA 传输的基本思想，基站向用户发送含有 $M$ 个用户信息的叠加信号，此时第 $p$ 个用户的接收信号可以表示为

$$y_p = h_p \sum_{i=1}^{M} \sqrt{a_i P_s} x_i + n_p \tag{3-1}$$

式中，$a_i$ 表示第 $i$ 个用户的功率分配因子且满足关系式 $a_1 \leqslant a_2 \leqslant \cdots \leqslant a_M$ 和 $\sum_{i=1}^{M} a_i = 1$。$x_i$ 表示第 $i$ 个用户的能量归一化信号，$n_p$ 表示在第 $p$ 个用户处的 AWGN 噪声。假设第 $p$ 个用户能够成功解码前面 $q-1$ 个远端用户的信息，则第 $p$ 个用户解码第 $q$ 个用户（$1 \leqslant q \leqslant p \leqslant M$）信号时的信干噪比（Signal to Interference and Noise Ratio，SINR）可以表示为

$$\gamma_{p \to q} = \frac{|h_p|^2 a_q \rho}{\rho |h_p|^2 \sum_{i=q+1}^{M} a_i + 1} \tag{3-2}$$

式中，$\rho=P_s/N_0$ 表示发送端 SNR。假设第 $M$ 个用户处可以解码 $M-1$ 个远端用户的信号并将其成功删除后，第 $M$ 个用户解码其自身信号 $x_M$ 时的 SINR 可以表示为

$$\gamma_M=a_M\rho\left|h_M\right|^2 \tag{3-3}$$

## 3.2.2　场景 2

考虑一个协作通信场景，如图 3-2 所示，由一个基站、一个 AF 中继和 $M$ 个用户组成，基站、中继和用户均配备单根天线且工作在半双工模式。在该场景下，假设基站到中继、基站到用户以及中继到用户的复信道系数分别用 $h_{SR}$、$h_{SD}$ 和 $h_{RD}$ 来表示，并且基站与用户之间存在直连通信链路。类似于场景 1，将所有无线通信链路的信道系数建模为独立同分布的随机变量 $x$ 并且服从 Nakagami-$m$ 分布。为了不失一般性，将基站与用户之间的信道进行排序处理，即 $|h_{SD_1}|^2\leqslant|h_{SD_2}|^2\leqslant\cdots\leqslant|h_{SD_M}|^2$。注意场景 2 重点研究的是配对用户的性能，比如，在该场景中用户 1 和用户 2 进行配对或者用户 1 和用户 3 进行配对，然后配对的用户去进行非正交通信。假设所有的无线通信链路都受到均值为 0 且方差为 $N_0$ 的 AWGN 噪声的影响；基站的发射功率 $P_s$ 和中继的放大转发功率 $P_r$ 相等，即 $P_s=P_r$。

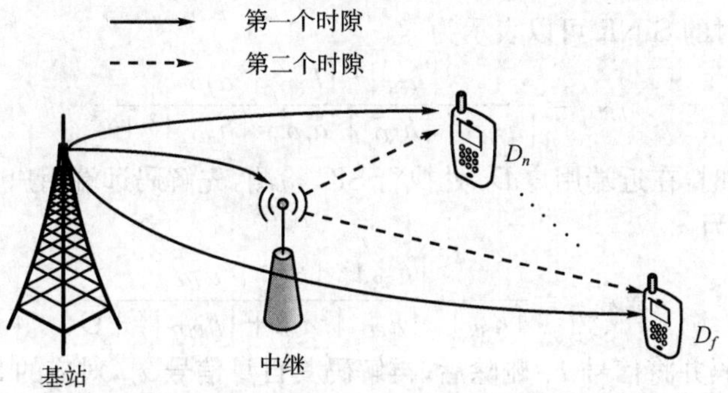


图 3-2　基于 AF 中继的 NOMA 系统模型

在该场景下整个通信过程在两个时隙内完成。为了简单起见，考虑两个配对用户，即第 $n$ 个用户（近端用户 $D_n$）和第 $f$ 个用户（远端用户 $D_f$）执行 NOMA 准则。在第一个时隙，基站向中继、$D_n$ 和 $D_f$ 发送叠加信号 $\sqrt{a_nP_s}x_n+\sqrt{a_fP_s}x_f$。$x_n$ 和 $x_f$ 分别表示 $D_n$ 和 $D_f$ 的接收信号，$a_n$ 和 $a_f$ 分别表示基站分配给 $D_n$ 和 $D_f$ 的功率因子，其中 $a_n+a_f=1$。需要注意的是远端用户和近端用户的功率分配因子满足 $a_f>a_n$，目的是在使用 SIC 检测时保证远近用户之间的公平性。因此，在中继节点、用户 $D_n$ 和 $D_f$ 处的接收信号分别表示为

$$y_R=h_{SR}\left(\sqrt{a_nP_s}x_n+\sqrt{a_fP_s}x_f\right)+n_{SR} \tag{3-4}$$

$$y_{D_n}=h_{SD_n}\left(\sqrt{a_nP_s}x_n+\sqrt{a_fP_s}x_f\right)+n_{SD_n} \tag{3-5}$$

$$y_{D_f}=h_{SD_f}\left(\sqrt{a_nP_s}x_n+\sqrt{a_fP_s}x_f\right)+n_{SD_f} \tag{3-6}$$

式中，$n_{SR}$、$n_{SD_n}$ 和 $n_{SD_f}$ 分别表示直连通信链路下在中继、$D_n$ 和 $D_f$ 处的 AWGN 噪声。由于 $D_f$ 是远端用户具有较差的信道条件，基站给其信号分配较高的功率因子，因此 $D_f$ 不执行 SIC 检测而是直接将 $D_n$ 的信号 $x_n$ 当成干扰信号解码自身信号 $x_f$，由此可得 $D_f$ 检测信号 $x_f$ 时的 SINR 为

$$\gamma_{SD_f}=\frac{|h_{SD_f}|^2 a_f\rho}{|h_{SD_f}|^2 a_n\rho+1} \tag{3-7}$$

用户的信道经过排序处理后，近端用户 $D_n$ 具有较好的信道条件，因此其在使用 SIC 检测时受到信号 $x_f$ 的干扰较小，这样 $D_n$ 先解码 $D_f$ 的信号 $x_f$ 时的 SINR 可以表示为

$$\gamma_{SD_{n\to f}}=\frac{|h_{SD_n}|^2 a_f\rho}{|h_{SD_n}|^2 a_n\rho+1} \tag{3-8}$$

在 $D_n$ 成功解码 $D_f$ 的信号 $x_f$ 并将其删除后，$D_n$ 解码自身信号 $x_n$ 时的 SNR 可以表示为

$$\gamma_{SD_n}=a_n\rho\,|h_{SD_n}|^2 \tag{3-9}$$

在第二个时隙，AF 中继将接收到的叠加信号放大转发给 $D_n$ 和 $D_f$。此时，在 $D_n$ 和 $D_f$ 处的接收信号可以分别表示为

$$y_{RD_n}=\kappa h_{RD_n}h_{SR}(\sqrt{a_nP_s}x_n+\sqrt{a_fP_s}x_f)+\kappa h_{RD_n}n_{SR}+n_{RD_n} \tag{3-10}$$

$$y_{RD_f}=\kappa h_{RD_f}h_{SR}(\sqrt{a_nP_s}x_n+\sqrt{a_fP_s}x_f)+\kappa h_{RD_f}n_{SR}+n_{RD_f} \tag{3-11}$$

式中，$\kappa=\sqrt{P_r/[P_sE(|h_{sr}|^2)+N_0]}$ 表示固定增益 AF 中继的放大因子。$n_{RD_n}$ 和 $n_{RD_f}$ 分别表示中继通信链路下在用户 $D_n$ 和 $D_f$ 处的 AWGN 噪声。类似于第一个时隙的解码过程，$D_f$ 解码自身信号 $x_f$ 时的 SINR 可以表示为

$$\gamma_{RD_f}=\frac{|h_{SR}|^2\,|h_{RD_f}|^2 a_f\rho}{|h_{SR}|^2\,|h_{RD_f}|^2 a_n\rho+|h_{RD_f}|^2+\overline{C}} \tag{3-12}$$

式中，$\overline{C}=1/\kappa^2$。此时，在近端用户 $D_n$ 处执行 SIC 检测，先解码远端用户 $D_f$ 的信号 $x_f$，对应的 SINR 可以表示为

$$\gamma_{RD_{n\to f}}=\frac{|h_{SR}|^2\,|h_{RD_n}|^2 a_f\rho}{|h_{SR}|^2\,|h_{RD_n}|^2 a_n\rho+|h_{RD_n}|^2+\overline{C}} \tag{3-13}$$

在 $D_n$ 成功解码并将信号 $x_f$ 删除后，再解码其自身信号 $x_n$，对应的 SINR 可以表示为

$$\gamma_{RD_n}=\frac{|h_{SR}|^2\,|h_{RD_n}|^2 a_n\rho}{|h_{RD_n}|^2+\overline{C}} \tag{3-14}$$

## 3.3 系统性能分析

本节从中断概率的角度分别对两场景下的系统性能进行分析和评估，给出 NOMA 系统中用户所能获得的分集阶数。

### 3.3.1 中断概率

中断概率是通信系统一个重要的 QoS 指标，其能准确地描述系统性能特征。中断概率 $P_{\text{out}}$ 是指瞬时 SNR(比如 $\gamma$)小于某一特定目标 SNR 值 $\gamma_{th}$ 的概率。从数学的角度来看，中断概率可以表示为

$$P_{\text{out}}=\Pr(\gamma<\gamma_{th}) \tag{3-15}$$

在分析用户的中断概率性能之前，首先给出 Nakagami-$m$ 衰落信道 $\dot{h}$ 下的概率密度函数(Probability Density Function，PDF)和累积分布函数(Cumulative Distribution Function，CDF)。令 $\dot{\lambda}=|\dot{h}|$，则 $\dot{\lambda}$ 对应的 PDF 可以表示为

$$f_{\dot{\lambda}}(x)=\frac{2m^m}{\Gamma(m)\omega_0^m}x^{2m-1}e^{-\frac{mx^2}{\omega_0}},x>0 \tag{3-16}$$

式中，$\Gamma(\cdot)$是伽玛函数(参见文献[103]中公式(8.310.1))，$m$ 和 $\omega_0$ 分别表示 Nakagami-$m$ 衰落参数和本地功率参数。从而可知 $\ddot{\lambda}=|\dot{h}|^2$ 服从伽玛分布，对应的 PDF 和 CDF 可以分别表示为

$$f_{\ddot{\lambda}}(x)=\frac{m^m x^{m-1}}{\omega_0^\mu\Gamma(m)}e^{-\frac{mx}{\omega_0}},x\geqslant 0 \tag{3-17}$$

$$F_{\ddot{\lambda}}(x)=1-e^{-\frac{mx}{\omega_0}}\sum_{k=0}^{m-1}\frac{1}{k!}\left(\frac{mx}{\omega_0}\right)^k,x\geqslant 0 \tag{3-18}$$

式中，$\omega_0=E[\ddot{\lambda}^2]$表示平均功率。

根据排序统计理论，假设 $\dot{X}_1,\cdots,\dot{X}_{\dot{n}},\cdots,\dot{X}_{\dot{N}}$ 是 $\dot{N}$ 个相互独立的随机变量，对应的 CDF 记为 $F(x)$，对随机变量进行排序处理，即 $\dot{X}_1\leqslant\cdots\leqslant\dot{X}_{\dot{n}}\leqslant\cdots\leqslant\dot{X}_{\dot{N}}$。令 $F_{\dot{X}_n}(x)$表示排序后第 $\dot{n}$ 个随机变量 $\dot{X}_{\dot{n}}$ 的 CDF，那么最大排序随机变量 $\dot{X}_{\dot{N}}$ 的 CDF 可以表示为

$$F_{\dot{X}_{\dot{N}}}(x)=\Pr(\dot{X}_{\dot{N}}\leqslant x)=[F(x)]^{\dot{N}} \tag{3-19}$$

同样可以给出排序后第一个随机变量 $\dot{X}_1$ 的 CDF 为

$$F_{\dot{X}_1}(x)=\Pr(\dot{X}_1\leqslant x)=1-\Pr(\dot{X}_1>x)=1-[1-F(x)]^{\dot{N}} \tag{3-20}$$

以及排序后的第 $\dot{n}$ 个随机变量 $\dot{X}_{\dot{n}}$ 的 CDF 可表示为

$$F_{\dot{X}_{\dot{n}}}(x)=\frac{\dot{N}!}{(\dot{n}-1)!(\dot{N}-\dot{n})!}\sum_{i=0}^{\dot{N}-\dot{n}}\begin{pmatrix}\dot{N}-\dot{n}\\ i\end{pmatrix}\frac{(-1)^i}{\dot{n}+i}[F(x)]^{\dot{n}+i} \tag{3-21}$$

式中，$\begin{pmatrix}\dot{N}-\dot{n}\\ i\end{pmatrix}=\frac{(\dot{N}-\dot{n})!}{(\dot{N}-\dot{n}-i)!i!}$。令 $\dot{X}_{\dot{n}}=|\dot{h}_{\dot{n}}|^2$，对式(3-21)进行求导运算，可得排序后第 $\dot{n}$ 个随机变量模平方$|\dot{h}_{\dot{n}}|^2$ 的 PDF 可以表示为

$$f_{|\dot{h}_{\dot{n}}|^2}(x)=\frac{\dot{N}!}{(\dot{n}-1)!\ (\dot{N}-\dot{n})!}\hat{f}_{|\dot{h}_{\dot{n}}|^2}(x)[\hat{F}_{|\dot{h}_{\dot{n}}|^2}(x)]^{\dot{n}-1}[1-\hat{F}_{|\dot{h}_{\dot{n}}|^2}(x)]^{\dot{N}-\dot{n}} \tag{3-22}$$

式中，$\hat{f}_{|\dot{h}_{\dot{n}}|^2}(x)$和$\hat{F}_{|\dot{h}_{\dot{n}}|^2}(x)$分别表示未进行排序时$|\dot{h}_{\dot{n}}|^2$的 PDF 和 CDF。

**1. 场景 1**

假设第 $p$ 个用户执行 SIC 检测，在解码自身信息 $x_p$ 之前，先检测第 $q$ 个用户的信号$(1\leqslant q\leqslant p)$。当第 $p$ 个用户无法检测第 $q$ 个用户的信号时，系统发生中断。对应的中断事件记为 $\Lambda_{p,q}\triangleq\{\gamma_{p\to q}<\gamma_{th_q}\}$，其中，$\gamma_{th_q}=2^{R_{th_q}}-1$ 表示第 $q$ 个用户的目标 SNR，$R_{th_q}$ 表示第 $q$ 个用户的目标数据速率。在该场景下第 $p$ 个用户只有成功解码前面 $q-1$ 个远端用户的信息时，系统才不会中断。因此为了便于分析和计算，用其补事件来表示第 $p$ 个用户的中断概率为

$$P_p=1-\Pr(\Lambda_{p,1}^c\cap\cdots\cap\Lambda_{p,p}^c)=\Pr(|h_p|^2<\varphi_p^*) \tag{3-23}$$

式中，$\Lambda_{p,q}^c$表示 $\Lambda_{p,q}$的补事件；在 $q\leqslant M$ 的条件下 $\varphi_q=\gamma_{th_q}\Big/\left[\rho\left(a_q-\gamma_{th_q}\sum\limits_{i=q+1}^{M}a_i\right)\right]$且 $a_q>$

$\gamma_{th_q}\sum_{i=q+1}^{M}a_i$；$\varphi_p^*=\max\{\varphi_1,\varphi_2,\cdots,\varphi_p\}$，$\varphi_M=\dfrac{\gamma_M}{\rho a_M}$。借助于式(3-18)和式(3-21)，在下行NOMA通信场景中，第$p$个用户的中断概率可由定理3.1给出。

**定理3.1**：基于上述分析，将式(3-18)带入式(3-21)，可得排序后第$p$个用户的中断概率闭合解表达式为

$$P_p=\frac{M!}{(p-1)!(M-p)!}\sum_{q=0}^{M-p}\binom{M-p}{q}\frac{(-1)^q}{p+q}\sum_{j=0}^{p+q}\binom{p+q}{j}\times(-1)^j e^{-\frac{m\varphi_p^* j}{\omega_p}}\sum_{p_0+\cdots+p_{m-1}=0}\binom{j}{p_0,\cdots,p_{m-1}}\prod_{i=0}^{m-1}\left[\frac{1}{i!}\left(\frac{m\varphi_p^*}{\omega_p}\right)^i\right]^{p_i} \tag{3-24}$$

式中，$\binom{j}{p_0,\cdots,p_{m-1}}=\dfrac{j!}{p_0!\ p_1!\ \cdots p_{m-1}!}$，$\omega_p$表示基站到第$p$个用户通信链路的平均功率。

**2. 场景2**

在该场景中，用户节点使用选择合并的方式处理来自直连链路和中继链路的信号，此时$D_f$的中断事件可以解释为：如果$D_f$在解码来自直连链路和中继链路的信号$x_f$时的最大检测SINR小于其目标SNR，系统发生中断。因此，远端用户$D_f$的中断概率可以表示为

$$P_{D_f}=\Pr[\max(\gamma_{SD_f},\gamma_{RD_f})<\gamma_{th_{D_f}}]=\Pr(\gamma_{SD_f}<\gamma_{th_{D_f}})\Pr(\gamma_{RD_f}<\gamma_{th_{D_f}}) \tag{3-25}$$

式中，$\gamma_{th_{D_f}}=2^{2R_{D_f}}-1$表示$D_f$的目标SNR，$R_{D_f}$表示$D_f$的目标数据速率。$D_f$的中断概率可由定理3.2给出。

**定理3.2**：在基于AF中继的NOMA场景下，经过信道排序后$D_f$的中断概率闭式解可以表示为

$$P_{D_f}=\sum_{i=0}^{M-f}\binom{M-f}{i}\frac{\varphi_f}{f+i}\sum_{q=0}^{f+i}\binom{f+i}{q}(-1)^{q+i}e^{-\frac{m\tau q}{\omega_{SD_f}}}\sum_{p_0+\cdots+p_{m-1}=q}\binom{q}{p_0,\cdots,p_{m-1}}\prod_{j=0}^{m-1}\left[\frac{1}{j!}\left(\frac{m\tau}{\omega_{SD_f}}\right)^i\right]^{p_j}\times\left\{1-\frac{2m^m e^{-\frac{m\tau}{\omega_{sr}}}}{\omega_{SR}^m\Gamma(m)}\sum_{j=0}^{m-1}\frac{(\tau\overline{C})^j}{j!}\left(\frac{m}{\omega_{RD_f}}\right)^j\sum_{i=0}^{m-1}\binom{m-1}{i}\tau^{m-i-1}\left(\frac{\tau\overline{C}\omega_{SR}}{\omega_{RD_f}}\right)^{\frac{i-j+1}{2}}K_{i-j+1}\left(2m\sqrt{\frac{\tau\overline{C}}{\omega_{SR}\omega_{RD_f}}}\right)\right\} \tag{3-26}$$

式中，$\varphi_f=\dfrac{M!}{(f-1)!\ (M-f)!}$，$\tau=\dfrac{\gamma_{th_{D_f}}}{\rho(a_f-a_n\gamma_{th_{D_f}})}$且满足$a_f>a_n\gamma_{th_{D_f}}$。$\omega_{SR}$和$\omega_{RD_f}$分别表示基站到中继以及中继到$D_f$之间的无线通信链路平均功率。$K_v(\cdot)$表示第二类修正$v$阶贝塞尔函数(参见文献[103]中公式(8.407.1))。

**证明**：将式(3-7)和式(3-12)带入式(3-25)中，$D_f$的中断概率可以表示为

$$P_{D_f}=\underbrace{\Pr\left(\frac{|h_{SD_f}|^2a_f\rho}{|h_{SD_f}|^2a_n\rho+1}<\gamma_{th_{D_f}}\right)}_{J_1}\underbrace{\Pr\left(\frac{|h_{SR}|^2\ |h_{RD_f}|^2a_f\rho}{|h_{SR}|^2\ |h_{RD_f}|^2a_n\rho+|h_{RD_f}|^2+\overline{C}}<\gamma_{th_{D_f}}\right)}_{J_2} \tag{3-27}$$

对$J_1$进行一些简单的算术变换后可以表示为

$$J_1=\Pr\left\{|h_{SD_f}|^2<\frac{\gamma_{th_{D_f}}}{\rho(a_f-a_n\gamma_{th_{D_f}})}\overset{\Delta}{=}\tau\right\} \tag{3-28}$$

式中，$a_f > a_n \gamma_{th_{D_f}}$。将式(3-28)带入式(3-21)并利用多项式展开定理可得

$$
\begin{aligned}
J_1 = & \frac{M!}{(f-1)!(M-f)!} \sum_{i=0}^{M-f} \binom{M-f}{i} \frac{(-1)^i}{f+1} \sum_{q=0}^{f+i} \binom{f+i}{q} \\
& \times (-1)^q e^{-\frac{m\tau q}{\omega_{SD_f}}} \sum_{p_0+p_1+\cdots+p_{m-1}=q} \binom{q}{p_0, p_1, \cdots, p_{m-1}} \prod_{j=0}^{m-1} \left[\frac{1}{j!}\left(\frac{m\tau}{\omega_{SD_f}}\right)^i\right]^{p_j}
\end{aligned} \tag{3-29}
$$

类似于 $J_1$ 的求解过程，$J_2$ 的计算过程如下：

$$
\begin{aligned}
J_2 &= \Pr(|h_{SR}|^2 < \tau) + \Pr\left(|h_{RD_f}|^2 < \frac{\tau \bar{C}}{(|h_{SR}|^2 - \tau)}, |h_{SR}|^2 > \tau\right) \\
&= \Pr(|h_{SR}|^2 < \tau) + \int_\tau^\infty f_{|h_{SR}|^2}(y) \int_0^{\frac{\tau \bar{C}}{(y-\tau)}} f_{|h_{RD_f}|^2}(x) \mathrm{d}x\mathrm{d}y \\
&= 1 - \frac{m^m e^{-\frac{m\tau}{\omega_{SR}}}}{\omega_{SR}^m \Gamma(m)} \sum_{j=0}^{m-1} \frac{(\tau\bar{C})^j}{j!} \left(\frac{m}{\omega_{RD_f}}\right)^j \sum_{i=0}^{m-1} \binom{m-1}{i} \tau^{m-i-1} \int_0^\infty x^{i-j} e^{-\frac{m\tau\bar{C}}{x\omega_{RD_f}} - \frac{mx}{\omega_{SR}}} \mathrm{d}x
\end{aligned} \tag{3-30a}
$$

$$
\begin{aligned}
&= 1 - \frac{m^m e^{-\frac{m\tau}{\omega_{SR}}}}{\omega_{SR}^m \Gamma(m)} \sum_{j=0}^{m-1} \frac{(\tau\bar{C})^j}{j!} \left(\frac{m}{\omega_{RD_f}}\right)^j \sum_{i=0}^{m-1} \binom{m-1}{i} \tau^{m-i-1} \left(\frac{\tau\bar{C}\omega_{SR}}{\omega_{RD_f}}\right)^{\frac{i-j+1}{2}} \\
&\quad \times K_{i-j+1}\left(2m\sqrt{\frac{\tau\bar{C}}{\omega_{SR}\omega_{RD_f}}}\right)
\end{aligned} \tag{3-30b}
$$

式中，$f_{|h_{SR}|^2}(\cdot)$ 和 $f_{|h_{RD_f}|^2}(\cdot)$ 分别表示信道增益 $|h_{SR}|^2$ 和 $|h_{RD_f}|^2$ 的 PDF。注意式(3-30a)是利用二项式展开定理获得的，借助于文献[103]中的公式(3.471.9)对该式做进一步处理，可以推导出式(3-31b)。最后，将式(3-29)和式(3-30b)带入式(3-27)，可得式(3-26)。证明完毕。

为了便于理解 $D_n$ 的中断概率事件，利用其发生中断的补事件来表示。此时，$D_n$ 不发生中断的事件可以解释为：对于直连链路和中继链路，$D_n$ 能检测 $D_f$ 的信号 $x_f$ 且能检测其自身信号 $x_n$。因此，近端用户 $D_n$ 的中断概率可以表示为

$$
P_{D_n} = [1 - \Pr(\gamma_{SD_{n\to f}} \geqslant \gamma_{th_{D_f}}, \gamma_{SD_n} \geqslant \gamma_{th_{D_n}})][1 - \Pr(\gamma_{RD_{n\to f}} \geqslant \gamma_{th_{D_f}}, \gamma_{RD_n} \geqslant \gamma_{th_{D_n}})] \tag{3-31}
$$

式中，$\gamma_{th_{D_n}} = 2^{2R_{D_n}} - 1$ 表示 $D_n$ 的目标 SNR，$R_{D_n}$ 表示 $D_n$ 的目标数据速率。其准确表达式可由定理 3.3 给出。

**定理 3.3**：在基于 AF 中继的 NOMA 场景下，经过信道排序后 $D_n$ 的中断概率闭式解可以表示为

$$
\begin{aligned}
P_{D_n} = & \sum_{i=0}^{M-n} \binom{M-n}{i} \frac{\varphi_n}{n+i} \sum_{q=0}^{n+i} \binom{n+i}{q} (-1)^{q+i} e^{-\frac{m\Omega q}{\omega_{SD_n}}} \sum_{p_0+\cdots+p_{\mu-1}=q} \binom{q}{p_0, \cdots, p_{\mu-1}} \prod_{j=0}^{m-1} \left[\frac{1}{j!}\left(\frac{m\dot{\Omega}}{\omega_{SD_n}}\right)^j\right]^{p_j} \\
& \times \left\{1 - \frac{2m^m e^{-\frac{m\Omega}{\omega_{SR}}}}{\omega_{SR}^m \Gamma(m)} \sum_{j=0}^{m-1} \frac{(\dot{\Omega}\bar{C})^j}{j!} \left(\frac{m}{\omega_{RD_n}}\right)^j \sum_{i=0}^{m-1} \binom{m-1}{i} \tau^{m-i-1} \left(\frac{\dot{\Omega}\bar{C}\omega_{SR}}{\omega_{RD_n}}\right)^{\frac{i-j+1}{2}} K_{i-j+1}\left[2m\sqrt{\frac{\dot{\Omega}\bar{C}}{\omega_{SR}\omega_{RD_n}}}\right]\right\}
\end{aligned} \tag{3-32}
$$

式中，$\varphi_n = \frac{M!}{(n-1)!\ (M-n)!}$，$\beta = \frac{\gamma_{th_{D_n}}}{a_n \rho}$，$\dot{\Omega} = \max(\tau, \beta)$。$\omega_{SD_n}$ 表示中继节点和 $D_n$ 之间无线通信链路的平均功率。

**证明**：将式(3-8)、式(3-9)、式(3-13)和式(3-14)带入式(3-31)，近端用户 $D_n$ 的中断概率可以进一步表示为

$$P_{D_n}=\underbrace{\left[1-\Pr\left(\frac{|h_{SD_n}|^2a_f\rho}{|h_{SD_n}|^2a_n\rho+1}\geqslant\gamma_{th_{D_f}},|h_{SD_n}|^2a_n\rho\geqslant\gamma_{th_{D_n}}\right)\right]}_{J_3}$$
$$\times\underbrace{\left[1-\Pr\left(\frac{|h_{SR}|^2|h_{RD_n}|^2a_f\rho}{|h_{SR}|^2|h_{RD_n}|^2a_n\rho+|h_{RD_n}|^2+\overline{C}}\geqslant\gamma_{th_{D_f}},\frac{|h_{SR}|^2|h_{RD_n}|^2a_n\rho}{|h_{RD_n}|^2+\overline{C}}\geqslant\gamma_{th_{D_n}}\right)\right]}_{J_4} \tag{3-33}$$

对式(3-33)中的 $J_3$ 做一些简单算术变换后可以表示为

$$\begin{aligned}J_3&=1-\Pr\left(|h_{SD_n}|^2\geqslant\tau,|h_{SD_n}|^2\geqslant\frac{\gamma_{th_{D_n}}}{a_n\rho}\overset{\Delta}{=}\beta\right)\\&=1-\Pr(|h_{SD_n}|^2\geqslant\max(\tau,\beta)\overset{\Delta}{=}\dot{\Omega})\\&=\Pr(|h_{SD_n}|^2<\dot{\Omega})\end{aligned} \tag{3-34}$$

将式(3-34)带入式(3-21)并利用多项式定理展开可以得到

$$\begin{aligned}J_3=&\frac{M!}{(n-1)!(M-n)!}\sum_{i=0}^{M-n}\binom{M-n}{i}\frac{(-1)^i}{n+i}\sum_{q=0}^{n+i}\binom{n+i}{q}\\&\times(-1)^qe^{-\frac{m\dot{\Omega}q}{\omega_{SD_n}}}\sum_{p_0+\cdots+p_{m-1}=q}\binom{q}{p_0,\cdots,p_{m-1}}\prod_{j=0}^{m-1}\left[\frac{1}{j!}\left(\frac{m\dot{\Omega}}{\omega_{SD_n}}\right)^j\right]^{p_j}\end{aligned} \tag{3-35}$$

式中，$\omega_{SD_n}$ 表示基站与 $D_n$ 之间无线通信链路的平均功率。

类似于 $J_3$ 求解过程，$J_4$ 的计算过程如下：

$$\begin{aligned}J_4&=1-\Pr\left(|h_{RD_n}|^2\geqslant\frac{\dot{\Omega}\overline{C}}{|h_{SR}|^2-\dot{\Omega}},|h_{SR}|^2>\dot{\Omega}\right)=\int_{\dot{\Omega}}^{\infty}f_{|h_{SR}|^2}(y)\int_{\frac{\dot{\Omega}\overline{C}}{y-\dot{\Omega}}}^{\infty}f_{|h_{RD_n}|^2}(x)\mathrm{d}x\mathrm{d}y\\&=1-\frac{m^me^{-\frac{m\dot{\Omega}}{\omega_{SR}}}}{\omega_{SR}^m\Gamma(m)}\sum_{j=0}^{m-1}\frac{(\dot{\Omega}\overline{C})^j}{j!}\left(\frac{m}{\omega_{RD_n}}\right)^j\sum_{i=0}^{m-1}\binom{m-1}{i}\dot{\Omega}^{m-i-1}\int_0^{\infty}x^{i-j}e^{-\frac{m\dot{\Omega}\overline{C}}{x\omega_{RD_n}}-\frac{mx}{\omega_{SR}}}\mathrm{d}x\\&=1-\frac{m^me^{-\frac{m\dot{\Omega}}{\omega_{SR}}}}{\omega_{SR}^m\Gamma(m)}\sum_{j=0}^{m-1}\frac{(\dot{\Omega}\overline{C})^j}{j!}\left(\frac{m}{\omega_{RD_n}}\right)^j\sum_{i=0}^{m-1}\binom{m-1}{i}\dot{\Omega}^{m-i-1}\left(\frac{\dot{\Omega}\overline{C}\omega_{SR}}{\omega_{RD_n}}\right)^{-\frac{i-j+1}{2}}K_{i-j+1}\left(2m\sqrt{\frac{\dot{\Omega}\overline{C}}{\omega_{SR}\omega_{RD_n}}}\right)\end{aligned} \tag{3-36}$$

式中，$f_{|h_{RD_n}|^2}(\cdot)$表示中继与 $D_n$ 之间信道增益$|h_{RD_n}|^2$ 的 PDF。

将式(3-35)和式(3-36)带入式(3-33)，可得到式(3-32)。证明完毕。

## 3.3.2 分集阶数

分集阶数是衡量通信系统性能的一项重要指标。根据上述分析结果，本节给出两种场景下排序用户的分集阶数。分集阶数的定义为

$$d=-\lim_{\rho\to\infty}\frac{\log[P^{\infty}(\rho)]}{\log(\rho)} \tag{3-37}$$

式中，$P^{\infty}(\rho)$表示在高 SNR 条件下用户的渐近中断概率。

根据式(3-17)、式(3-18)以及式(3-21)可以容易求出，当 $x\to 0$ 时，未排序$|h_{\dot{n}}|^2$ 和经过排序$|\dot{h}_{\dot{n}}|^2$ 的 CDF 分别近似为

$$F_{|h_{\dot{n}}|^2}(x)\approx\left(\frac{mx}{\omega_0}\right)^m\left(\frac{1}{m!}\right) \tag{3-38}$$

$$F_{|\dot{h}_{\dot{n}}|^2}(x)\approx\frac{\dot{N}!}{(\dot{N}-\dot{n})!\,\dot{n}!}\left(\frac{mx}{\omega_0}\right)^{m\dot{n}}\left(\frac{1}{m!}\right)^{\dot{n}} \tag{3-39}$$

**1. 场景 1**

借助于式(3-39)，可得在高 SNR 条件下第 $p$ 个用户的渐近中断概率表达式为

$$P_p^{\infty}=\frac{M!}{(M-p)!\,p!}\left(\frac{m\varphi_p^*}{\omega_p}\right)^{mp}\left(\frac{1}{m!}\right)^p\propto\left(\frac{1}{\rho}\right)^{mp} \tag{3-40}$$

式中，$\propto$表示“正比于”。

**结论 3.1**：将式(3-40)带入式(3-37)，可得在下行非协作 NOMA 场景下第 $p$ 个用户的分集阶数为 $mp$。

**2. 场景 2**

为了简单起见，分别用 $J_1$ 和 $J_2$ 表示式(3-25)中的两个概率，即 $J_1=\Pr(\gamma_{SD_f}<\gamma_{th_{D_f}})$和 $J_2=\Pr(\gamma_{RD_f}<\gamma_{th_{D_f}})$。根据式(3-39)的结果，在高 SNR 条件下($\tau\to 0$)，$J_1$ 可以近似为

$$J_1\approx\frac{K!}{(K-f)!\,f!}\left(\frac{m\tau}{\omega_{SD_f}}\right)^{mf}\left(\frac{1}{m!}\right)^f\propto\left(\frac{1}{\rho}\right)^{mf} \tag{3-41}$$

对于 $J_2$ 可以重新写为

$$J_2=\Pr(|h_{SR}|^2<\tau)+\int_{\tau}^{\infty}f_{|h_{SR}|^2}(y)F_{|h_{RD_f}|^2}\left(\frac{\tau\overline{C}}{y-\tau}\right)\mathrm{d}y \tag{3-42}$$

借助于式(3-38)和式(3-39)，在高 SNR 条件下 $J_2$ 可以近似为

$$J_2\approx\left(\frac{m\tau}{\omega_{SR}}\right)^m\left(\frac{1}{m!}\right)+\left(\frac{m\tau\overline{C}}{\omega_{RD_f}}\right)^m\frac{m^m\overline{\delta}}{\Gamma(m)\omega_{SR}^m m!}\propto\left(\frac{1}{\rho}\right)^m \tag{3-43}$$

式中，$\overline{\delta}=\int_0^{\infty}x^{-1}e^{-\frac{mx}{\omega_{SR}}}\mathrm{d}x$。

将式(3-41)和式(3-43)带入式(3-25)，可得 $D_f$ 在高 SNR 条件下的渐近中断概率表达式为

$$P_{D_f}^{\infty}=\frac{M!}{(M-f)!\,f!}\left(\frac{m\tau}{\omega_{SD_f}}\right)^{mf}\left(\frac{1}{m!}\right)^f\left[\left(\frac{m\tau}{\omega_{SR}}\right)^m\left(\frac{1}{m!}\right)+\left(\frac{m\tau\overline{C}}{\omega_{RD_f}}\right)^m\frac{m^m\overline{\delta}}{\Gamma(m)\omega_{SR}^m m!}\right] \tag{3-44}$$

**结论 3.2**：将式(3-44)带入式(3-37)，可得在基于 AF 中继 NOMA 场景下 $D_f$ 所能获得的分集阶数为 $m(f+1)$。

类似于式(3-44)的求解过程，在高 SNR 条件下 $D_n$ 的渐近中断概率表达式可以表示为

$$P_{D_n}^{\infty}=\frac{M!}{(M-n)!\,n!}\left(\frac{m\dot{\Omega}}{\omega_{SD_n}}\right)^{mn}\left(\frac{1}{m!}\right)^n\left[\left(\frac{m\dot{\Omega}}{\omega_{SR}}\right)^m\left(\frac{1}{m!}\right)+\left(\frac{m\dot{\Omega}\overline{C}}{\omega_{RD_n}}\right)^m\frac{m^m\overline{\delta}}{\Gamma(m)\omega_{SR}^m m!}\right] \tag{3-45}$$

**结论 3.3**：将式(3-45)带入式(3-37)，可得在基于 AF 中继 NOMA 场景下 $D_n$ 获得的分

集增益为$m(n+1)$。

从结论3.2和结论3.3可知，在Nakagam-$m$衰落信道下用户的分集阶数与信道参数$m$有关。而且基站和用户之间的直连链路增加了用户分集阶数。

### 3.3.3 系统吞吐量

上节讨论了两种场景下非正交用户获得的分集阶数。本节给出在延时受限发送模式下两种场景的系统吞吐量表达式。具体而言在延时受限发送模式下，基站以固定的数据速率向用户发送信息，此时用户中断概率影响着系统吞吐量的评估。因此对于场景1，下行非协作NOMA系统吞吐量可以表示为

$$R_{fir}=\sum_{i=1}^{M}(1-P_i)R_{th_i} \tag{3-46}$$

式中，$P_i$从式(3-24)中获得。

对于场景2，基于AF中继的NOMA系统吞吐量可以表示为

$$R_{sec}=(1-P_{D_n})R_{D_n}+(1-P_{D_f})R_{D_f} \tag{3-47}$$

式中，$P_{D_f}$和$P_{D_n}$可以分别从式(3-26)和式(3-32)中获得。

## 3.4 数值仿真结果

本节对上述两种NOMA场景的中断性能进行仿真评估与验证。不失一般性，将传统OMA机制作为对比基准。为了能公平对比NOMA和OMA的性能，假设正交用户的目标数据速率$R_o$等于非正交用户的目标数据速率，即在场景1中数据速率满足关系式$R_o=\sum_{i=1}^{M}R_{th_i}$；场景2中数据速率满足关系式$R_o=R_{D_n}+R_{D_f}$。

### 3.4.1 场景1

假设系统中存在三个用户，即$M=3$。将基站与用户之间的距离归一化为1，基站到三个排序用户的平均功率分别设置为$\omega_1=0.3$、$\omega_2=1.5$和$\omega_3=5$。另外，基站给三个用户分配的功率因子分别设置为$a_1=0.5$、$a_2=0.4$和$a_3=0.1$。对应每个用户的目标数据速率分别设置为$R_{th_1}=0.2$每使用一次信道传输的比特数(Bit per Channel User，BPCU)、$R_{th_2}=1$ BPCU和$R_{th_3}=2$ BPCU。

图3-3呈现了下行非协作NOMA系统在不同SNR下的中断概率性能，衰落信道参数设置为$m=1$。图中的实线表示非正交用户的中断概率，它是根据式(3-24)绘制的。从图中仿真结果可知，理论分析曲线与数值仿真曲线完全重合，说明理论分析结果是准确的。虚线表示非正交用户的渐近中断概率，它是根据式(3-40)绘制的。可以看出在高SNR条件下，非正交用户的渐近中断概率收敛于准确中断概率。从图中可以观察到经过排序处理后第三个用户的中断性能优于OMA，而另外两个用户的中断性能却差于OMA，该现象归结于系统同时服务多个用户时，NOMA相对于OMA提供了较好的公平性。另外在高SNR范围内，第三个用户的中断概率斜率与OMA的中断概率斜率一致，这是因为它们获得了相同的

分集阶数；第一个用户和第二个用户相对于第三个用户获得了较小的分集阶数。由此可知，在对下行 NOMA 系统分析和评估时，对基站到用户的信道进行排序来区分远端用户和近端用户至关重要。图 3-4 呈现了场景 1 在不同衰落信道参数 $m$ 下的中断概率性能，$m$ 分别设置为 $m=2$ 和 $m=3$。随着 $m$ 的增大，非正交用户的中断概率斜率变大并且获得较大的分集阶数，证实了结论 3.1。

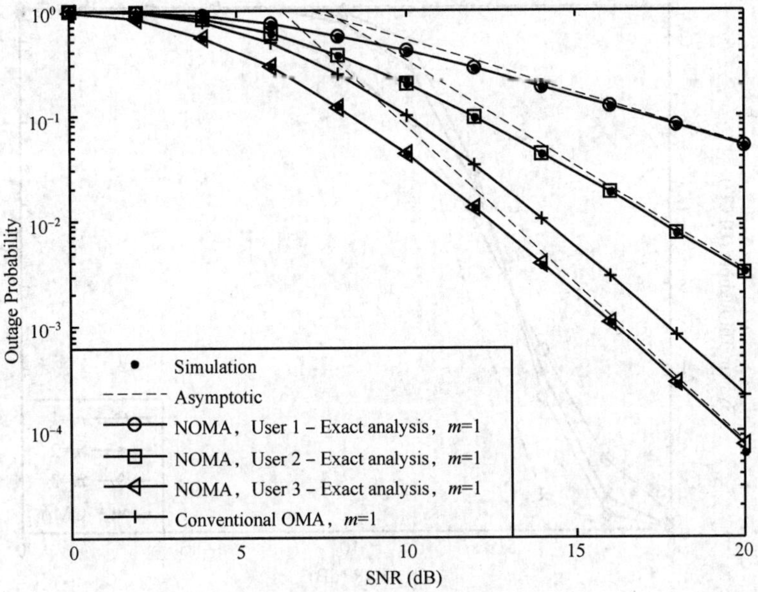


图 3-3　场景 1 用户在不同 SNR 下的中断性能

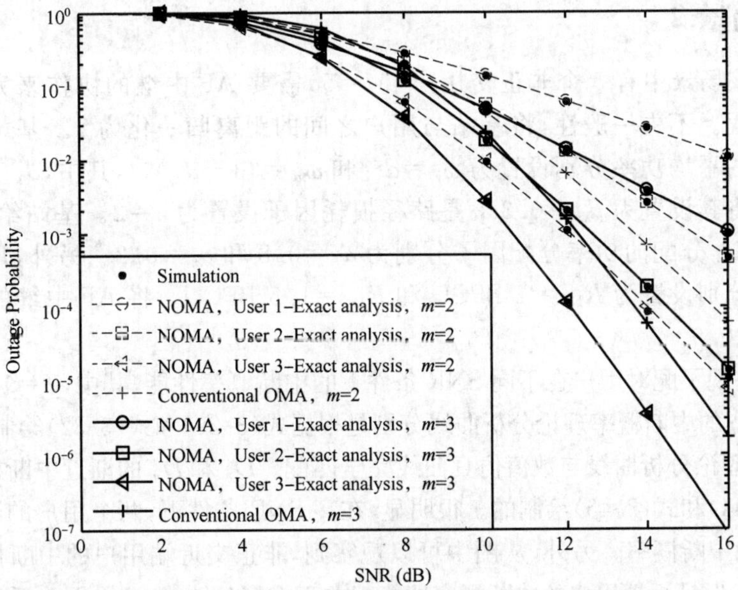


图 3-4　场景 1 用户在不同衰落信道参数 $m$ 下的中断概率性能

图 3-5 呈现了下行非协作 NOMA 场景在延时受限发送模式下的系统吞吐量，其中 $m=1,2,3$。图中实线是根据式(3-46)绘制的，表示非协作 NOMA 系统的吞吐量；虚线表示 OMA 系统的吞吐量。从图中可以观察到，在该发送模式下 NOMA 相对于传统 OMA 获得了较大的系统吞吐量。在高 SNR 范围内，随着衰落信道参数 $m$ 的减小，NOMA 系统吞吐量也相应变小，这是由系统中非正交用户的中断概率变大引起的。

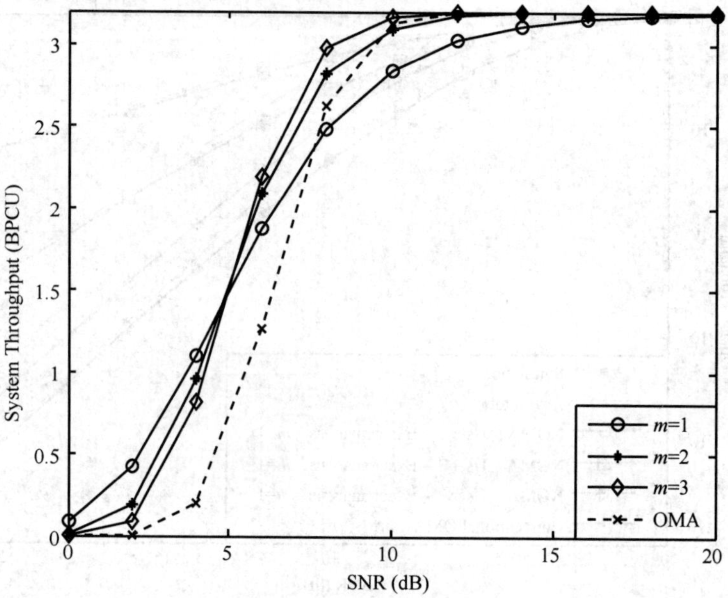


图 3-5　场景 1 在不同 SNR 下的延时受限系统吞吐量

## 3.4.2　场景 2

假设在该场景中有 5 个非正交用户($M=5$)需要 AF 中继的协作来完成与基站之间的通信过程。不失一般性，将基站与用户之间的距离归一化为 1。基站到中继以及中继到用户的平均功率分别设置为 $\omega_{sr}=d_{sr}^{-\alpha}$ 和 $\omega_{rd}=(1-d_{sr})^{-\alpha}$，其中，$d_{sr}$ 表示基站到中继的距离并将其设置为 $d_{sr}=0.3$，$\alpha$ 是路径损耗因子设置为 $\alpha=2$。基站给远端用户 $D_f$ 和近端用户 $D_n$ 分配的功率分配因子分别为 $a_f=0.8$ 和 $a_n=0.2$。另外，$D_f$ 和 $D_n$ 的目标数据速率分别设置为 $R_{D_f}=1$ BPCU 和 $R_{D_n}=1.5$ BPCU。将 AF 中继的固定放大因子设置为 $\kappa=0.9$。

图 3-6 呈现了配对用户在不同 SNR 条件下的中断概率性能，其中，$f=1$，$n=5$，$m=1$。用户 $D_f$ 和 $D_n$ 的中断概率理论分析曲线分别是根据式(3-26)和式(3-32)绘制的，从仿真结果可以看出，理论分析曲线与数值仿真曲线完全匹配。$D_f$ 和 $D_n$ 的渐近中断概率曲线是分别根据式(3-44)和式(3-45)绘制的。很明显，在高 SNR 条件下，两个用户的渐近中断概率都趋近于准确中断概率。另外，从图中可以观察到，非正交近端用户的中断概率性能优于 OMA 的性能，但是远端用户的中断概率性能却差于 OMA 性能，这是因为系统在同时服务于多个用户时，NOMA 相对于 OMA 能够提供较好的公平性，即可以同时满足远近用户的服务需求。图 3-7 呈现了场景 2 在不同衰落信道参数 $m$ 下的中断概率性能，其中，$f=1$，

$n=5,m=2,3$。从图中仿真结果可知，随着 $m$ 变大，在高 SNR 条件下，基于固定增益 AF 中继的协作 NOMA 系统的中断概率变小，这是因为当 $m$ 变大时，用户的中断概率斜率变大，证实了3.3.2节中的结论 3.2 和结论 3.3。

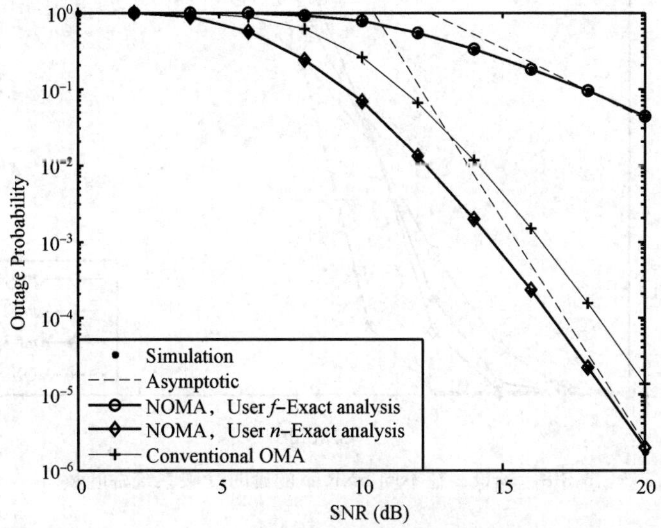


图 3-6 场景 2 用户在不同 SNR 下的中断性能

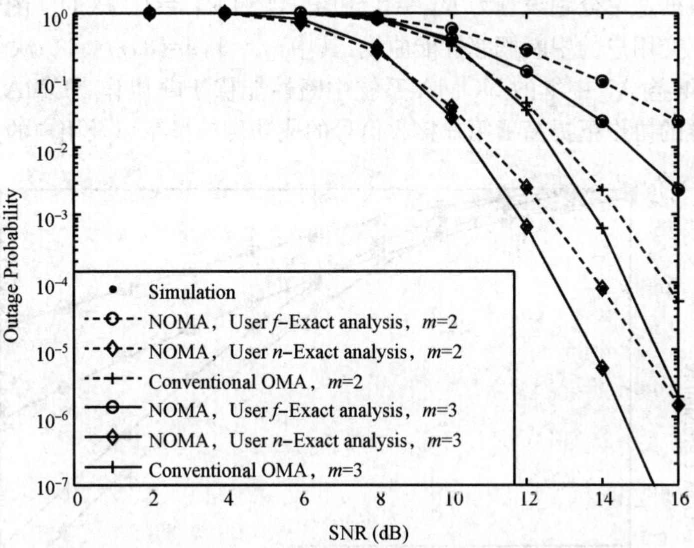


图 3-7 场景 2 用户在不同衰落信道参数 $m$ 下的中断性能

图 3-8 呈现了场景 2 在延时受限发送模式下的系统吞吐量性能，其中 $m=1,2,3$。图中的实线是根据式(3-47)绘制的，表示协作 NOMA 系统的吞吐量；虚线表示 OMA 系统的吐量。从图中的仿真结果可知，基于固定增益 AF 中继的 NOMA 系统相对于 OMA 提供较大的系统吞吐量。在高 SNR 条件下，当 $m=3$ 调整到 $m=1$，NOMA 系统吞吐量越来越小，这是因为系统中用户获得的中断概率变大。

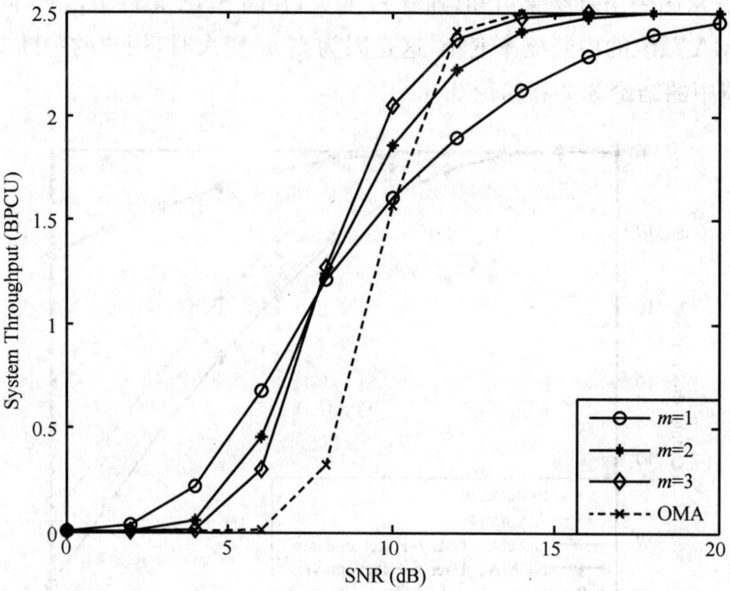


图 3-8 场景 2 在不同 SNR 下的延时受限系统吞吐量

为了对比两种场景下的中断概率性能，将仿真参数设置如下：假设用户 1 和用户 3 配对执行 NOMA 准则，用户 1 和用户 3 的功率因子分别设置为 $a_1=0.8$ 和 $a_3=0.2$。用户 1 和用户 3 的目标数据速率分别设置为 $R_{th_1}=0.5$ BPCU 和 $R_{th_2}=1$ BPCU。图 3-9 给出了两种场景下配对非正交用户的中断概率性能曲线，其中，$f=1$，$n=3$，$m=1$。从仿真曲线上可以看出，基于固定增益 AF 中继的 NOMA 系统中断性能优于非协作 NOMA 系统性能，这是因为基站在中继的协作下提高了用户接收信号的成功传输概率以及用户的分集阶数。

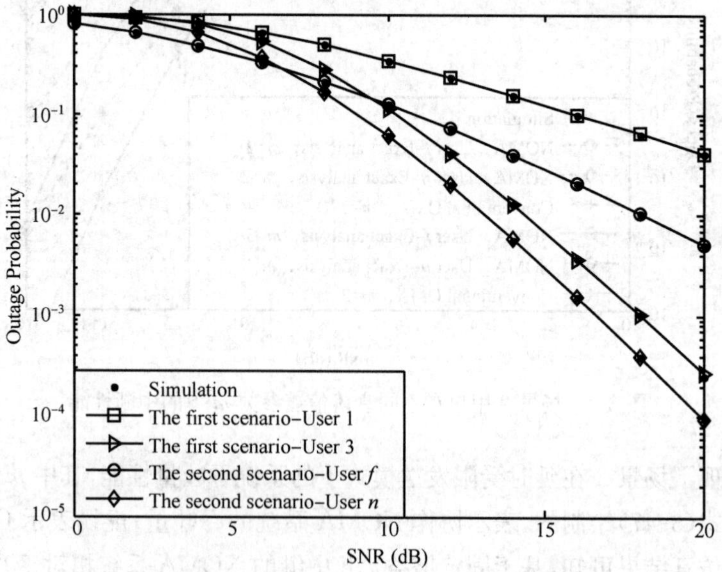


图 3-9 场景 1 和场景 2 用户在不同 SNR 下的中断概率性能比较

## 3.5 本章小结

本章介绍了下行 NOMA 系统在 Nakagami-$m$ 衰落信道下的中断性能。利用排序理论对基站到用户之间的信道进行排序处理，分析了两种不同场景下非正交用户的中断概率。首先，分析得出下行 NOMA 场景中排序用户中断概率的闭合表达式和渐近表达式；其次，在考虑基站和用户之间存在直接通信链路的情况下，推导出基于固定增益 AF 中继的 NOMA 场景用户中断概率的闭合表达式和渐近表达式。依据理论结果，分析了高 SNR 条件下的近似中断概率，给出了非正交用户获得的分集阶数；由分析结论可知用户的分集阶数不仅与用户信道的排序有关还与衰落信道参数 $m$ 有关。最后，讨论了两种场景在延时受限模式下的系统吞吐量并对比了两种场景下的中断性能。研究表明在 Nakagami-$m$ 衰落信道下，当系统同时服务于多个用户时，NOMA 相对 OMA 提供较好的用户公平性；协作 NOMA 相对于非协作 NOMA 提供了更优的中断性能。

# 第 4 章　协作 NOMA 通信系统性能分析

第 3 章主要针对下行 NOMA 系统进行了研究与评估，对比分析了基于 AF 中继的 NOMA 通信系统性能。本章介绍基于全双工/半双工协作 NOMA 通信系统的性能，将具有较好信道条件的近端用户作为 DF 中继协助基站转发信息给远端用户，进而提高整个通信系统的稳定性。首先，考虑基站与远端用户之间存在有直连链路和无直连链路两种通信场景，推导给出在全双工/半双工模式下非正交用户的中断概率闭合表达式以及高 SNR 条件下的渐近表达式，进而分析用户获得的分集阶数；其次，推导给出全双工/半双工协作 NOMA 系统在有/无直连通信链路场景下非正交用户的遍历速率闭合表达式，分析高 SNR 条件下用户遍历速率的斜率；最后，讨论全双工/半双工协作 NOMA 系统在延时受限与延时容忍两种发送模式下的吞吐量和能量效率。

## 4.1　概　述

与传统 OMA 方案使用专用中继通信方式不同，协作 NOMA 通信系统可在不需要专用中继的情况下实现信号转发。比如在 NOMA 系统中，近端用户具有较好的信道条件，可以将其看作中继协助基站完成与远端用户的通信。这将有助于增强小区边缘用户的通信质量，对于实现网络高速率、低时延、高可靠性及大规模连接的需求具有重大意义。目前较多文献关注的是半双工模式下的协作 NOMA 系统性能，但这种模式带来了系统额外的带宽成本开销，降低了系统频谱效率。全双工通信技术由于其可以在相同的频带资源上同时收发信息，有效地增强了系统频带利用率，受到学术界和工业界的广泛关注。尤其是随着同频自干扰抑制与抵消技术的发展，同时同频全双工通信取得了较为明显的突破，其频谱效率可以达到传统半双工通信频谱效率的两倍。全双工通信不仅增加了收发机的控制自由度，而且改变了传统网络频谱资源的使用方式，实现对频谱资源的灵活利用。将全双工技术与 NOMA 结合，可以进一步提升 NOMA 系统频谱利用率。目前已存在多种不同形式的全双工协作 NOMA 方案，Mobini 等人研究了基于全双工的多天线协作 NOMA 通信，使用基于迫零的波束成形策略消除系统中环路干扰信号，推导了用户中断概率准确表达式，仿真结果表明基于全双工协作 NOMA 系统相对于半双工通信系统有较大的性能提升。Kader 等人考虑了 NOMA 用户之间的全双工协作通信场景，分析了用户中断概率以及遍历和速率等问题。另外，在全双工 D2D 协作 NOMA 通信场景下，Zhang 等人研究了用户的中断概率等理论性能，数值仿真结果表明该系统相对于传统 OMA 实现了较低的中断概率。

本章研究基于全双工/半双工模式的协作 NOMA 系统，将近端用户当作 DF 中继，该中继可以工作在半双工模式或全双工模式。考虑基站与远端用户之间存在直连链路通信的场景，对中断概率、遍历速率以及能量效率等指标进行评估。通过性能分析，本章旨在回答以下几个问题。

(1) 全双工 NOMA 相对半双工 NOMA 是否可以带来性能的提升？如果可以，在什么条件下可以带来性能增益？

(2) 基站与远端用户的直连通信链路对系统有何影响？能否提高系统的吞吐量和降低中断概率？

(3) 相对于传统 OMA，NOMA 带来的性能增益如何？

(4) 在延时受限发送模式和延时容忍发送模式下，全双工/半双工协作 NOMA 与能量效率之间有怎样的关系？

本章剩余部分具体安排如下：4.2 节详细介绍了全双工/半双工协作 NOMA 系统模型；4.3 节给出了用户的接收信号模型；4.4 节以中断概率、遍历速率和能量效率为评价指标对全双工/半双工协作 NOMA 系统性能进行了评估；4.5 节通过数值仿真验证了理论分析结果的准确性；4.6 节对本章进行小结与回顾。

使用的数学符号声明如下：$f_X(\cdot)$和 $F_X(\cdot)$分别表示随机变量 $X$ 的 PDF 和 CDF。

# 4.2 系统模型

考虑一个全双工/半双工协作 NOMA 通信场景，如图 4-1 所示，主要包括一个基站，一个近端用户 $D_1$ 和一个远端用户 $D_2$，其中，基站在 $D_1$ 的协助下与 $D_2$ 进行通信。这里将 $D_1$ 当作 DF 中继译码转发信息给 $D_2$。为了实现全双工通信，$D_1$ 配有发送和接收两根天线，基站和 $D_2$ 配备单根天线。假设系统中的无线通信信道均建模为相互独立的非选择性瑞利衰落，基站到 $D_1$、$D_1$ 到 $D_2$ 以及基站到 $D_2$ 的信道衰落系数分别用 $h_1$、$h_2$ 和 $h_0$ 表示；对应的信道增益$|h_1|^2$、$|h_2|^2$ 和$|h_0|^2$ 分别服从参数为 $\Omega_1$、$\Omega_2$和 $\Omega_0$ 的指数分布。此外无线通信链路受到了均值为 0，方差为 $N_0$ 的 AWGN 噪声的影响。当 $D_1$ 工作在全双工模式时，发送天线与接收天线之间存在环路干扰信号。假设在 $D_1$ 处执行非理想自干扰删除机制消除环路干扰信号，通过射频天线与信号处理技术可以将这些干扰信号抑制在一个较低的水平。但由于使用了非理想自干扰删除操作，还是会存在残留干扰。不失一般性，将环路干扰建模为瑞利衰落并用 $h_{LI}$ 表示，对应的环路干扰复信道平均功率表示为 $\Omega_{LI}$。为了能够对比分析基于半双工模式的 NOMA 系统性能，本节引入一个转换因子来说明 $D_1$ 可以工作在不同双工模式，详细介绍将会在 4.3 节给出。

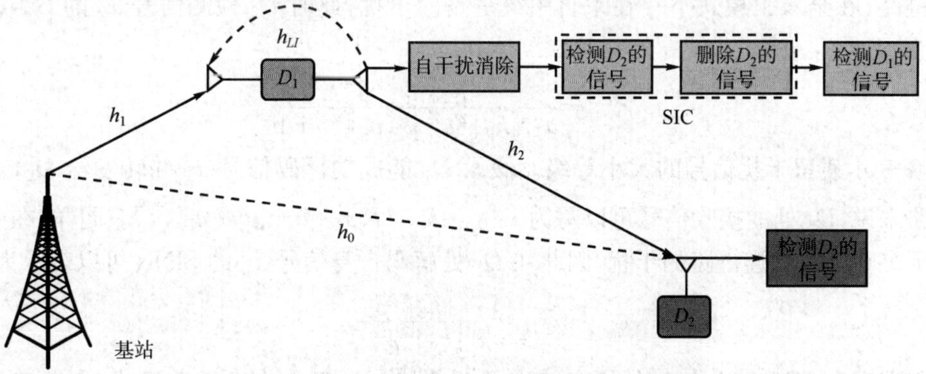


图 4-1　全双工/半双工协作 NOMA 系统模型图

## 4.3 接收信号模型

在第 $t$ 个时隙，$D_1$ 在接收来自基站发送叠加信号的同时也会收到环路干扰信号。因此 $D_1$ 的接收信号可以表示为

$$y_{D_1}[t]=h_1(\sqrt{a_1P_s}x_1[t]+\sqrt{a_2P_s}x_2[t])+h_{LI}\sqrt{\varpi P_r}x_{LI}[t-t_d]+n_{D_1}[t] \tag{4-1}$$

式中，$\varpi$ 表示在全双工与半双工模式之间进行转换的操作因子。当 $\varpi=1$ 时，表示 $D_1$ 工作在全双工模式；当 $\varpi=0$ 时，表示 $D_1$ 工作在半双工模式。在实际应用场景中，可以根据应用需求选择不同的双工模式。$x_{LI}[t-t_d]$表示在 $D_1$ 处的残留环路干扰信号，其中，$t_d$ 是一个整数表示在 $D_1$ 处的处理时延，满足条件 $t_d\geqslant 1$。实际上，假设时隙 $t$ 满足关系式 $t\geqslant t_d$。$P_s$ 和 $P_r$ 分别表示在基站和 $D_1$ 处的归一化发送功率；$x_1$ 和 $x_2$ 分别表示基站发送给 $D_1$ 和 $D_2$ 的信号；$a_1$ 和 $a_2$ 分别表示基站分配给 $D_1$ 和 $D_2$ 的功率因子。为了保证用户之间的公平性，假设 $a_2>a_1$ 且满足 $a_1+a_2=1$。在 $D_1$ 处使用 SIC 机制，先检测具有较大发送功率的信号 $x_2$，$D_1$ 受到的干扰较小。此时在 $D_1$ 处检测 $D_2$ 信号 $x_2$ 时的 SINR 可以表示为

$$\gamma_{D_1\to D_2}=\frac{a_2|h_1|^2\rho}{a_1|h_1|^2\rho+\varpi|h_{LI}|^2\rho+1} \tag{4-2}$$

式中，$\rho=P_s/N_0$ 表示发送端 SNR。需要注意的是假设 $x_1$ 和 $x_2$ 是功率归一化的信号，即 $E\{x_1^2\}=E\{x_2^2\}=1$。

使用 SIC 检测机制将信号 $x_2$ 从叠加信号中删除后，在 $D_1$ 处解码自身信号 $x_1$ 的 SINR 可以表示为

$$\gamma_{D_1}=\frac{a_1|h_1|^2\rho}{\varpi|h_{LI}|^2\rho+1} \tag{4-3}$$

在全双工模式下，$D_2$ 除了接收来自基站的叠加信号还要接收来自 $D_1$ 译码转发的信号 $x_2$，即 $D_2$ 要同时接收来自直连链路和中继链路的信号。因此在 $D_2$ 处的接收信号可以写为 $y_{D_2}=h_1(\sqrt{a_1P_s}x_1[t]+\sqrt{a_2P_s}x_2[t])+h_2\sqrt{P_r}x_2[t]+n_{D_2}[t]$。单从直连链路的角度来看，$D_2$ 的接收信号可以写为 $y_{1,D_2}=h_0(\sqrt{a_1P_s}x_1[t]+\sqrt{a_2P_s}x_2[t])+n_{D_2}[t]$。对于直连链路，在全双工模式下存在来自中继链路的干扰，此时 $D_2$ 检测信号 $x_2$ 的 SINR 可以表示为

$$\gamma_{1,D_2}^{RI}=\frac{a_2|h_0|^2\rho}{a_1|h_0|^2\rho+\bar{\kappa}|h_2|^2\rho+1} \tag{4-4}$$

式中，$\bar{\kappa}$ 表示残留干扰信号的大小等级。假设 $D_1$ 能成功译码信号 $x_1$ 并转发给 $D_2$，对于中继链路来说，$D_2$ 处的接收信号可以写为 $y_{2,D_2}=h_2\sqrt{P_r}x_2[t-t_d]+n_{D_2}[t]$。同样，在全双工模式下存在来自直连链路的干扰，因此在 $D_2$ 处解码自身信号 $x_2$ 的 SINR 可以表示为

$$\gamma_{2,D_2}^{RI}=\frac{|h_2|^2\rho}{\bar{\kappa}|h_0|^2\rho+1} \tag{4-5}$$

根据现有文献[114,116]的研究结论可知，即使 $D_1$ 工作在全双工模式，中继链路相对于基站到 $D_2$ 的直连链路也会存在较小的时延。换句话说，$D_2$ 在接收来自基站和 $D_1$ 的信

号时会出现极短的时间间隔。为了便于获得该场景下的理论分析结果，假设在 $D_2$ 处可以区分出来自基站和 $D_1$ 的信号。因此在不考虑直连链路与中继链路之间存在干扰的情况下，这里提供了式(4-4)和式(4-5)的上界，即在 $D_2$ 处分别解码来自直连链路和中继链路信号 $x_2$ 的 SINR 可以表示为

$$\gamma_{1,D_2}=\frac{a_2\,|h_0|^2\rho}{a_1\,|h_0|^2\rho+1} \tag{4-6}$$

$$\gamma_{2,D_2}=|h_2|^2\rho \tag{4-7}$$

最后，$D_2$ 使用最大比合并(maximal ratio combination，MRC)的方式处理来自直连链路和中继链路的信号。通过最大比合并后，$D_2$ 处的接收 SINR 可以表示为

$$\gamma_{D_2}^{MRC}=|h_2|^2\rho+\frac{a_2\,|h_0|^2\rho}{a_1\,|h_0|^2\rho+1} \tag{4-8}$$

# 4.4 系统性能分析

本节以中断概率、遍历速率和能量效率为评价指标，对全双工/半双工模式下的协作 NOMA 系统进行性能分析，分别考虑基站到 $D_2$ 之间有直连链路和无直连链路两种情况。根据分析结果，进一步讨论延时受限与延时容忍发送两种模式下的系统吞吐量。

## 4.4.1 中断概率

当用户的目标数据速率由用户的服务质量决定时，中断概率是对系统评估的一个重要准则。接下来对基站和 $D_2$ 之间无直连链路和有直连链路两种场景的中断性能进行分析与推导。

**1. 无直连链路情况**

对于无直连链路的情况，可以考虑延伸覆盖场景，比如，由于基站到 $D_2$ 的距离较远或受到周围建筑物的影响，直连通信链路处于深度衰落状态导致基站与 $D_2$ 之间无法正常通信，此时需要通过中继的协作才能保持正常的通信。

1) $D_1$ 的中断概率

在该场景下近端用户 $D_1$ 的中断事件可以描述为：①$D_1$ 不能解码 $D_2$ 的信号 $x_2$ 时发生中断；②$D_1$ 能解码 $D_2$ 的信号 $x_2$ 但不能解码自身信号 $x_1$ 时发生中断。为了简化计算，用其补事件来表示，即 $D_1$ 能解码 $D_2$ 的信号 $x_2$ 同时也能解码其自身的信号 $x_1$。基于上述解释，在全双工模式下 $D_1$ 的中断概率可以表示为

$$P_{D_1}^{FD}=1-\Pr(\gamma_{D_1\to D_2}>\gamma_{th,D_2}^{FD},\gamma_{D_1}>\gamma_{th,D_1}^{FD}) \tag{4-9}$$

式中，$\gamma_{th,D_1}^{FD}=2^{R_{th,D_1}}-1$ 和 $\gamma_{th,D_2}^{FD}=2^{R_{th,D_2}}-1$ 分别表示在全双工模式下 $D_1$ 解码信号 $x_1$ 和 $x_2$ 时的目标 SNR；$R_{th,D_1}$ 和 $R_{th,D_2}$ 分别表示对应的目标数据速率。在全双工 NOMA 系统下，近端用户 $D_1$ 的中断概率准确表达式可由定理 4.1 给出。

**定理 4.1**：在全双工协作 NOMA 系统中，$D_1$ 的中断概率闭式解可以表示为

$$P_{D_1}^{FD}=1-\frac{\Omega_1}{\Omega_1+\rho\varpi\theta_1\Omega_{LI}}e^{-\frac{\theta_1}{\Omega_1}} \tag{4-10}$$

式中，$\varpi=1$，$\tau_1=\dfrac{\gamma_{th,D_2}^{FD}}{\rho(a_2-a_1\gamma_{th,D_2}^{FD})}$ 且满足关系式 $a_2>a_1\gamma_{th,D_2}^{FD}$。$\beta_1=\dfrac{\gamma_{th,D_1}^{FD}}{a_1\rho}$，$\theta_1=\max(\tau_1,\beta_1)$。

**证明**：令 $J_{11}$ 表示在 $D_1$ 处发生中断的补事件概率。借助于式(4-2)和式(4-3)，给出 $J_{11}$ 的计算过程如下：

$$\begin{aligned} J_{11} &= \Pr(\gamma_{D_1\to D_2} > \gamma_{th,D_2}^{FD}, \gamma_{D_1} > \gamma_{th,D_1}^{FD}) \\ &= \Pr(|h_1|^2 \geqslant (\varpi |h_{LI}|^2\rho + 1)\theta_1) \\ &= \int_0^\infty \int_{(x\varpi\rho+1)}^\infty f_{|h_{LI}|^2}(x) f_{|h_1|^2}(y)\mathrm{d}x\mathrm{d}y = \frac{\Omega_1}{\Omega_1 + \varpi\rho\theta_1\Omega_{LI}} e^{-\frac{\theta_1}{\Omega_1}} \end{aligned} \tag{4-11}$$

将式(4-11)带入式(4-9)，可得 $D_1$ 的中断概率闭式解式(4-10)。证明完毕。

**推论 4.1**：基于定理 4.1 中的结论，将 $\varpi=0$ 带入式(4-10)，可得在半双工协作 NOMA 系统下 $D_1$ 的中断概率闭式解为

$$P_{D_1}^{HD} = 1 - e^{-\frac{\theta_2}{\Omega_1}} \tag{4-12}$$

式中，$\theta_2 = \max(\tau_2, \beta_2)$，$\tau_2 = \dfrac{\gamma_{th,D_2}^{HD}}{\rho(a_2 - a_1\gamma_{th,D_2}^{HD})}$ 且满足关系式 $a_2 > a_1\gamma_{th,D_2}^{HD}$，$\beta_2 = \dfrac{\gamma_{th,D_1}^{HD}}{a_1\rho}$，$\gamma_{th,D_1}^{HD} = 2^{2R_{th,D_1}} - 1$ 和 $\gamma_{th,D_2}^{HD} = 2^{2R_{th,D_2}} - 1$ 分别表示在半双工模式下 $D_1$ 解码信号 $x_1$ 和 $x_2$ 时的目标 SNR。

2) $D_2$ 的中断概率

在该场景下，远端用户 $D_2$ 的中断事件描述如下：①$D_1$ 不能解码远端用户 $D_2$ 的信号 $x_2$ 时发生中断；②在 $D_1$ 能成功解码 $D_2$ 的信号 $x_2$ 情况下，$D_2$ 不能解码其自身信号 $x_2$ 时发生中断。

$$P_{D_2,nodir}^{FD} = \underbrace{\Pr(\gamma_{D_1\to D_2} < \gamma_{th,D_2}^{FD})}_{J_{12}} + \underbrace{\Pr(\gamma_{2,D_2} < \gamma_{th,D_2}^{FD}, \gamma_{D_1\to D_2} > \gamma_{th,D_2}^{FD})}_{J_{13}} \tag{4-13}$$

式中，$\varpi=1$。在全双工协作 NOMA 系统中，远端用户 $D_2$ 的中断概率准确表达式可由定理 4.2给出。

**定理 4.2**：在全双工协作 NOMA 系统中无直连链路的情况下，$D_2$ 的中断概率闭式解可以表示为

$$P_{D_2,nodir}^{FD} = 1 - \frac{\Omega_1}{\Omega_1 + \varpi\rho\tau_1\Omega_{LI}} e^{-\left(\frac{\gamma_{th,D_2}^{FD}}{\Omega_2\rho} + \frac{\tau_1}{\Omega_1}\right)} \tag{4-14}$$

式中，$\varpi=1$。

**证明**：为了简化表示形式，令 $J_{12}$ 和 $J_{13}$ 分别表示式(4-13)中的第一项和第二项。借助于式(4-2)，$J_{12}$ 的计算过程如下：

$$\begin{aligned} J_{12} &= \Pr(|h_1|^2 < \tau_1(\varpi |h_{LI}|^2\rho + 1)) \\ &= \int_0^\infty \int_0^{\tau_1(\varpi y\rho+1)} f_{|h_1|^2}(x) f_{|h_{LI}|^2}(y)\mathrm{d}x\mathrm{d}y \\ &= 1 - \frac{\Omega_1}{\Omega_1 + \rho\varpi\tau_1\Omega_{LI}} e^{-\frac{\tau_1}{\Omega_1}} \end{aligned} \tag{4-15}$$

类似于式(4-15)，借助于式(4-2)和式(4-7)并通过一些简单的算术变换后，$J_{13}$ 可以表示为

$$J_{13} = \frac{\Omega_1}{\Omega_1 + \rho\varpi\tau_1\Omega_{LI}} e^{-\frac{\tau_1}{\Omega_1}} \left(1 - e^{-\frac{\gamma_{th,D_2}^{FD}}{\rho\Omega_2}}\right) \tag{4-16}$$

将式(4-15)和式(4-16)带入式(4-13)，可得无直连链路情况下 $D_2$ 的中断概率闭式解式(4-14)。证明完毕。

**推论 4.2**:基于定理 4.2 中的结论,将 $\varpi=0$ 带入式(4-14),可得在半双工协作 NOMA 系统中 $D_2$ 的中断概率闭合表达式为

$$P_{D_2,nodir}^{HD}=1-e^{-\frac{\tau_2}{\Omega_1}-\frac{\gamma_{th,D_2}^{HD}}{\rho\Omega_2}} \tag{4-17}$$

3) 分集阶数

为了获得更加直观的结论,首先给出无直连链路情况下近端用户 $D_1$ 和远端用户 $D_2$ 在高 SNR 条件下的渐近中断概率。基于该近似分析结果,求解出在全双工/半双工协作 NOMA 系统中 $D_1$ 和 $D_2$ 所能获得的分集阶数。分集阶数的定义如下:

$$d=-\lim_{\rho\to\infty}\frac{\log[P_D^{\infty}(\rho)]}{\log(\rho)} \tag{4-18}$$

式中,$P_D^{\infty}(\rho)$表示在高 SNR 条件下用户的渐近中断概率。最后给出无直连链路情况下全双工/半双工协作 NOMA 系统中 $D_1$ 和 $D_2$ 的分析结论。

(1) 全双工协作 NOMA 下 $D_1$ 的情况

根据式(4-10)中的分析结果,当 $\rho\to\infty$时,利用近似表达式 $e^{-x}\approx1-x\ (x\to0)$,在全双工 NOMA 系统中 $D_1$ 的渐近中断概率可以表示为

$$P_{D_1}^{FD,\infty}=1-\frac{\Omega_1}{\Omega_1+\rho\theta_1\Omega_{LI}} \tag{4-19}$$

将式(4-19)带入式(4-18),可得 $D_1$ 的分集阶数为 0,即 $d_{D_1}^{FD}=0$。

**结论 4.1**:从上述分析可知,在全双工协作 NOMA 系统中 $D_1$ 的分集阶数等于零,与传统全双工中继获得的分集阶数相同。

(2) 半双工协作 NOMA 下 $D_1$ 的情况

根据式(4-12)中的分析结果,当 $\rho\to\infty$时,在半双工协作 NOMA 系统中 $D_1$ 的渐近中断概率可以表示为

$$P_{D_1}^{HD,\infty}=\frac{\theta_2}{\Omega_1}\propto\frac{1}{\rho} \tag{4-20}$$

将式(4-20)带入式(4-18),可得 $D_1$ 的分集阶数为 1,即 $d_{D_1}^{HD}=1$。

(3) 全双工协作 NOMA 下 $D_2$ 的情况

根据式(4-14)中的分析结果,当 $\rho\to\infty$时,在全双工协作 NOMA 系统中 $D_2$ 的渐近中断概率可以表示为

$$P_{D_2,nodir}^{FD,\infty}=1-\frac{\rho\Omega_1\Omega_2-\gamma_{th,D_2}^{FD}\Omega_1-\rho\tau_1\Omega_2}{\rho\Omega_2(\Omega_1+\rho\tau_1\Omega_{LI})} \tag{4-21}$$

将式(4-21)带入式(4-18),可得 $D_2$ 的分集阶数为零,即 $d_{D_2,nodir}^{FD}=0$。

**结论 4.2**:与结论 4.1 一致,在全双工协作 NOMA 系统中 $D_2$ 的分集阶数也为零,与传统全双工中继获得的分集阶数相同。

(4) 半双工协作 NOMA 下 $D_2$ 的情况

根据式(4-17)中的分析结果,当 $\rho\to\infty$时,在半双工协作 NOMA 系统中 $D_2$ 的渐近中断概率可以表示为

$$P_{D_2,nodir}^{HD,\infty}=\frac{\gamma_{th,D_2}^{HD}}{\rho\Omega_2}+\frac{\tau_2}{\Omega_1}\propto\frac{1}{\rho} \tag{4-22}$$

将式(4-22)带入式(4-18),可得 $D_2$ 的分集阶数为1,即 $d_{D_2,nodir}^{HD}=1$。

**结论 4.3**:从结论 4.1 和结论 4.2 可知,在高 SNR 条件下 $P_{D_1}^{FD,\infty}$ 和 $P_{D_2,nodir}^{FD,\infty}$ 都是独立于 $\rho$ 的常数。从仿真结果可以观察到,全双工协作 NOMA 系统中 $D_1$ 和 $D_2$ 的中断概率在高 SNR 条件下存在错误平层;然而,在半双工协作 NOMA 系统中,$P_{D_1}^{HD,\infty}$ 和 $P_{D_2,nodir}^{HD,\infty}$ 都是正比于 $1/\rho$ 的函数,通过计算可知 $D_1$ 和 $D_2$ 获得分集阶数均为 1。换句话说,此时 $D_1$ 和 $D_2$ 的中断概率在高 SNR 条件下不存在错误平层。

4) 系统吞吐量分析

本小节讨论在延时受限发送模式下全双工/半双工协作 NOMA 的系统吞吐量。在该发送模式下,基站以固定数据速率向用户发送信息,此时系统可能会受到无线信道的随机衰落影响而发生中断。

(1) 全双工协作 NOMA

对于无直连链路情况,全双工协作 NOMA 在延时受限发送模式下的系统吞吐量的表达式可以写为

$$R_{l\_nodir}^{FD}=(1-P_{D_1}^{FD})R_{D_1}+(1-P_{D_2,nodir}^{FD})R_{D_2} \tag{4-23}$$

式中,$P_{D_1}^{FD}$ 和 $P_{D_2,nodir}^{FD}$ 分别从式(4-10)和式(4-14)中获得。

(2) 半双工协作 NOMA

对于直连链路的情况,半双工协作 NOMA 在延时受限发送模式下的系统吞吐量的表达式可以写为

$$R_{l\_nodir}^{HD}=(1-P_{D_1}^{HD})R_{D_1}+(1-P_{D_2,nodir}^{HD})R_{D_2} \tag{4-24}$$

式中,$P_{D_1}^{HD}$ 和 $P_{D_2,nodir}^{HD}$ 分别从式(4-12)和式(4-17)中获得。

**2. 有直连链路情况**

在无线通信系统中,基站与用户 $D_2$ 之间的直连链路并不会一直遭受深度衰落等因素的影响。因此,可以借助直连链路来传递信息增强 $D_2$ 成功接收信号的概率和系统稳定性。由于增加直连链路对 $D_1$ 的中断性能无影响,接下来只需要介绍 $D_2$ 的中断概率。

1) $D_2$ 的中断概率

在该场景下,远端用户 $D_2$ 同时接收到来自直连链路和中继链路的信号。为了能够最大化输出 SNR,$D_2$ 使用最大比合并接收的方式处理来自基站和用户 $D_1$ 的信号。因此,在远端用户 $D_2$ 处的中断事件描述如下:①$D_1$ 能成功解码 $D_2$ 的信号 $x_2$,但在 $D_2$ 处利用 MRC 合并后的 SINR 小于 $D_2$ 目标 SNR 值 $\gamma_{th_2}$ 时发生中断;②$D_1$ 和 $D_2$ 都不能成功解码 $D_2$ 信号 $x_2$。基于上述解释,在全双工模式下 $D_2$ 的中断概率可以表示为

$$P_{D_2,dir}^{FD,RI}=\Pr(\gamma_{1,D_2}^{RI}+\gamma_{2,D_2}^{RI}<\gamma_{th,D_2}^{FD},\gamma_{D_1\to D_2}>\gamma_{th,D_2}^{FD})+\Pr(\gamma_{D_1\to D_2}<\gamma_{th,D_2}^{FD},\gamma_{1,D_2}^{RI}<\gamma_{th,D_2}^{FD}) \tag{4-25}$$

可以看出,从式(4-25)中无法推导出 $D_2$ 中断概率的闭式解,但可以通过蒙特卡洛给出数值仿真曲线说明其中断性能。为了能够获得 $D_2$ 中断概率的理论分析结果,利用式(4-6)和式(4-7)中的 SINR 上界,在全双工模式下 $D_2$ 的中断概率可以进一步表示为

$$P_{D_2,dir}^{FD}=\Pr(\gamma_{1,D_2}^{MRC}<\gamma_{th,D_2}^{FD},\gamma_{D_1\to D_2}>\gamma_{th,D_2}^{FD})+\Pr(\gamma_{D_1\to D_2}<\gamma_{th,D_2}^{FD},\gamma_{1,D_2}^{RI}<\gamma_{th,D_2}^{FD}) \tag{4-26}$$

式中,$\varpi=1$。在全双工 NOMA 系统下,远端用户 $D_2$ 的中断概率准确表达式可由定理 4.3 给出。

**定理 4.3**:在全双工协作 NOMA 系统存在直连链路的情况下,$D_2$ 的中断概率闭式解可以表示为

$$P_{D_2,dir}^{FD}=\left\langle 1-e^{-\frac{\tau_1}{\Omega_0}}-\sum_{n=0}^{\infty}\frac{(-1)^n e^{\varphi}}{n!\phi_2{}^{n+1}}\left\{\frac{(-1)^{2n+1}\phi_1{}^{n+1}}{(n+1)!}\left[\mathrm{Ei}(\psi)-\mathrm{Ei}(\phi_1)\right]\right.\right.$$
$$\left.\left.+\sum_{k=0}^{n}\frac{(1+a_1\rho\tau_1)^{n+1}e^{\psi}\psi^k-e^{\phi_1}\phi_1^k}{(n+1)n\cdots(n+1-k)}\right\}\right\rangle\chi e^{-\frac{\tau_1}{\Omega_1}}+\left[(1-\chi e^{-\frac{\tau_1}{\Omega_1}})(1-e^{-\frac{\tau_1}{\Omega_0}})\right] \tag{4-27}$$

式中，$\phi_1=\frac{-a_2}{a_1\rho\Omega_2}$，$\phi_2=a_1\rho\,\Omega_2$，$\varphi=\frac{1}{\rho a_1\Omega_0}-\frac{\gamma_{th,D_2}^{FD}}{\rho\Omega_2}-\phi_1$，$\psi=\frac{-a_2}{a_1\rho\Omega_2(1+a_1\rho\tau_1)}$，$\chi=\frac{\Omega_1}{\Omega_1+\rho\tau_1\Omega_{LI}}$。Ei(·)表示指数积分函数(参见文献[103]中公式(8.211.1))。

**证明**：在存在直连链路的情况下，由于基站到 $D_1$ 和 $D_2$ 的信道以及 $D_1$ 到 $D_2$ 的信道是相互独立的，因此基于式(4-26)，$D_2$ 的中断概率可以重写为

$$P_{D_2,dir}^{FD}=\underbrace{\Pr(\gamma_{D_2}^{MRC}<\gamma_{th,D_2}^{FD})}_{J_{14}}\underbrace{\Pr(\gamma_{D_1\to D_2}>\gamma_{th,D_2}^{FD})}_{J_{15}}+\underbrace{\Pr(\gamma_{D_1\to D_2}<\gamma_{th,D_2}^{FD},\gamma_{1,D_2}<\gamma_{th,D_2}^{FD})}_{J_{16}} \tag{4-28}$$

进一步，将式(4-2)、式(4-6)和式(4-8)带入式(4-28)，可以给出 $J_{14}$ 的计算过程如下：

$$\begin{aligned}J_{14}&=\Pr\left(|h_2|^2<\frac{\gamma_{th,D_2}^{FD}}{\rho}-\frac{|h_0|^2a_2}{|h_0|^2a_1\rho+1},|h_0|^2<\tau_1\right)\\&=\int_0^{\tau_1}F_{|h_2|^2}\left(\frac{\gamma_{th,D_2}^{FD}}{\rho}-\frac{ya_2}{ya_1\rho+1}\right)f_{|h_0|^2}(y)\mathrm{d}y\\&=1-e^{-\frac{\tau_1}{\Omega_0}}-\underbrace{\int_0^{\tau_1}\frac{1}{\Omega_0}e^{-\frac{y}{\Omega_0}}e^{-\frac{1}{\Omega_2}\left(\frac{\gamma_{th,D_2}^{FD}}{\rho}-\frac{ya_2}{ya_1\rho+1}\right)}\mathrm{d}y}_{J_{14}^1}\end{aligned} \tag{4-29}$$

式中，$F_{|h_2|^2}(\cdot)$ 和 $f_{|h_0|^2}(\cdot)$ 分别表示信道增益 $|h_2|^2$ 和 $|h_0|^2$ 的 CDF 和 PDF。

为了计算式(4-29)中的积分表达式，首先进行变量替换令 $x=y\rho a_1+1$，然后利用二项式定理展开。基于此，给出 $J_{14}^1$ 的具体计算过程如下：

$$\begin{aligned}J_{14}^1&=\frac{1}{\Omega_0}e^{-\frac{\gamma_{th,D_2}^{FD}}{\rho\Omega_2}}\int_1^{\tau_1\rho a_1+1}e^{-\frac{x-1}{\rho a_1\Omega_0}}e^{\frac{a_2(x-1)}{a_1\rho\Omega_2 x}}\mathrm{d}x=\frac{e^{\varphi}}{\phi_2}\int_1^{\tau_1\rho a_1+1}e^{-\frac{x}{\rho a_1\Omega_0}}e^{-\frac{a_2}{a_1\rho\Omega_2 x}}\mathrm{d}x\\&=\frac{e^{\varphi}}{\phi_2}\sum_{n=0}^{\infty}\frac{(-1)^n}{n!(\Omega_0\rho a_1)^n}\underbrace{\int_1^{\tau_1\rho a_1+1}x^ne^{-\frac{x}{a_1\rho\Omega_2 x}}\mathrm{d}x}_{J_{14}^2}\end{aligned} \tag{4-30}$$

式中，$\phi_1=\frac{-a_2}{a_1\rho\Omega_2}$，$\phi_2=a_1\rho\Omega_2$，$\varphi-\frac{1}{\rho a_1\Omega_0}\quad\frac{\gamma_{th,D_2}^{FD}}{\rho\Omega_2}-\phi_1$。进一步变量替换令 $z=\frac{1}{x}$ 并借助文献[103]中的公式(3.351.4)，可得 $J_{14}^2$ 的最终表达式为

$$\begin{aligned}J_{14}^2&=\int_{\frac{1}{\tau_1\rho a_1+1}}^{1}\frac{1}{z^{n+2}}e^{-\frac{a_2z}{a_1\rho\Omega_2}}\mathrm{d}z=\int_{\frac{1}{\tau_1\rho a_1+1}}^{\infty}\frac{1}{z^{n+2}}e^{-\frac{a_2z}{a_1\rho\Omega_2}}\mathrm{d}z-\int_1^{\infty}\frac{1}{z^{n+2}}e^{-\frac{a_2z}{a_1\rho\Omega_2}}\mathrm{d}z\\&=\frac{(-1)^{2n+1}\phi_1^{n+1}}{(n+1)!}\left[\mathrm{Ei}(\psi)-\mathrm{Ei}(\phi_1)\right]+\sum_{k=0}^{n}\frac{(1+a_1\rho\tau_1)^{n+1}e^{\psi}\psi^k-e^{\phi}\phi_1^k}{(n+1)n\cdots(n+1-k)}\end{aligned} \tag{4-31}$$

式中，$\psi=\frac{-a_2}{a_1\rho\Omega_2(1+a_1\rho\tau_1)}$。

借助于式(4-31)中的结果，将式(4-30)带入式(4-29)，可得 $J_{14}$ 的最后表达式为

$$J_{14}=\left\langle 1-e^{-\frac{\tau_1}{\Omega_0}}-\sum_{n=0}^{\infty}\frac{(-1)^n e^{\varphi}}{n!\phi_2^{n+1}}\left\{\frac{(-1)^{2n+1}\phi_1{}^{n+1}}{(n+1)!}[\mathrm{Ei}(\psi)-\mathrm{Ei}(\phi_1)]+\sum_{k=0}^{\infty}\frac{(1+a_1\rho\tau_1)^{n+1}e^{\psi}\psi^k-e^{\phi_1}\phi_1{}^k}{(n+1)n\cdots(n+1-k)}\right\}\right\rangle \tag{4-32}$$

同样，$J_{15}$的计算过程如下：

$$\begin{aligned}J_{15}&=\Pr(|h_1|^2>\tau_1(|h_{LI}|^2\rho+1))\\&=\int_0^{\infty}\frac{1}{\Omega_{LI}}e^{-\frac{y}{\Omega_{LI}}}\int_{\tau_1(y\rho+1)}^{\infty}\frac{1}{\Omega_1}e^{-\frac{y}{\Omega_1}}\mathrm{d}x\mathrm{d}y=\chi e^{-\frac{\tau_1}{\Omega_1}}\end{aligned}\tag{4-33}$$

式中，$\chi=\dfrac{\Omega_1}{\Omega_1+\rho\tau_1\Omega_{LI}}$。

另外，通过简单的算术变换后可得 $J_{16}$的最终表达式为

$$J_{16}=\left(1-e^{-\frac{\tau_1}{\Omega_0}}\right)\left(1-\chi e^{-\frac{\tau_1}{\Omega_0}}\right)\tag{4-34}$$

将式(4-32)、式(4-33)和式(4-34)带入式(4-28)，可得在有直连链路的情况下 $D_2$ 的中断概率闭式解式(4-27)。证明完毕。

2) 分集阶数

(1) 全双工协作 NOMA 下 $D_2$ 的情况

在基站和 $D_2$ 之间存在直连链路的情况下，无法从式(4-27)直接获得 $D_2$ 的分集阶数。利用高斯-切比雪夫对式(4-26)做近似处理，可得在高 SNR 条件下 $D_2$ 中断概率的近似表达式为

$$\begin{aligned}P_{D_2,dir}^{FD,appro}=&\left[\frac{\tau_1}{\Omega_0}-\left(1-\frac{\tau_1\Omega_2+2\tau_1\Omega_0(a_2-a_1\gamma_{th,D_2}^{FD})}{2\Omega_0\Omega_2}\right)\frac{\pi\tau_1}{2N\Omega_0}\sum_{i=1}^{N}\left(1-\frac{s_n\tau_1}{2\Omega_0}\right.\right.\\&\left.\left.+\frac{(s_i+1)\tau_1a_2}{\Omega_2((s_i+1)\tau_1a_1\rho+2)}\right)\sqrt{1-s_i^2}\right]\frac{\Omega_1}{(\Omega_1+\rho\tau_1\Omega_{LI})}+\left(1-\frac{\Omega_1}{(\Omega_1+\rho\tau_1\Omega_{LI})}\right)\frac{\tau_1}{\Omega_0}\end{aligned}\tag{4-35}$$

式中，参数 $N$ 表示复杂度与精确度之间的一种折中，$s_i=\cos\left(\dfrac{2i-1}{2N}\pi\right)$。

将式(4-35)带入式(4-18)，可得 $D_2$ 的分集阶数为 1，即 $d_{D_2,dir}^{FD}=1$。

**结论 4.4**：从上述分析可知，利用直连链路($BS\rightarrow D_2$)传递信息有效地解决了全双工协作 NOMA 系统中 $D_2$ 分集阶数等于 0 的问题。

(2) 半双工协作 NOMA 下 $D_2$ 的情况

从现有文献的分析结论可知，在半双工协作 NOMA 系统有直连链路的情况下，$D_2$ 获得的分集阶数等于 2，即 $d_{D_2,dir}^{HD}=2$。

3) 系统吞吐量分析

根据上述分析结果，分别给出全双工/半双工协作 NOMA 系统在有直连链路情况下延时受限发送模式下的系统吞吐量。

(1) 全双工协作 NOMA

在有直连链路的情况下，全双工协作 NOMA 系统吞吐量的表达式可以写为

$$R_{l\_dir}^{FD}=(1-P_{D_1}^{FD})R_{th,D_1}+(1-P_{D_2,dir}^{FD})R_{th,D_2}\tag{4-36}$$

式中，$P_{D_1}^{FD}$ 和 $P_{D_2,dir}^{FD}$ 分别从式(4-10)和式(4-27)中获得。

(2) 半双工协作 NOMA

类似于式(4-36)，在有直连链路的情况下，半双工协作 NOMA 系统吞吐量的表达式可以写为

$$R_{l\_dir}^{HD}=(1-P_{D_1}^{HD})R_{th,D_1}+(1-P_{D_2,dir}^{HD})R_{th,D_2} \tag{4-37}$$

式中，$P_{D_1}^{HD}$ 和 $P_{D_2,dir}^{HD}$ 分别从式(4-12)和文献[49]中式(11)获得。

## 4.4.2 遍历速率

当用户的速率由用户的信道条件决定时，遍历速率是对系统评估的另一个重要评价准则。下面分别对无直连链路和有直连链路两种场景下的全双工/半双工 NOMA 系统遍历速率进行分析和讨论。

**1. 无直连链路情况**

1) $D_1$ 的遍历速率

在 $D_1$ 能成功解码 $D_2$ 信号 $x_1$ 的情况下，$D_1$ 的可达速率可以写为 $R_{D_1}=\log(1+\gamma_{D_1})$。根据可达速率 $R_{D_1}$ 表达式，在全双工 NOMA 系统中 $D_1$ 的遍历速率可以表示为

$$R_{D_1}^{FD}=E[\log(1+\gamma_{D_1})] \tag{4-38}$$

定理 4.4 给出了 $D_1$ 遍历速率的准确表达式。

**定理 4.4**：在全双工协作 NOMA 系统中，无直连链路情况下 $D_1$ 的遍历速率闭式解可以表示为

$$R_{D_1}^{FD}=\frac{a_1\Omega_1}{\ln 2(\Omega_{LI}-a_1\Omega_1)}\left[e^{\frac{1}{a_1\rho\Omega_1}}\mathrm{Ei}\left(\frac{-1}{a_1\rho\Omega_1}\right)-e^{\frac{1}{\rho\Omega_{LI}}}\mathrm{Ei}\left(\frac{-1}{\rho\Omega_{LI}}\right)\right] \tag{4-39}$$

**证明**：将式(4-3)带入式(4-38)，$D_1$ 的遍历速率可以表示为

$$R_{D_1}^{FD}=E\left[\log\left(1+\underbrace{\frac{a_1\rho|h_1|^2}{\varpi|h_{LI}|^2\rho+1}}_{X_1}\right)\right]=\frac{1}{\ln 2}\int_0^\infty\frac{1-F_{X_1}(x)}{1+x}\mathrm{d}x \tag{4-40}$$

式中，$\varpi=1$。随机变量 $X_1$ 的 CDF 的计算过程如下：

$$\begin{aligned}F_{X_1}(x)&=\Pr\left(|h_1|^2<\frac{x(|h_{LI}|^2\rho+1)}{a_1\rho}\right)\\&=\int_0^\infty\frac{1}{\Omega_{LI}}e^{-\frac{z}{\Omega_{LI}}}\int_0^{\frac{x(z\rho+1)}{a_1\rho}}\frac{1}{\Omega_1}e^{-\frac{y}{\Omega_1}}\mathrm{d}y\mathrm{d}z\\&=1-\frac{a_1\Omega_1}{x\Omega_{LI}+a_1\Omega_1}e^{-\frac{x}{a_1\rho\Omega_1}}\end{aligned} \tag{4-41}$$

将式(4-41)带入式(4-40)，$D_1$ 的遍历速率可以重新写为

$$\begin{aligned}R_{D_1}^{FD}&=\frac{1}{\ln 2}\int_0^\infty\frac{1}{1+x}\frac{a_1\Omega_1}{a_1\Omega_1+x\Omega_{LI}}e^{-\frac{x}{a_1\rho\Omega_1}}\mathrm{d}x\\&=\underbrace{\frac{1}{\ln 2}\int_0^\infty\frac{-a_1\Omega_1e^{-\frac{x}{a_1\rho\Omega_1}}}{(1+x)(\Omega_{LI}-a_1\Omega_1)}\mathrm{d}x}_{J_{21}}+\underbrace{\frac{1}{\ln 2}\int_0^\infty\frac{-a_1\Omega_1\Omega_{LI}e^{-\frac{x}{a_1\rho\Omega_1}}}{(a_1\Omega_1+x\Omega_{LI})(\Omega_{LI}-a_1\Omega_1)}\mathrm{d}x}_{J_{22}}\end{aligned} \tag{4-42}$$

对式(4-42)中的 $J_{21}$ 和 $J_{22}$ 进行二项式展开并利用文献[103]中的公式(3.352.4)，可以分别给出其对应的表达式如下：

$$J_{21}=\frac{a_1\Omega_1 e^{\frac{1}{a_1\rho\Omega_1}}}{\Omega_{LI}-a_1\Omega_1}\mathrm{Ei}\left(\frac{-1}{a_1\rho\Omega_1}\right) \tag{4-43}$$

$$J_{22}=\frac{a_1\Omega_1 e^{\frac{1}{\rho\Omega_{LI}}}}{\Omega_{LI}-a_1\Omega_1}\mathrm{Ei}\left(\frac{-1}{\rho\Omega_{LI}}\right) \tag{4-44}$$

将式(4-43)和式(4-44)带入式(4-42),可得式(4-39)。证明完毕。

下面推论 4.3 给出了半双工协作 NOMA 系统下 $D_1$ 的遍历速率。

**推论 4.3**:在半双工协作 NOMA 系统中,无直连链路情况下 $D_1$ 的遍历速率闭式解可以表示为

$$R_{D_1}^{HD}=\frac{-e^{\frac{1}{a_1\rho\Omega_1}}}{2\ln 2}\mathrm{Ei}\left(\frac{-1}{a_1\rho\Omega_1}\right) \tag{4-45}$$

2) $D_2$ 的遍历速率

由 4.3 节接收信号模型可知,$D_2$ 的数据速率除了受到在 $D_1$ 处使用 SIC 检测信号 $x_2$ 时的速率影响,还受到在 $D_2$ 处检测信号 $x_2$ 时的速率限制。因此,$D_2$ 的可达速率可以写为 $R_{D_2}=\log[1+\min(\gamma_{D_1\to D_2},\gamma_{2,D_2})]$。相应的在无直连链路情况下,$D_2$ 的遍历速率可以表示为

$$\begin{aligned}R_{D_2,nodir}^{FD}&=E\{\log[1+\underbrace{\min(\gamma_{D_1\to D_2},\gamma_{2,D_2})}_{\overline{X}_2}]\}\\&=\frac{1}{\ln 2}\int_0^{\infty}\frac{1-F_{\overline{X}_2}(x)}{1+x}\mathrm{d}x\end{aligned} \tag{4-46}$$

式中,$\varpi=1$。此时难以求解 $\overline{X}_2$ 的 CDF。为了获得准确的闭式表达式,定理 4.5 给出了高 SNR 条件下 $D_2$ 遍历速率的近似解。

**定理 4.5**:对于全双工协作 NOMA 系统无直连链路情况,在高 SNR 条件下 $D_2$ 遍历速率的渐近表达式为

$$\begin{aligned}R_{D_2,nodir}^{FD,\infty}=&\frac{1}{\ln 2}\left\{e^{\frac{1}{\rho\Omega_2}}\left[\mathrm{Ei}\left(\frac{-1}{a_1\rho\Omega_2}\right)-\mathrm{Ei}\left(\frac{-1}{\rho\Omega_2}\right)\right]\frac{\Omega_1}{\Omega_1-\Omega_{LI}}-\frac{e^{\frac{a_2\Omega_1}{\rho\Omega_2(\Omega_{LI}-a_1\Omega_1)}}}{\Omega_{LI}-a_1\Omega_1}\right.\\&\left.\times\left[\mathrm{Ei}\left(\frac{-a_2\Omega_{LI}}{\rho a_1\Omega_2(\Omega_{LI}-a_1\Omega_1)}\right)-\mathrm{Ei}\left(\frac{-a_2\Omega_1}{\rho\Omega_2(\Omega_{LI}-a_1\Omega_1)}\right)\right]\frac{a_2\Omega_1\Omega_{LI}}{\Omega_1-\Omega_{LI}}\right\}\end{aligned} \tag{4-47}$$

**证明**:将式(4-2)和式(4-7)带入式(4-46),$D_2$ 的遍历速率可以表示为

$$R_{D_2,nodir}^{FD}=E\left[\log\left(1+\underbrace{\min\left(\frac{|h_1|^2a_2\rho}{|h_1|^2a_1\rho+\varpi|h_{LI}|^2\rho+1},\rho|h_2|^2\right)}_{\overline{X}_2}\right)\right] \tag{4-48}$$

式中,$\varpi=1$。在高 SNR 条件下 $\overline{X}_2$ 可以近似为

$$\overline{X}_2\approx\underbrace{\min\left(\frac{|h_1|^2a_2}{|h_1|^2a_1+|h_{LI}|^2},|h_2|^2\rho\right)}_{\overline{Y}_1} \tag{4-49}$$

那么随机变量 $\overline{Y}_1$ 对应的 CDF 可以表示为

$$F_{\overline{Y}_1}(y)=1-\underbrace{\Pr(|h_2|^2\rho\geqslant y)}_{J_{23}}\underbrace{\Pr\left(\frac{|h_1|^2a_2}{|h_1|^2a_1+|h_{LI}|^2}\geqslant y\right)}_{J_{24}} \tag{4-50}$$

经过一些简单的算术运算后，$J_{23}$和$J_{24}$可以分别表示为

$$J_{23}=1-e^{-\frac{y}{\rho\Omega_2}}U(y) \tag{4-51}$$

$$J_{24}=\frac{(a_2-a_1y)\Omega_1}{(a_2-a_1y)\Omega_1+y\Omega_{LI}}U\left(\frac{a_2}{a_1}-y\right) \tag{4-52}$$

式中，$U(y)=\begin{cases}1, & y>0\\ 0, & y<0\end{cases}$表示单位阶跃函数。将式(4-51)和式(4-52)式带入式(4-50)中可得$\overline{Y}_1$的CDF为

$$F_{\overline{Y}_1}(y)=1-\frac{e^{-\frac{y}{\rho\Omega_2}}(a_2-ya_1)\Omega_1}{(a_2-ya_1)\Omega_1+y\Omega_{LI}}U(y)U\left(\frac{a_2}{a_1}-y\right) \tag{4-53}$$

基于式(4-53)，在高SNR条件下$D_2$遍历速率的计算过程如下：

$$\begin{aligned}R_{D_2,nodir}^{FD,\infty}&=\frac{1}{\ln 2}\int_0^{\infty}\frac{1-F_{\overline{Y}_1}(y)}{1+y}\mathrm{d}y\\&=\frac{1}{\ln 2}\int_0^{\frac{a_2}{a_1}}\frac{1}{1+y}\frac{e^{-\frac{y}{\rho\Omega_2}}(a_2-ya_1)\Omega_1}{(a_2-ya_1)\Omega_1+y\Omega_{LI}}\mathrm{d}y\\&=\frac{1}{\ln 2}\Bigg(\underbrace{\int_0^{\frac{a_2}{a_1}}\frac{1}{1+y}\frac{a_2\Omega_1e^{-\frac{y}{\rho\Omega_2}}}{y(\Omega_{LI}-a_1\Omega_1)+a_2\Omega_1}\mathrm{d}y}_{J_{25}}-\underbrace{\int_0^{\frac{a_2}{a_1}}\frac{1}{1+y}\frac{ya_1\Omega_1e^{-\frac{y}{\rho\Omega_2}}}{y(\Omega_{LI}-a_1\Omega_1)+a_2\Omega_1}\mathrm{d}y}_{J_{26}}\Bigg)\end{aligned} \tag{4-54}$$

对式(4-54)中的$J_{25}$和$J_{26}$进行二项式展开并利用文献[103]中公式(3.352.1)，可以分别给出对应的计算过程如下：

$$\begin{aligned}J_{25}&=\frac{a_2\Omega_1}{a_2\Omega_1+a_1\Omega_1-\Omega_{LI}}\left(\int_0^{\frac{a_2}{a_1}}\frac{e^{-\frac{y}{\rho\Omega_2}}}{1+y}\mathrm{d}y-\int_0^{\frac{a_2}{a_1}}\frac{e^{-\frac{y}{\rho\Omega_2}}(\Omega_{LI}-a_1\Omega_1)}{y(\Omega_{LI}-a_1\Omega_1)+a_2\Omega_1}\mathrm{d}y\right)\\&=\frac{a_2\Omega_1}{\Omega_1-\Omega_{LI}}\left\{e^{-\frac{y}{\rho\Omega_2}}\left[\mathrm{Ei}\left(\frac{-1}{\rho a_1\Omega_2}\right)-\mathrm{Ei}\left(\frac{-1}{\rho\Omega_2}\right)\right]-e^{\frac{a_2\Omega_1}{\rho\Omega_2(\Omega_{LI}-a_1\Omega_1)}}\right.\\&\quad\left.\times\left[\mathrm{Ei}\left(\frac{a_2\Omega_{LI}}{\rho a_1\Omega_2(\Omega_{LI}-a_1\Omega_1)}\right)-\mathrm{Ei}\left(\frac{a_2\Omega_1}{\rho\Omega_2(\Omega_{LI}-a_1\Omega_1)}\right)\right]\right\}\end{aligned} \tag{4-55}$$

$$\begin{aligned}J_{26}&=\frac{a_1\Omega_1}{\Omega_{LI}-a_1\Omega_1-a_2\Omega_1}\left(\int_0^{\frac{a_2}{a_1}}\frac{e^{-\frac{y}{\rho\Omega_2}}}{1+y}\mathrm{d}y-\int_0^{\frac{a_2}{a_1}}\frac{a_2\Omega_1e^{-\frac{y}{\rho\Omega_2}}}{y(\Omega_{LI}-a_1\Omega_1)+a_2\Omega_1}\mathrm{d}y\right)\\&=\frac{a_1\Omega_1}{\Omega_{LI}-\Omega_1}\left\{e^{\frac{1}{\rho\Omega_2}}\left[\mathrm{Ei}\left(\frac{-1}{\rho a_1\Omega_2}\right)-\mathrm{Ei}\left(\frac{-1}{\rho\Omega_2}\right)\right]-\frac{a_2\Omega_1e^{\frac{a_2\Omega_1}{\rho\Omega_2(\Omega_{LI}-a_1\Omega_1)}}}{\Omega_{LI}-a_1\Omega_1}\right.\\&\quad\left.\times\left[\mathrm{Ei}\left(\frac{a_2\Omega_{LI}}{\rho a_1\Omega_2(\Omega_{LI}-a_1\Omega_1)}\right)-\mathrm{Ei}\left(\frac{a_2\Omega_1}{\rho\Omega_2(\Omega_{LI}-a_1\Omega_1)}\right)\right]\right\}\end{aligned} \tag{4-56}$$

最后，将式(4-55)和式(4-56)带入式(4-54)，可以获得式(4-47)。证明完毕。

当$\varpi=0$时，半双工协作NOMA系统无直连链路情况下$D_2$的遍历速率可以表示为

$$R_{D_2,nodir}^{HD}=\frac{1}{2\ln 2}\int_0^{\frac{a_2}{a_1}}\frac{e^{-\frac{y}{\rho(a_2-a_1y)\Omega_1}-\frac{y}{\rho\Omega_2}}}{1+y}\mathrm{d}y \tag{4-57}$$

从式(4-57)可以看出，无法获得其闭合表达式。推论4.4给出了式(4-57)在高SNR下的近似解。

**推论4.4**：对于半双工协作NOMA系统无直连链路的情况，在高SNR条件下$D_2$遍历

速率的渐近表达式为

$$R_{D_2,nodir}^{HD,\infty}=\frac{e^{\frac{1}{\rho\Omega_2}}}{2\ln 2}\left[\mathrm{Ei}\left(\frac{-1}{\rho a_1\Omega_2}\right)-\mathrm{Ei}\left(\frac{-1}{\rho\Omega_2}\right)\right] \tag{4-58}$$

**证明**:借助于式(4-2)和式(4-7),在半双工协作 NOMA 系统中,无直连链路情况下 $D_2$ 的遍历速率可以重写为

$$R_{D_2,nodir}^{HD}=\frac{1}{2}E\left[\log\left(1+\underbrace{\min\left(\frac{a_2\,|h_1|^2\rho}{a_1\,|h_1|^2\rho+\varpi\,|h_{LI}|^2\rho+1},|h_2|^2\rho\right)}_{J_{27}}\right)\right] \tag{4-59}$$

式中,$\varpi=0$。在高 SNR 条件下,$J_{27}$ 可以近似为

$$J_{27}\approx\underbrace{\min\left(\frac{a_2}{a_1},|h_2|^2\rho\right)}_{\bar{Y}_2} \tag{4-60}$$

从式(4-60)可容易求解出 $\bar{Y}_2$ 的 CDF$F_{\bar{Y}_2}(y)=(1-e^{-\frac{y}{\rho\Omega_2}})U\left(\frac{a_2}{a_1}-y\right)$。借助于该 CDF,$D_2$ 的近似遍历速率 $R_{D_2,nodir}^{HD,\infty}$ 可以表示为

$$R_{D_2,nodir}^{HD,\infty}=\frac{1}{2\ln 2}\int_0^{\infty}\frac{1-F_{\bar{Y}_2}(y)}{1+y}\mathrm{d}y=\frac{1}{2\ln 2}\int_0^{\frac{a_2}{a_1}}\frac{e^{-\frac{y}{\rho\Omega_2}}}{1+y}\mathrm{d}y \tag{4-61}$$

进一步借助文献[103]中公式(3.352.1),可以获得式(4-58)。证明完毕。

3) 斜率分析

高 SNR 条件下的斜率是评估遍历速率的一个重要参数。根据上述分析结果,本小节分别给出全双工/半双工协作 NOMA 系统 $D_1$ 和 $D_2$ 遍历速率的斜率大小,定义如下:

$$S=\lim_{\rho\to\infty}\frac{R_D^{\infty}(\rho)}{\log(\rho)} \tag{4-62}$$

式中,$R_D^{\infty}$ 表示用户在高 SNR 条件下的渐近遍历速率。

(1) 全双工协作 NOMA 下 $D_1$ 的情况

当 $\rho\to\infty$ 时,利用指数积分函数的近似表达式 $\mathrm{Ei}(-x)\approx\ln(x)+\tilde{C}$(参见文献[103]中公式(8.212.1))以及指数近似表达式 $e^{-x}\approx 1-x(x\to 0)$ 对式(4-39)做近似处理,其中,$\tilde{C}$ 表示欧拉常数。通过近似后,全双工协作 NOMA 系统 $D_1$ 的渐近遍历速率可以表示为

$$R_{D_1}^{FD,\infty}=\frac{a_1\Omega_1}{\ln 2(\Omega_{LI}-a_1\Omega_1)}\left[\left(1+\frac{1}{\rho a_1\Omega_1}\right)\left(\ln\left(\frac{1}{\rho a_1\Omega_1}\right)+\tilde{C}\right)-\left(1+\frac{1}{\rho\Omega_{LI}}\right)\left(\ln\left(\frac{1}{\rho\Omega_{LI}}\right)+\tilde{C}\right)\right] \tag{4-63}$$

将式(4-63)带入式(4-62),可得全双工 NOMA 系统中 $D_1$ 在高 SNR 条件下获得的斜率为 0,即 $S_{D_1}^{FD}=0$。

(2) 半双工 NOMA 下 $D_1$ 的情况

根据式(4-45),当 $\rho\to\infty$ 时,半双工协作 NOMA 系统 $D_1$ 的渐近遍历速率可以表示为

$$R_{D_1}^{HD,\infty}=\frac{-1}{2\ln 2}\left(1+\frac{1}{\rho a_1\Omega_1}\right)\left[\ln\left(\frac{1}{\rho a_1\Omega_1}\right)+\tilde{C}\right] \tag{4-64}$$

将式(4-64)带入式(4-62),可得半双工协作 NOMA 系统中 $D_1$ 在高 SNR 条件下获得的斜率为$\frac{1}{2}$,即 $S_{D_1}^{HD}=\frac{1}{2}$。

(3) 全双工协作 NOMA 下 $D_2$ 的情况

根据上述分析结果,将式(4-47)带入式(4-62),可得全双工协作 NOMA 系统中 $D_2$ 在高 SNR 条件下获得的斜率为零,即 $S_{D_2}^{FD}=0$。

(4) 半双工协作 NOMA 下 $D_2$ 的情况

根据上述分析结果,将式(4-58)带入式(4-62),可得半双工协作 NOMA 系统中 $D_2$ 在高 SNR 条件下获得的斜率为零,即 $S_{D_2}^{HD}=0$。

**结论 4.5**:由上述分析可知,对于全双工/半双工协作 NOMA 系统,在高 SNR 条件下无直连链路情况 $D_2$ 的遍历速率收敛于吞吐量的上界。

最后,联合式(4-47)和式(4-63),可以给出无直连链路情况下全双工协作 NOMA 系统遍历和速率的渐近表达式为

$$R_{sum,nodir}^{FD,\infty}=\frac{a_1\Omega_1}{\ln 2(\Omega_{LI}-a_1\Omega_1)}\left[\left(1+\frac{1}{\rho a_1\Omega_1}\right)\left(\ln\left(\frac{1}{\rho a_1\Omega_1}\right)+\widetilde{C}\right)-\left(1+\frac{1}{\rho\Omega_{LI}}\right)\right.$$
$$\left.\times\left(\ln\left(\frac{1}{\rho a_1\Omega_1}\right)+\widetilde{C}\right)\right]+\frac{1}{\ln 2}\left\{e^{\frac{1}{\rho\Omega_2}}\left[\mathrm{Ei}\left(\frac{-1}{\rho a_1\Omega_2}\right)-\mathrm{Ei}\left(\frac{-1}{\rho\Omega_2}\right)\right]\left(\frac{\Omega_1}{\Omega_1-\Omega_{LI}}\right)\right.$$
$$\left.+\frac{e^{\frac{a_2\Omega_1}{\rho\Omega_2(\Omega_{LI}-a_1\Omega_1)}}}{\Omega_{LI}-a_1\Omega_1}\left[\mathrm{Ei}\left(\frac{-a_2\Omega_1}{\rho\Omega_2(\Omega_{LI}-a_1\Omega_1)}\right)-\mathrm{Ei}\left(\frac{-a_2\Omega_{LI}}{\rho a_1\Omega_2(\Omega_{LI}-a_1\Omega_1)}\right)\right]\frac{a_2\Omega_1\Omega_{LI}}{\Omega_1-\Omega_{LI}}\right\}$$

(4-65)

联合式(4-58)和式(4-64),可以给出无直连链路情况下半双工协作 NOMA 系统遍历和速率的渐近表达式为

$$R_{sum,nodir}^{HD,\infty}=\frac{-1}{2\ln 2}\left(1+\frac{1}{\rho a_1\Omega_1}\right)\left[\ln\left(\frac{1}{\rho a_1\Omega_1}\right)+\widetilde{C}\right]+\frac{e^{\frac{1}{\rho\Omega_2}}}{2\ln 2}\left[\mathrm{Ei}\left(\frac{-1}{\rho a_1\Omega_2}\right)-\mathrm{Ei}\left(\frac{-1}{\rho\Omega_2}\right)\right]$$

(4-66)

4) 系统吞吐量分析

本小节讨论在延时容忍发送模式下的全双工/半双工协作 NOMA 系统吞吐量。不同于延时受限发送模式下基站以固定数据速率发送信息的情况,在延时容忍发送模式下,基站以小于等于所评估遍历速率的大小发送信息。由于码字的长度远远大于传输块的时间,码字将会受到衰落信道的影响;此时,对遍历速率的评估决定了延时容忍模式下系统吞吐量的大小。

(1) 全双工协作 NOMA

对于无直连链路的情况,基于式(4-39)和式(4-46),在延时容忍发送模式下的系统吞吐量的表达式可以写为

$$R_{t\_nodir}^{FD}=R_{D_1}^{FD}+R_{D_2,nodir}^{FD} \tag{4-67}$$

(2) 半双工协作 NOMA

类似于式(4-67)的求解过程,基于式(4-45)和式(4-57),对于无直连链路情况在延时容忍发送模式下的系统吞吐量表达式可以写为

$$R_{t\_nodir}^{HD}=R_{D_1}^{HD}+R_{D_2,nodir}^{HD} \tag{4-68}$$

**2. 有直连链路情况**

与 4.4.1 节分析中断概率的情况一样,有无直连链路对于 $D_1$ 的性能没有影响。因此,本小节只分析在有直连链路的情况下 $D_2$ 的遍历速率、分集阶数以及系统吞吐量。

1) $D_2$ 的遍历速率

根据 4.3 节介绍的接收信号模型，假设 $D_1$ 利用 SIC 机制成功解码 $D_2$ 的信号 $x_2$，同时 $D_2$ 可以成功解码分别来自直连链路与中继链路的信号 $x_2$。在全双工模式下，考虑到两个链路均受彼此干扰信号的影响，$D_2$ 的可达速率可以写为 $R_{D_2,dir}^{RI}=\log[1+\min(\gamma_{D_1\to D_2},\gamma_{1,D_2}^{RI}+\gamma_{2,D_2}^{RI})]$。为了简化分析，$D_2$ 的可达速率可以进一步写为 $R_{D_2,dir}=\log[1+\min(\gamma_{D_1\to D_2},\gamma_{D_2}^{MRC})]$。因此对于全双工 NOMA 系统，在基站和 $D_2$ 之间有直连链路的情况下，$D_2$ 的遍历速率可以表示为

$$R_{D_2,dir}^{FD}=\frac{1}{\ln 2}\int_0^{\infty}\frac{1-F_{\overline{X}_3}(x)}{1+x}\mathrm{d}x \tag{4-69}$$

式中，$\overline{X}_3=\min\left(\frac{|h_1|^2a_2\rho}{|h_1|^2a_1\rho+\varpi|h_{LI}|^2\rho+1},|h_2|^2\rho+\frac{|h_0|^2a_2\rho}{|h_0|^2a_1\rho+1}\right)$且 $\varpi=1$。通过分析发现，求解 $\overline{X}_3$ 的 CDF 是非常困难的，无法给出式(4-69)的闭合表达式。为了获得闭式解，在高 SNR 条件下 $D_2$ 遍历速率的近似解可由定理 4.6 给出。

**定理 4.6**：对于全双工协作 NOMA 系统有直连链路的情况，在高 SNR 条件下 $D_2$ 遍历速率的渐近表达式为

$$R_{D_2,dir}^{FD,\infty}=\frac{1}{\ln 2}\left[\ln\left(1+\frac{a_2}{a_1}\right)\left(\frac{\Omega_1}{\Omega_1-\Omega_{LI}}\right)-\frac{1}{\Omega_{LI}-a_1\Omega_1}\ln\left(\frac{\Omega_{LI}}{a_1\Omega_1}\right)\left(1+\frac{a_2\Omega_1\Omega_{LI}}{\Omega_1-\Omega_{LI}}\right)\right] \tag{4-70}$$

**证明**：借助于式(4-2)和式(4-8)，在有直连链路情况下 $D_2$ 的遍历速率可以重写为

$$R_{D_2,dir}^{FD}=\frac{1}{2}\mathrm{E}[\log(1+\underbrace{\min(\gamma_{D_1\to D_2},\gamma_{D_2}^{MRC})}_{\overline{X}_3})] \tag{4-71}$$

式中，$\varpi=1$。在高 SNR 条件下，$\overline{X}_3$ 可以近似为

$$\overline{X}_3\approx\underbrace{\min\left(\frac{|h_1|^2a_2}{|h_1|^2a_1+|h_{LI}|^2},|h_2|^2\rho+\frac{a_2}{a_1}\right)}_{\overline{Y}_3} \tag{4-72}$$

经过一些简单的算术变换，随机变量 $\overline{Y}_3$ 的 CDF 可以表示为

$$F_{\overline{Y}_3}(y)=1-\underbrace{\Pr\left(|h_2|^2\rho+\frac{a_2}{a_1}\geqslant y\right)}_{J_{31}}\underbrace{\Pr\left(\frac{|h_1|^2a_2}{|h_1|^2a_1+|h_{LI}|^2}\geqslant y\right)}_{J_{32}} \tag{4-73}$$

从式(4-73)容易求得 $J_{31}$ 和 $J_{32}$ 分别为

$$J_{31}=1-U\left(y-\frac{a_2}{a_1}\right)e^{-\frac{1}{\rho\Omega_2}\left(y-\frac{a_2}{a_1}\right)} \tag{4-74}$$

$$J_{32}=U\left(y-\frac{a_2}{a_1}\right)\frac{(a_2-ya_1)\Omega_1}{(a_2-ya_1)\Omega_1+y\Omega_{LI}} \tag{4-75}$$

将式(4-74)和式(4-75)带入式(4-73)，可得随机变量 $\overline{Y}_3$ 的 CDF 为

$$F_{\overline{Y}_3}(y)=1-U\left(y-\frac{a_2}{a_1}\right)\frac{(a_2-ya_1)\Omega_1}{(a_2-ya_1)\Omega_1+y\Omega_{LI}} \tag{4-76}$$

借助于式(4-76)中的 CDF，在高 SNR 条件下 $D_2$ 遍历速率的渐近表达式计算如下：

$$
\begin{aligned}
R_{D_2,dir}^{FD,\infty} &= \frac{1}{\ln 2}\int_0^{\infty} \frac{1-F_{\bar{Y}_3}(y)}{1+y}\mathrm{d}y \\
&= \frac{1}{\ln 2}\int_0^{\frac{a_2}{a_1}} \frac{1}{1+y}\,\frac{(a_2-ya_1)\Omega_1}{(a_2-ya_1)\Omega_1+y\Omega_{LI}}\mathrm{d}y \\
&= \frac{1}{\ln 2}\Bigg[\underbrace{\int_0^{\frac{a_2}{a_1}} \frac{a_2\Omega_1}{(1+y)[y(\Omega_{LI}-a_1\Omega_1)+a_2\Omega_1]}\mathrm{d}x}_{J_{33}} - \underbrace{\int_0^{\frac{a_2}{a_1}} \frac{ya_1\Omega_1}{(1+y)[y(\Omega_{LI}-a_1\Omega_1)+a_2\Omega_1]}\mathrm{d}x}_{J_{34}}\Bigg]
\end{aligned}
\tag{4-77}
$$

对式(4-77)中的 $J_{33}$ 和 $J_{34}$ 进行一些算术变换后可得

$$
J_{33}=\frac{a_2\Omega_1}{a_2\Omega_1-\Omega_{LI}+a_1\Omega_1}\left[\ln\left(1+\frac{a_2}{a_1}\right)-\ln\left(1+\frac{\Omega_{LI}-a_1\Omega_1}{a_1\Omega_1}\right)\right] \tag{4-78}
$$

$$
J_{34}=\frac{a_1\Omega_1}{a_2\Omega_1-\Omega_{LI}+a_1\Omega_1}\left[\frac{a_1\Omega_1}{\Omega_{LI}-a_1\Omega_1}\ln\left(1+\frac{\Omega_{LI}-a_1\Omega_1}{a_1\Omega_1}\right)-\ln\left(1+\frac{a_2}{a_1}\right)\right] \tag{4-79}
$$

将式(4-78)和式(4-79)带入式(4-77),可得式(4-70)。证明完毕。

当 $\varpi=0$ 时,在基站和 $D_2$ 之间有直连链路的情况下,半双工协作 NOMA 系统中 $D_2$ 的遍历速率可以表示为

$$
R_{D_2,ave}^{HD}=\int_0^{\frac{a_2}{a_1}}\frac{e^{-\frac{y(\Omega_0+\Omega_1)}{\rho(a_2-a_1y)\Omega_0\Omega_1}}}{1+y}\mathrm{d}y+\int_0^{\frac{a_2}{a_1}}\int_0^{\frac{y}{\rho(a_2-a_1y)}}\frac{e^{-\frac{x}{\Omega_0}-\frac{\gamma_{th_2}^{HD}(xa_1\rho+1)-xa_2\rho}{\rho(xa_1\rho+1)\Omega_2}-\frac{y}{\rho(a_2-a_1y)\Omega_1}}}{(1+y)\Omega_0}\mathrm{d}y \tag{4-80}
$$

从式(4-80)可以看出求解 $D_2$ 遍历速率的闭式解需要计算较复杂的积分。推论 4.5 给出了半双工协作 NOMA 系统中 $D_2$ 在高 SNR 条件下遍历速率的近似表达式。

**推论 4.5**:对于半双工 NOMA 系统有直连链路的情况,在高 SNR 条件下 $D_2$ 遍历速率的渐近表达式为

$$
R_{D_2,ave}^{HD,\infty}=\frac{1}{2}\log\left(1+\frac{a_2}{a_1}\right) \tag{4-81}
$$

联合式(4-63)和式(4-70),可以给出有直连链路情况下全双工协作 NOMA 系统遍历和速率的渐近表达式为

$$
\begin{aligned}
R_{sum,dir}^{FD,\infty}=&\frac{a_1\Omega_1}{(\Omega_{LI}-a_1\Omega_1)\ln 2}\left\{\left(1+\frac{1}{\rho a_1\Omega_1}\right)\left[\ln\left(\frac{1}{\rho a_1\Omega_1}\right)+\tilde{C}\right]-\left(1+\frac{1}{\rho\Omega_{LI}}\right)\right.\\
&\left.\times\left[\ln\left(\frac{1}{\rho\Omega_{LI}}\right)+\tilde{C}\right]\right\}+\frac{1}{\ln 2}\left[\ln\left(1+\frac{a_2}{a_1}\right)\left(\frac{\Omega_1}{\Omega_1-\Omega_{LI}}\right)\right.\\
&\left.-\frac{1}{\Omega_{LI}-a_1\Omega_1}\ln\left(1+\frac{\Omega_{LI}-a_1\Omega_1}{a_1\Omega_1}\right)\frac{a_2\Omega_1\Omega_{LI}}{\Omega_1-\Omega_{LI}}\right]
\end{aligned}
\tag{4-82}
$$

使用同样的方式,联合式(4-64)和式(4-81),可以给出有直连链路情况下半双工协作 NOMA 系统的遍历和速率的渐近表达式为

$$
R_{sum,dir}^{HD,\infty}=\frac{-1}{2\ln 2}\left(1+\frac{1}{a_1\rho\Omega_1}\right)\left[\ln\left(\frac{1}{a_1\rho\Omega_1}\right)+\tilde{C}\right]+\frac{1}{2}\log\left(1+\frac{a_2}{a_1}\right) \tag{4-83}
$$

2) 斜率分析

根据上述推导的渐近遍历速率,下面分别给出全双工/半双工协作 NOMA 系统在有直连链路情况下 $D_2$ 获得的高 SNR 斜率。

(1) 全双工协作 NOMA 下 $D_2$ 的情况

将式(4-70)带入式(4-62),可得全双工协作 NOMA 系统中 $D_2$ 在高 SNR 条件下获得的斜率为零,即 $S_{D_2,dir}^{FD}=0$。

(2) 半双工协作 NOMA 下 $D_2$ 的情况

将式(4-81)带入式(4-62),可得半双工协作 NOMA 系统中 $D_2$ 在高 SNR 条件下获得的斜率同样为零,即 $S_{D_2,dir}^{HD}=0$。

**结论 4.6:** 根据上述分析可知,对于全双工/半双工协作 NOMA 系统,$D_2$ 的遍历速率在高 SNR 条件下均收敛于吞吐量的上界,而且直连链路的存在并没有帮助 $D_2$ 获得额外的斜率因子。

3) 系统吞吐量分析

(1) 全双工协作 NOMA

基于式(4-39)和式(4-69),对于直连链路情况,在延时容忍发送模式下的系统吞吐量表达式可以写为

$$R_{t\_dir}^{FD}=R_{D_1}^{FD}+R_{D_2,dir}^{FD} \tag{4-84}$$

(2) 半双工协作 NOMA

类似于式(4-84)求解过程,基于式(4-45)和式(4-80),对于直连链路情况,在延时容忍发送模式下的系统吞吐量表达式可以写为

$$R_{t\_dir}^{HD}=R_{D_1}^{HD}+R_{D_2,dir}^{HD} \tag{4-85}$$

为了能够直观观察上述分析结论,表 4-1 总结了全双工/半双工协作 NOMA 系统中用户所能获得的分集阶数与斜率。

**表 4-1　全双工/半双工协作 NOMA 系统的分集阶数与斜率**

| 双工模式 | 有/无直连链路 | 用户 | 分集阶数 | 斜率 |
|---|---|---|---|---|
| 全双工协作 NOMA | 无直连链路 | $D_1$ | 0 | 0 |
| | | $D_2$ | 0 | 0 |
| | 有直连链路 | $D_1$ | 0 | 0 |
| | | $D_2$ | 1 | 0 |
| 半双工协作 NOMA | 无直连链路 | $D_1$ | 1 | 1/2 |
| | | $D_2$ | 1 | 0 |
| | 有直连链路 | $D_1$ | 1 | 1/2 |
| | | $D_2$ | 2 | 0 |

## 4.4.3　能量效率

基于上述给出的延时受限发送模式和延时容忍发送模式下的系统吞吐量,本小节讨论全双工/半双工协作 NOMA 系统的能量效率。目前文献使用多种能量效率评估准则来对某一特定算法进行定量分析。根据第 2 章能量效率的第 1 种定义方式,具体表示为

$$\eta_{EE}=\frac{\text{数据传输速率}}{\text{系统总的能量消耗}} \tag{4-86}$$

对于全双工/半双工协作 NOMA 系统能量效率，总的数据速率等于从基站到 $D_1$ 以及从 $D_1$ 到 $D_2$ 吞吐量的和，总的功率等于在基站处的发送功率 $P_s$ 和用户 $D_1$ 处转发功率 $P_r$ 的和。因此，基于 4.4.1 节和 4.4.2 节中的分析结果，在全双工/半双工协作 NOMA 系统下的能量效率分别表示为

$$\eta_{\Phi}^{FD}=\frac{R_{\Phi}^{FD}}{TP_s+TP_r} \tag{4-87}$$

$$\eta_{\Phi}^{HD}=\frac{2R_{\Phi}^{HD}}{TP_s+TP_r} \tag{4-88}$$

式中，$T$ 表示整个通信过程的时间。$\Phi\in(l\_nodir,l\_dir,t\_nodir,t\_dir)$。$\eta_{l\_nodir}$ 和 $\eta_{l\_dir}$ 分别表示在无直连链路和有直连链路情况下延时受限发送模式的系统能量效率。$\eta_{t\_nodir}$ 和 $\eta_{t\_dir}$ 分别表示无直连链路和有直连链路情况下延时容忍发送模式的系统能量效率。

# 4.5 仿真结果分析

前面章节分别对全双工/半双工协作 NOMA 系统中的中断概率、遍历速率以及能量效率进行了研究和讨论，本节将通过蒙特卡洛仿真验证前述章节给出的理论结果准确性并给出相应的分析。不失一般性，将基站到 $D_2$ 的距离归一化为 1。参数 $\Omega_0$、$\Omega_1$ 和 $\Omega_2$ 的大小分别设置为 $\Omega_0=1$、$\Omega_1=d^{-\alpha}$ 和 $\Omega_2=(1-d)^{-\alpha}$，其中，$d$ 表示基站与 $D_1$ 之间的距离并将其设置为 $d=0.3$；$\alpha$ 表示路径损耗指数并将其设置为 $\alpha=2$。另外将 $D_1$ 和 $D_2$ 的功率分配因子分别设置为 $a_1=0.2$ 和 $a_2=0.8$。

## 4.5.1 无直连链路情况

对于无直连链路情况，$D_1$ 和 $D_2$ 的目标数据速率分别设置为 $R_{th,D_1}=3$ BPCU 和 $R_{th,D_2}=0.5$ BPCU。采用传统 OMA 机制作为性能对比基准，整个通信过程在三个时隙内完成。具体过程如下：在第一时隙，基站向 $D_1$ 发送信号 $x_1$；在第二个时隙，基站向 $D_1$ 发送信号 $x_2$；最后一个时隙，$D_1$ 译码并转发信号 $x_2$ 给 $D_2$。

**1. 中断概率**

图 4-2 呈现了无直连链路情况在不同 SNR 下 $D_1$ 和 $D_2$ 的中断性能，其中，残留环路干扰值设置为 $\mathrm{E}\{|h_{LI}|^2\}=-15$ dB。对于全双工协作 NOMA 系统，图中 $D_1$ 和 $D_2$ 的中断概率理论分析曲线分别是根据式(4-10)和式(4-14)绘制的；对于半双工协作 NOMA 系统，图中 $D_1$ 和 $D_2$ 的中断概率理论分析曲线分别是根据式(4-12)和式(4-17)绘制的。可以看出，远近用户的准确中断概率分析曲线与蒙特卡洛仿真曲线完全重合在一起，验证了理论分析结果的准确性。从图中可以观察到，在低 SNR 条件下，全双工协作 NOMA 系统中 $D_1$ 和 $D_2$ 的中断性能优于半双工协作 NOMA 和 OMA 的性能。这是因为在低 SNR 范围内，环路干扰值不是影响全双工协作 NOMA 系统性能的主要因素，这一结论回答了在概述部分提

出的第一个问题。特别是针对半双工协作 NOMA 系统中 $D_2$ 的性能，对比了文献[115]中公式(8)提供的半双工 OMA 性能，从仿真结果可以看出半双工协作 NOMA 的性能超过了半双工协作 OMA。另外，依据式(4-19)和式(4-21)绘制了在全双工协作 NOMA 系统中 $D_1$ 和 $D_2$ 的渐近中断概率曲线。由于存在环路干扰信号，在高 SNR 条件下 $D_1$ 和 $D_2$ 的中断概率都存在错误平层并且分集阶数都等于零，这一现象还证明了结论 4.3 的正确性。进一步，根据式(4-20)和式(4-22)绘制了半双工协作 NOMA 系统下 $D_1$ 和 $D_2$ 的渐近中断概率曲线，可以观察到在高 SNR 范围内渐近中断概率曲线收敛于准确中断概率曲线。从仿真结果可以看出仅在高 SNR 条件下，半双工协作 NOMA 和 OMA 的性能才优于全双工协作 NOMA 的性能。因此，在实际的协作 NOMA 系统中，可以根据不同的 SNR 范围来选择不同的双工通信模式从而进一步提高系统的性能。

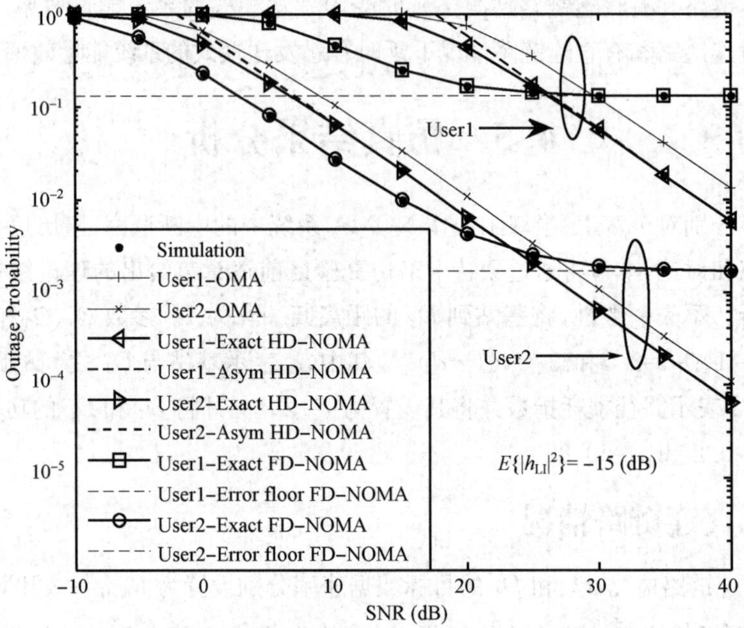


图 4-2　无直连链路情况在不同 SNR 下的中断性能

图 4-3 所示为无直连链路情况在延时受限发送模式下的系统吞吐量。星号/圆圈实曲线分别表示全双工/半双工协作 NOMA 系统下的吞吐量，它们分别是根据式(4-23)和式(4-24)绘制的。从图中可看出，当环路干扰值较小时，全双工协作 NOMA 系统吞吐量优于半双工协作 NOMA 和 OMA。另外随着环路干扰值的不断增加，比如说环路干扰值从 $E\{|h_{LI}|^2\}=-20$ dB 增加到 $E\{|h_{LI}|^2\}=-10$ dB，全双工协作 NOMA 系统的吞吐量逐渐变小；特别是在高 SNR 条件下，全双工 NOMA 系统的吞吐量差于半双工协作 NOMA 与 OMA 系统并趋于吞吐量的上限。这是因为在高 SNR 条件下全双工协作 NOMA 的性能主要受残留干扰信号的影响。

**2. 遍历速率**

图 4-4 呈现了无直连链路的情况在不同 SNR 下全双工/半双工协作 NOMA 系统的数

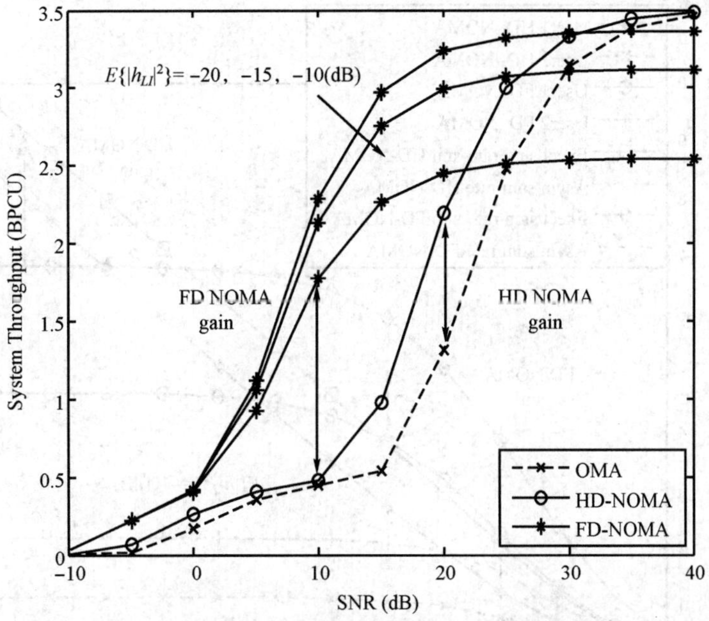


图 4-3　无直连链路情况在延时受限发送模式下的系统吞吐量

据速率，其中环路干扰值设置为 $E\{|h_{LI}|^2\}=-10$ dB。圆圈/星号实曲线分别表示全双工/半双工协作 NOMA 系统中 $D_1$ 的可达数据速率。加号/叉号虚线分别表示全双工/半双工协作 NOMA 系统中 $D_2$ 的可达数据速率。从图中可以观察到，在低 SNR 范围内全双工协作 NOMA 系统中 $D_1$ 的可达数据速率优于半双工协作 NOMA 系统可达数据速率。这是因为环路干扰信号在低 SNR 下对可达数据速率的性能的影响较小。与此同时，由于受环路干扰信号的影响，随着 SNR 的增加 $D_1$ 的可达数据速率趋向于吞吐量的上界。根据 4.4.2 节的理论分析可知，$D_2$ 的可达数据速率除了受 $D_2$ 解码信号 $x_2$ 速率的影响，同时还要受 $D_1$ 解码信号 $x_2$ 时的速率影响。因此，对于全双工/半双工协作 NOMA 系统，在高 SNR 范围内 $D_2$ 的数据速率同样趋于吞吐量的上界，证实了结论 4.5。从仿真结果还可以观察到全双工 NOMA 系统中 $D_2$ 的可达数据速率优于半双工协作 NOMA 系统的数据速率。出现这种现象的原因可以解释为全双工协作 NOMA 只需要在一个时隙就可以完成整个的通信过程进而提高了系统频带利用率。另外，图中两条虚线分别表示全双工/半双工协作 NOMA 系统的渐近遍历和速率，它们分别是根据式(4-64)和式(4-65)绘制的。可以观察到在高 SNR 条件下，全双工协作 NOMA 系统的渐近遍历和速率收敛于吞吐量的上界；半双工协作 NOMA 系统的渐近遍历和速率在收敛于准确遍历和速率。从仿真结果可以看出，在低 SNR 条件下全双工协作 NOMA 系统的遍历和速率大于半双工协作 NOMA 系统的遍历和速率，然而在高 SNR 条件下却小于了半双工协作 NOMA 系统的遍历和速率。原因可以解释为全双工协作 NOMA 相对于半双工协作 NOMA 提高了系统频谱效率，这种现象回答了我们在概述部分提出的第三个问题。

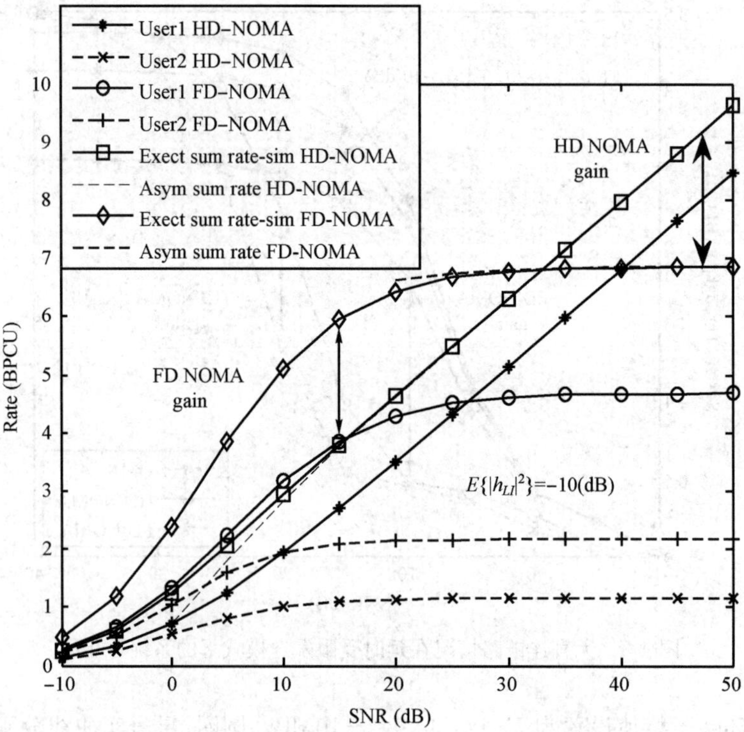


图 4-4　无直连链路情况在不同 SNR 下的遍历速率

## 4.5.2　有直连链路情况

对于有直连链路情况，$D_1$ 和 $D_2$ 的目标数据速率分别设置为 $R_1=2$ BPCU 和 $R_2=1$ BPCU。为了对比该情况下全双工协作 NOMA 系统的性能，本小节采用文献[49]中介绍的半双工协作 NOMA 来作为对比基准。

**1. 中断概率**

图 4-5 呈现了有直连链路情况在不同 SNR 下 $D_1$ 和 $D_2$ 的中断性能，其中，环路干扰值设置为 $E\{|h_{LI}|^2\}=-15$ dB。对于全双工协作 NOMA 系统来说，在有直连链路情况下 $D_1$ 和 $D_2$ 的中断概率理论分析曲线分别是根据式(4-10)和式(4-27)绘制的；从图中可以看出，数值仿真与理论分析结果完全重合，这说明推导的理论结果是准确的。根据式(4-35)绘制了 $D_2$ 中断概率的近似曲线，从中可以看出在高 SNR 条件下该近似曲线趋近于理论分析结果。可以看出通过使用直连链路进行通信，$D_2$ 获得的分集阶数为 1，解决了全双工协作系统所固有的零分集阶数问题，回答了本书在概述部分提出的第二个问题。从图中还可以观察到在低 SNR 条件下全双工协作 NOMA 的中断性能优于半双工协作 NOMA，然而在高 SNR 条件下却差于半双工协作 NOMA。出现这种现象的原因同样归结于环路干扰信号对全双工 NOMA 系统的影响。另外考虑到在全双工模式下，$D_2$ 在解码信号 $x_2$ 时会受到直连链路和中继链路之间相互干扰的影响，因此根据式(4-25)给出了 $D_2$ 在受环路干扰信号影响情况下的仿真曲线，用左三角形点划线来表示。从图 4-5 中的仿真结果可以看出，随着

残留干扰信号等级的增加(比如,从 $\kappa=0.001$ 增加到 $\kappa=0.1$),在高 SNR 条件下 $D_2$ 中断概率性能变差并趋向于一个固定的错误平层。因此,在实际的全双工协作 NOMA 系统中考虑干扰信号对系统的影响至关重要。最后,对于 $D_2$ 中断性能,进一步对比了文献[130]中的公式(13),可以观察到全双工/半双工协作 NOMA 的中断性能优于半双工协作 OMA 的性能,即 NOMA 相对于 OMA 提供了更高的系统频谱效率。

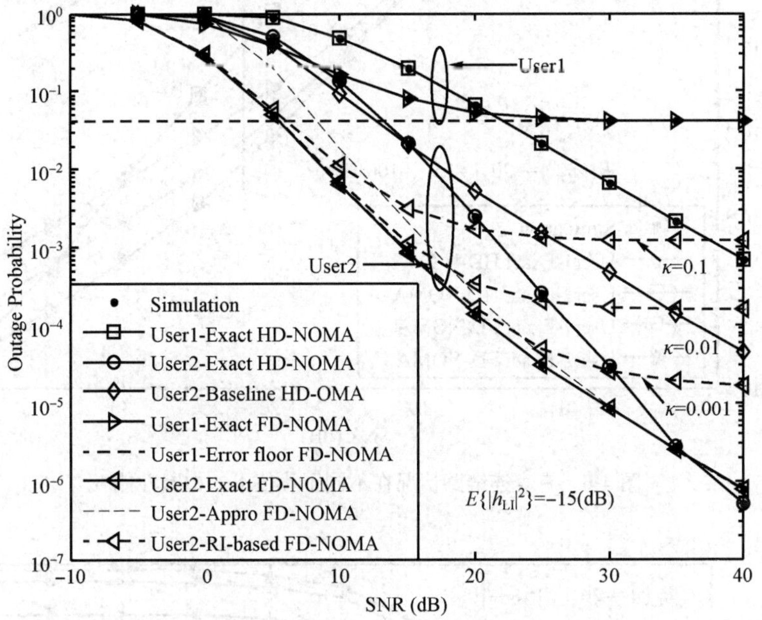


图 4-5 有直连链路情况在不同 SNR 下的中断性能

图 4-6 所示为有直连链路情况在不同环路干扰值 $D_1$ 和 $D_2$ 的中断性能,其中,环路干扰值 $E\{|h_{LI}|^2\}$ 从 $-20$ dB 增加到 $-10$ dB。从图中可以观察到,环路干扰值对全双工 NOMA 系统的性能影响较大。随着环路干扰值的增加,全双工协作 NOMA 系统的性能优势不再明显。因此,在设计实际全双工协作 NOMA 系统时应考虑环路干扰信号的影响。进一步,图 4-7 呈现了有直连链路的情况全双工/半双工协作 NOMA 系统在延时受限发送模式的系统吞吐量。实曲线表示全双工协作 NOMA 的系统吞吐量,它是根据式(4-36)绘制的;虚线表示半双工协作 NOMA 的系统吞吐量,它是根据式(4-37)绘制的。从仿真结果可知,在低 SNR 范围内全双工协作 NOMA 的系统吞吐量大于半双工协作 NOMA 的系统吞吐量。这是因为在用户的中断概率固定的情况下,系统吞吐量主要受基站发送速率的影响。与无直连链路情况一样,在高 SNR 范围内全双工协作 NOMA 系统的数据速率趋于吞吐量的上界。这是因为在高 SNR 条件下全双工协作 NOMA 的性能主要受环路干扰信号的影响并且中断概率存在错误平层。另外需要注意的是随着环路干扰值的增加,比如,$E\{|h_{LI}|^2\}$ 从 $-20$ dB 增加到 $-10$ dB,有直连链路情况下全双工协作 NOMA 的系统吞吐量相对于无直连链路情况下的系统吞吐量减小的较少,这是因为借助于基站到 $D_2$ 之间的直连链路进行通信,增强了 NOMA 系统的稳定性。

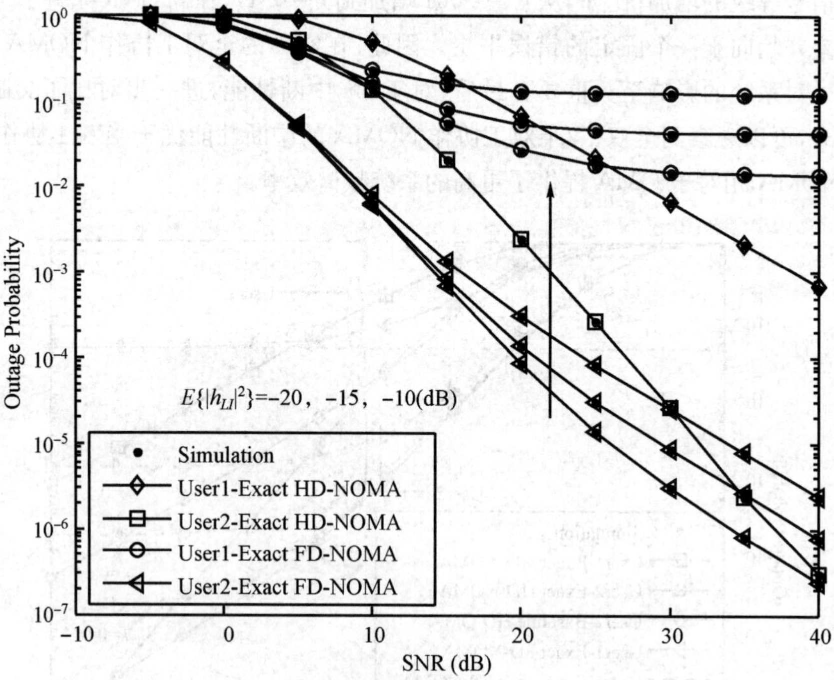


图 4-6　有直连链路情况在不同干扰值下的中断性能

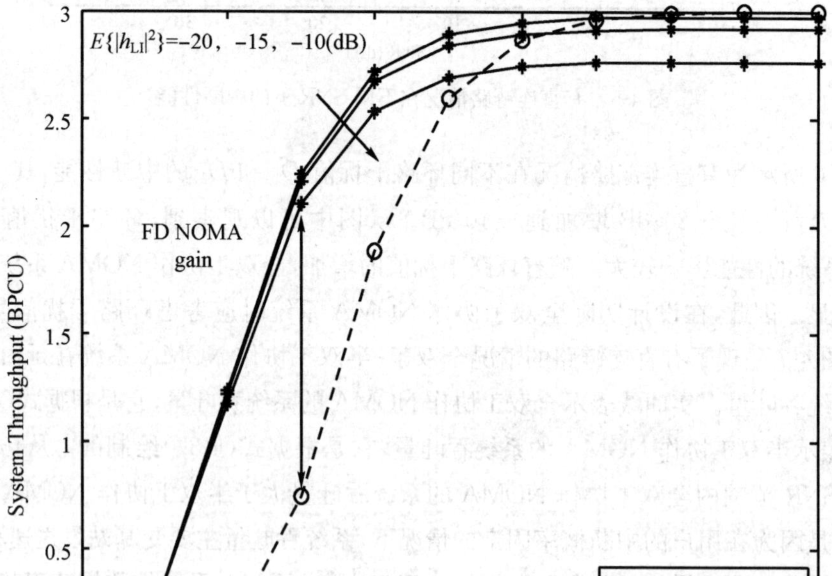

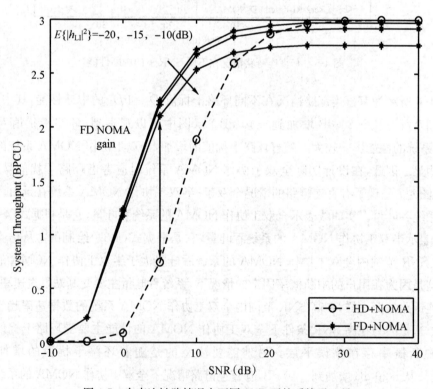

图 4-7　有直连链路情况在不同 SNR 下的系统吞吐量

**2. 遍历速率**

图 4-8 呈现了有直连链路的情况在不同 SNR 下全双工/半双工 NOMA 系统的数据速率，其中环路干扰值设置为 $E\{|h_{LI}|^2\}=-10$ dB。图中两条虚线分别表示有直连链路情况下全双工/半双工协作 NOMA 系统的渐近遍历速率，分别是根据式(4-82)和式(4-83)绘制的。从图中可以观察到，在低 SNR 条件下有直连链路时的全双工/半双工协作 NOMA 系统吞吐量要大于无直连链路时的全双工/半双工协作 NOMA 系统吞吐量，这是因为基站与 $D_2$ 之间的直连链路提高了系统的稳定性。随着残留干扰值的增加(比如，设置残留干扰等级 $\kappa$ 从 $\kappa=0.5$ 增加到 $\kappa=1$)，$D_2$ 可达数据速率越来越小。因此，除了考虑环路干扰信号的影响外，在 $D_2$ 处设计一种有效的 Rake 接收机进行信号处理对于全双工协作 NOMA 系统的性能的影响是至关重要的。

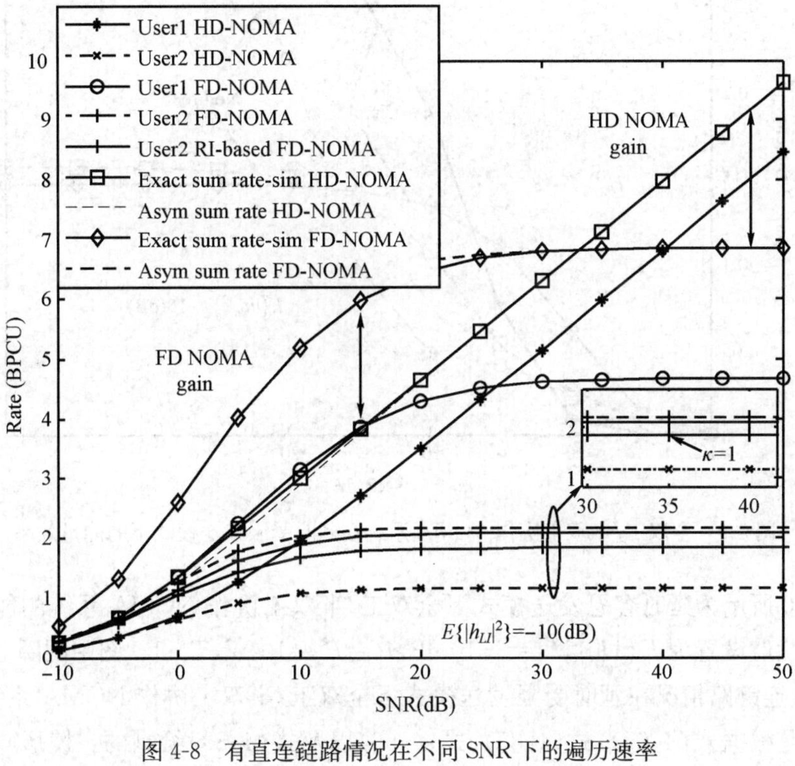


图 4-8　有直连链路情况在不同 SNR 下的遍历速率

## 4.5.3　能量效率

图 4-9 所示为延时受限发送模式下全双工/半双工协作 NOMA 系统的能量效率，其中，环路干扰值设置为 $E\{|h_{LI}|^2\}=-15$ dB，$P_s=P_r=10$ W 和 $T=1$。图中正方形/圆圈虚线分别表示无直连链路情况在延时受限发送模式下的全双工/半双工协作 NOMA 系统的能量效率，可以根据式(4-23)、式(4-87)、式(4-24)以及式(4-88)绘制。左三角形/棱形实线分别表示有直连链路情况在延时受限发送模式下全双工/半双工协作 NOMA 系统的能量效率，可以根据式(4-36)、式(4-87)、式(4-37)以及式(4-88)绘制。从仿真结果可以看

出，在低 SNR 条件下全双工协作 NOMA 系统的能量效率大于半双工协作 NOMA 系统的能量效率，这是因为此时系统遭受环路干扰信号的影响较小并且全双工协作 NOMA 系统相对于半双工协作 NOMA 系统能够提供较大的系统吞吐量；相反，在高 SNR 条件下全双工协作 NOMA 系统的能量效率小于半双工协作 NOMA 系统的能量效率。这一现象回答了我们在概述部分提出的第四个问题。另外需要注意的是由于受到环路干扰信号的影响，全双工协作 NOMA 系统的能量效率趋于一个固定常数。

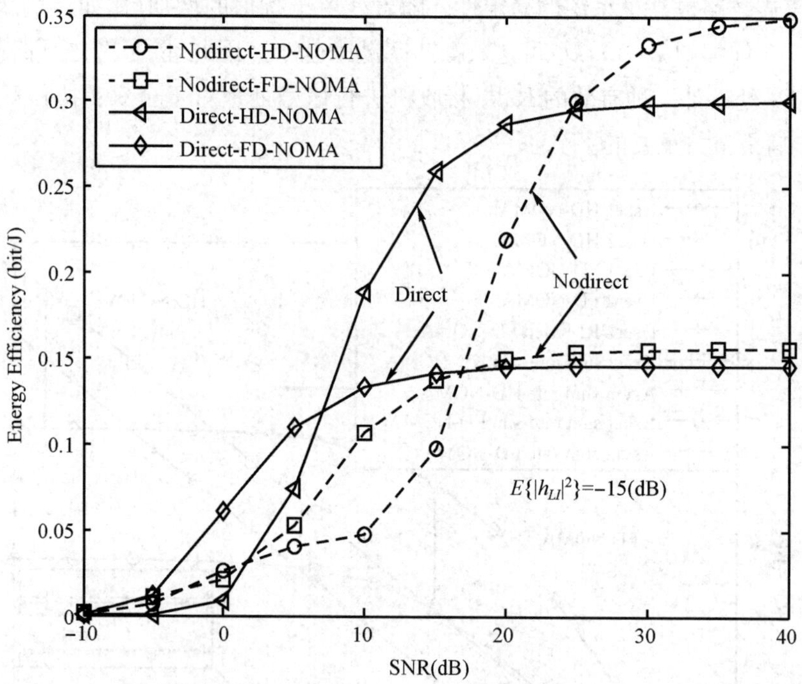


图 4-9　全双工/半双工协作 NOMA 系统在延时受限发送模式下的能量效率

图 4-10 所示为延时容忍发送模式下全双工/半双工协作 NOMA 系统的能量效率，其中，环路干扰值设置为 $E\{|h_{LI}|^2\}=-10$ dB，$P_s=P_r=10$ W，$T=1$。图中圆圈/星号虚线分别表示无直连链路情况在延时受限发送模式下全双工/半双工协作 NOMA 系统的能量效率，其分别是根据式(4-65)、式(4-87)、式(4-66)以及式(4-88)绘制的。棱形/左三角形实线分别表示有直连链路情况在延时受限发送模式下全双工/半双工协作 NOMA 系统的能量效率，其分别是根据式(4-82)、式(4-87)、式(4-83)以及式(4-88)绘制的。从仿真结果可以观察到，在低 SNR 条件下全双工/半双工协作 NOMA 中有直连链路情况的系统能量效率大于无直连链路情况下的能量效率，原因是在该发送模式下直连链路情况较无直连链路情况提高了系统的吞吐量并增强了系统通信的稳定性。与在延时受限发送模式下的系统能量效率一样，在高 SNR 条件下全双工协作 NOMA 的系统能量趋于一个固定常数。而且在高 SNR 条件下半双工协作 NOMA 系统能量效率大于全双工 NOMA 的能量效率，这是因为半双工模式下不存在环路干扰信号的影响。

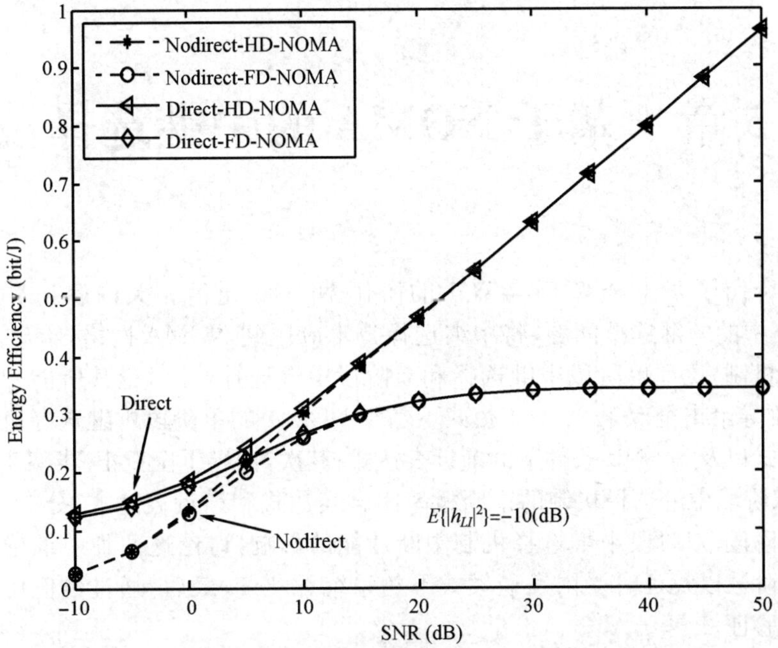


图 4-10 全双工/半双工协作 NOMA 系统在延时容忍发送模式下的能量效率

# 4.6 本章小结

本章介绍了基于全双工/半双工的协作 NOMA 系统性能，对有/无直连链路两种场景下的性能进行了评估与仿真验证。首先，推导了这两种场景下 $D_1$ 和 $D_2$ 中断概率的准确闭式解以及高 SNR 条件下的渐近表达式。由于受环路干扰信号的影响，在全双工协作 NOMA 系统中用户获得的分集阶数均为零，然而利用基站与 $D_2$ 之间的直连链路进行通信有效地解决了全双工协作通信所固有的零分集阶数问题。从数值仿真结果可知，在低 SNR 条件下全双工协作 NOMA 系统的中断性能优于半双工协作 NOMA 系统的中断性能；随着环路干扰值的增加，全双工协作 NOMA 系统的优势不再明显。其次，分析了全双工/半双工协作 NOMA 下有无直连链路两种场景下的遍历和速率，仿真结果表明在低 SNR 条件下全双工协作 NOMA 相对于半双工协作 NOMA 提供了较高的系统和速率。最后，研究了全双工/半双工协作 NOMA 在延时受限发送模式和延时容忍发送模式下的系统吞吐量；根据分析结果进一步讨论了这两种发送模式下的系统能量效率。

# 第 5 章　基于 NOMA 的中继选择技术

第 4 章介绍了基于全双工/半双工的协作 NOMA 通信相关内容。本章讨论协作 NOMA 网络中的中继选择问题，将中继选择技术应用到 NOMA 网络，给出基于 NOMA 的中继选择机制，比如单阶段中继选择和双阶段中继选择，并讨论其所能带来的性能增益。首先，推导给出全双工/半双工模式下基于 NOMA 的单阶段中继选择机制的中断概率闭合表达式以及高 SNR 条件下的渐近表达式；其次，推导了全双工/半双工模式下基于 NOMA 的双阶段中继选择机制的中断概率闭合表达式和渐近表达式；分析全双工/半双工模式对单阶段/双阶段中继选择机制中断性能的影响，讨论这两种中继选择机制所能提供的分集阶数以及延时受限发送模式下的系统吞吐量；最后，通过数值仿真对理论分析结果进行验证。

## 5.1　概　述

中继选择技术是获取空间分集、提升频谱效率最直接有效的方法，需要考虑如何从候选中继集合中选择合适的中继节点。根据在每个传输时隙参与协作的中继数目不同，现有中继选择机制可以分为多中继选择和机会式中继选择两类。在多中继选择机制下，每个时隙中全部或者多个中继参与信息的协作通信，在用户处将有多个经历了信道衰落的转发信号副本混叠，此时用户终端处无法利用合并技术获得增益。为了解决这一问题，有学者提出了一种简单的中继选择机制，即为所有的中继节点分配正交的信道资源，以便用户区分来自不同中继转发的信号。研究证明该机制能够取得系统的满空间分集增益，但由于所有中继都需要独立占用正交信道资源，使得系统频谱效率随着中继数的增加大幅下降。机会式中继选择的基本思想是在多个可用中继节点中选择信道条件最优的一个协助基站转发信息。由于无线信道的时变特性，选择最适合中继的过程也相应的是一个动态过程。现有文献提出了多种机会式中继选择策略，在协作通信系统中常用的有部分中继选择机制和最大最小信噪比选择机制。部分中继选择机制通常根据中继前向或者后向中的一跳链路状态进行中继选择。这一策略的优势是中继选择过程引入的网络开销少，但会受到基站到中继和中继到用户两跳链路状态的影响。最大化最小信噪比选择机制则是在每个时隙中选择使基站到用户端接收信噪比最大的中继参与协作，研究证明该机制在传统两跳中继网络中取得最优的通信性能和系统满分集增益。

在协作 NOMA 通信系统中，Ding 等人提出了基于 NOMA 的双阶段中继选择机制，即在保证远端用户速率的情况下最大化近端用户的数据速率，分析了该机制的中断性能以及所能提供的分集阶数等问题。根据不同用户服务需求，Yang 等人分析了基于 NOMA 的 AF 和 DF 中继选择机制，研究表明这两种选择机制的中断性能优于传统 OMA。为了降低系统的中断概率,Deng 等人研究了协作 NOMA 系统联合用户和中继选择机制等问题,提出用户与中继进行配对时的最优中继选择机制,仿真结果表明当用户的目标数据速率较小时,该机制提供的分集阶数等于系统的中继数目。基于以上表述,本章介绍基于 NOMA 的单阶段/双阶段中继选择机制。借助于随机几何理论对中继的空间位置建模,分析全双工/半双工模式下两种机制的中断概率性能,给出基于 NOMA 的单阶段/双阶段中继选择机制提供的分集阶数,并讨论单阶段/双阶段中继选择机制在延时受限发送模式下的系统吞吐量等问题。

本章节剩余部分具体安排如下:5.2 节介绍基于 NOMA 的中继选择网络模型、接收信号模型以及单阶段/双阶段中继选择技术方案;5.3 节分析给出基于全双工/半双工协作 NOMA 的单阶段/双阶段中继选择机制中断概率闭合表达式;5.4 节分析单阶段/双阶段中继选择机制在高 SNR 条件下获得的分集阶数以及在延时受限发送模式下的系统吞吐量;5.5节对理论分析结果进行数值仿真和验证;最后 5.6 节对本章进行小结与归纳。

使用的数学符号声明如下:均值为 $a$、方差为 $b$ 的循环对称复高斯随机变量表示为 $\mathcal{CN}(a,b)$。

# 5.2 系统模型

本节从网络描述和接收信号模式两个方面对系统模型展开介绍。

## 5.2.1 网络描述

考虑一个下行协作 NOMA 通信场景,如图 5-1 所示,该场景主要包括一个基站、$K'$个中继($R_i$,$1\leqslant i\leqslant K'$)和两个配对用户(比如一个近端用户 $D_1$ 和一个远端用户 $D_2$)。假设基站位于一个半径为 $R_{\mathcal{D}}$ 的圆形区域 $\mathcal{D}$ 的中心位置。为了降低 NOMA 系统的复杂度,对用户进行分组处理,将 NOMA 准则应用于分组的用户中。此时,由于正交性组与组之间不存在干扰。利用随机几何将中继的空间位置建模为均匀二项式点过程(Homogeneous Binomial Point Processes,HBPPs)且 $K'$个中继均匀地分布在 $\mathcal{D}$ 内。假设基站在每个时隙选择一个中继协助转发信息,这里中继使用 DF 协议译码转发信息。为了进行全双工通信,每个中继节点配备收发两根天线,而基站和用户节点均配备单根天线。值得注意的是在基站和中继节点处配备多根天线将会进一步增强基于 NOMA 的中继选择机制性能,且在中继节点处使用全新的天线设计(比如,全向天线和定向天线),对系统性能进行评估将会对中继选择机制的分析更加全面和深刻,然而这些问题超出了本书的讨论范围。假设基站和远近端用户之间不存在直连通信链路,网络中的无线通信链路均服从独立的非选择性瑞利衰落,同时受均值为零和方差为 $N_0$ 的 AWGN 噪声影响。$h_{SR_i}\sim\mathcal{CN}(0,1)$、$h_{R_iD_1}\sim\mathcal{CN}(0,1)$和 $h_{R_iD_2}\sim\mathcal{CN}(0,1)$分别表示基站到 $R_i$($BS\rightarrow R_i$)、$R_i$ 到 $D_1$($R_i\rightarrow D_1$)以及 $R_i$ 到 $D_2$($R_i\rightarrow D_2$)的复信道系数。注意此处假设中继和用户节点已知理想信道状态信息,以后的研究将会重点考虑非理想信道状态信息的情况。假设在每个中继节点处使用非理想自干扰消除机制,此时将对应的环路干扰信号建模为瑞利衰落,即 $h_{LI}\sim\mathcal{CN}(0,\Omega_{LI})$。基于现有文献研究,本章根据用户的 QoS 将 $D_1$ 和 $D_2$ 区分为近端用户和远端用户。举例而言,对于物联网场景中的小包业务或远程医疗服务,基站可以通过选择一个最优的中继节点协助其通信,从而有效地支持非正交用户的 QoS 需求。假设基站可以以一定的概率机会地服务于 $D_1$,

而 $D_2$ 则需要被快速地服务于具有较低目标数据速率的小包业务。比如说 $D_1$ 在下载电影或在执行一些后台任务等；$D_2$ 可以是一个医疗健康传感器，发送包含几个字节的关键安全信息（例如血压、脉搏和心率等）。

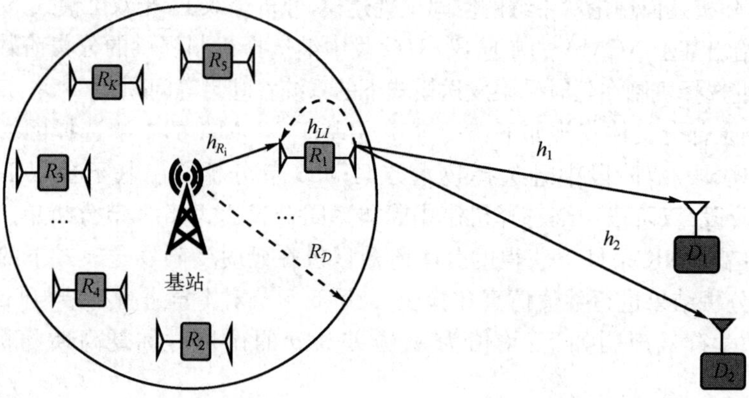


图 5-1 基于 NOMA 的中继选择网络模型图

## 5.2.2 接收信号模型

在第 $t$ 个时隙（$t=1,2,3\cdots$），基站向中继节点发送叠加信号（$\sqrt{a_1P_s}x_1[t]+\sqrt{a_2P_s}x_2[t]$），其中，$x_1$ 和 $x_2$ 分别表示 $D_1$ 和 $D_2$ 的功率归一化信号，即 $E\{x_1^2\}=E\{x_2^2\}=1$；$a_1$ 和 $a_2$ 分别是对应的功率分配因子。为了保证用户之间的公平性和 QoS，假设 $a_1$ 和 $a_2$ 满足关系式 $a_2>a_1$ 且 $a_1+a_2=1$。中继节点工作在全双工模式存在环路干扰信号，此时在第 $i$ 个中继节点 $R_i$ 处的接收信号可以表示为

$$y_{R_i}=h_{R_i}(\sqrt{a_1P_s}x_1[t]+\sqrt{a_2P_s}x_2[t])+h_{LI}\sqrt{\varpi P_r}x_{LI}[t-t_d]+n_{R_i} \tag{5-1}$$

式中，$h_{R_i}=h_{SR_i}/\sqrt{1+d_{SR_i}^{\alpha}}$，$d_{SR_i}^{\alpha}$ 表示基站和 $R_i$ 之间的距离，$\alpha$ 表示路径损耗指数。$\varpi$ 表示全双工与半双工模式之间进行转换的操作因子，即 $\varpi=1$ 表示中继工作在全双工模式，$\varpi=0$ 表示中继工作在半双工模式。因此可以根据不同的实际场景需求来选择不同双工模式进行通信。值得注意的是在全双工模式下通过中继选择机制可以有效地提高系统频谱效率，但会遭受环路干扰信号的影响。$P_s$ 和 $P_r$ 分别表示在基站和 $R_i$ 处的归一化发送功率，即 $P_s=P_r=1$。$x_{LI}[t-t_d]$ 表示功率归一的环路干扰信号，即 $E\{|x_{LI}|^2\}=1$；$t_d$ 表示在 $R_i$ 处的处理时延且满足 $t_d\geqslant 1$。$n_{R_i}$ 表示在 $R_i$ 处的 AWGN 噪声。

在 $R_i$ 处使用 SIC 解码用户信息，先检测具有较大功率分配因子的信号 $x_2$，使得 $R_i$ 在解码 $D_1$ 的信号 $x_1$ 时受到的干扰减小。基于上述解释，在 $R_i$ 处解码信号 $x_2$ 和 $x_1$ 的 SINR 可以分别表示为

$$\gamma_{D_2\to R_i}=\frac{\rho|h_{R_i}|^2a_2}{\rho|h_{R_i}|^2a_1+\varpi\rho|h_{LI}|^2+1} \tag{5-2}$$

$$\gamma_{D_1\to R_i}=\frac{\rho|h_{R_i}|^2a_1}{\varpi\rho|h_{LI}|^2+1} \tag{5-3}$$

式中，$\rho=P_s/N_0$ 表示发送端 SNR。

假设 $R_i$ 能够成功解码两个非正交用户 $D_1$ 和 $D_2$ 的信息，即满足下面两个条件：①$\log(1+\gamma_{D_1\to R_i})\geqslant R_{D_1}$；②$\log(1+\gamma_{D_2\to R_i})\geqslant R_{D_2}$，其中，$R_{D_1}$ 和 $R_{D_2}$ 分别表示 $D_1$ 和 $D_2$ 的目标数据速率。因此在 $D_j$ 处的接收信号可以表示为

$$y_{D_j}=h_j(\sqrt{a_1P_r}x_1[t-t_d]+\sqrt{a_2P_r}x_2[t-t_d])+n_{D_j} \tag{5-4}$$

式中，$h_j=h_{R_iD_j}/\sqrt{1+d_{R_iD_j}^{\alpha}}$，$d_{R_iD_j}$ 表示 $R_i$ 和 $D_j$ 之间的距离（假设 $d_{R_iD_j}\gg d_{SR_i}$）；$d_{R_iD_j}=\sqrt{d_{SR_i}^2+d_j^2-2d_{SR_i}d_j\cos(\theta_i)}$，$j\in(1,2)$；$\theta_i$ 表示 $R_i$ 和 $D_j$ 之间的角度 $\angle D_jSR_i$；$d_1$ 和 $d_2$ 分别表示基站到 $D_1$ 和 $D_2$ 的距离；$n_{D_j}$ 表示在 $D_j$ 处的 AWGN 噪声。

同样，假设在 $D_1$ 处使用 SIC 机制检测并成功解码 $D_2$ 的信号 $x_2$。此时 $D_1$ 解码信号 $x_2$ 的 SINR 表示为

$$\gamma_{D_1\to x_2}=\frac{\rho|h_1|^2a_2}{\rho|h_1|^2a_1+1} \tag{5-5}$$

经过 SIC 删除操作后，$D_1$ 在解码其自身信号 $x_1$ 的 SNR 可以表示为

$$\gamma_{D_1\to x_1}=\rho|h_1|^2a_1 \tag{5-6}$$

最后，在 $D_2$ 处解码信号 $x_2$ 的 SINR 可以表示为

$$\gamma_{D_2\to x_2}=\frac{\rho|h_2|^2a_2}{\rho|h_2|^2a_1+1} \tag{5-7}$$

需要说明的是本节分配给 $D_1$ 和 $D_2$ 的功率分配因子 $a_1$ 和 $a_2$ 是固定的。优化功率分配因子并进行合理的功率控制能进一步增强 NOMA 中继选择机制的性能，后续研究工作将重点考虑这些问题。

### 5.2.3　中断选择机制

本小节重点介绍基于全双工/半双工协作 NOMA 的单阶段中继选择（Single-Stage Relay Selection，SRS）机制和双阶段中继选择（Two-Stage Relay Selection，TRS）机制基本思想和实现方案。

**1. 单阶段中继选择机制**

在发送信息之前，基站从网络中随机的选择一个中继协助其转发信息给 $D_1$ 和 $D_2$。SRS 机制的目标是最大化全双工/半双工协作 NOMA 系统中 $D_2$ 的数据速率。此时 $D_2$ 的数据速率大小主要受限于以下三种情况：①在 $R_i$ 处解码信号 $x_2$ 时的速率；②在 $D_1$ 处解码信号 $x_2$ 时的速率；③在 $D_2$ 处解码信号 $x_2$ 时的速率。对于 SRS 机制，基站从 $K$ 个中继节点中选择一个最优的中继，借助于式(5-2)、式(5-5)和式(5-7)，相应的数学表达式可以写为

$$i_{SRS}^{*}=\arg\max_{i}\{\min\{\log(1+\gamma_{D_2\to R_i}),\log(1+\gamma_{D_1\to x_2}),\log(1+\gamma_{D_2\to x_2})\},i\in S_R^1\} \tag{5-8}$$

式中，$S_R^1$ 表示网络中中继节点个数（$1\leqslant S_R^1\leqslant K'$）。注意基于全双工/半双工协作 NOMA SRS 机制的优势在于最大化 $D_2$ 的数据速率，这样可以满足小包业务的需求。

**2. 双阶段中继选择机制**

不同于 SRS 机制，TRS 机制主要包括两个阶段：第一个阶段是满足 $D_2$ 的目标数据速率 $R_{D_2}$；第二个阶段是在保证 $D_2$ 以 $R_{D_2}$ 正常工作的前提下最大化 $D_1$ 的数据速率。因此，在第一个阶段激活满足 $D_2$ 目标数据速率的中继节点数所对应的数学表达式可以写为

$$S_R^2=\{\log(1+\gamma_{D_2\to R_i})\geqslant R_{D_2},\log(1+\gamma_{D_1\to x_2})\geqslant R_{D_2},\log(1+\gamma_{D_2\to x_2})\geqslant R_{D_2},1\leqslant i\leqslant K'\} \tag{5-9}$$

在满足以上条件的中继节点中选择一个最优的中继节点来最大化 $D_1$ 的数据速率，借助于式(5-3)和式(5-6)，相应的数学表达式可以写为

$$i^*_{TRS}=\underset{i}{\operatorname{argmax}}\{\min\{\log(1+\gamma_{D_1\to R_i}),\log(1+\gamma_{D_1\to x_1})\},i\in S_R^2\} \tag{5-10}$$

从上述解释可以看出，基于全双工/半双工协作 NOMA 的 TRS 机制的优势在于除了能保证 $D_2$ 的目标数据速率外还能最大化 $D_1$ 的数据速率，从而支持 $D_1$ 去执行一些后台任务，比如下载多媒体文件等。

# 5.3 中断性能分析

本节首先对 SRS 机制和 TRS 机制的中断性能进行分析与评估；然后研究这两种中继选择机制在全双工/半双工模式下所能提供的分集阶数；最后讨论全双工/半双工协作 NOMA 系统下的系统吞吐量。

## 5.3.1 单阶段中继选择机制

依据 NOMA 准则，SRS 机制下发生中断的补概率事件可以解释为：①中继 $i^*_{SRS}$ 能解码 $D_2$ 的信号 $x_2$；②在 $D_1$ 和 $D_2$ 处都能成功解码信号 $x_2$。因此在全双工协作 NOMA 系统中 SRS 机制的中断概率可以表示为

$$P_{SRS}^{FD}=\prod_{i=1}^{K'}[1-\Pr(W_i>\gamma_{th_2}^{FD})] \tag{5-11}$$

式中，$W_i=\min\{\gamma_{D_2\to R_i},\gamma_{D_1\to x_2},\gamma_{D_2\to x_2}\}$，$\varpi=1$；$\gamma_{th_2}^{FD}=2^{R_{D_2}}-1$ 表示在全双工模式下 $D_2$ 的目标 SNR。在全双工协作 NOMA 网络下，SRS 机制的中断概率闭式解表达式可由定理 5.1 给出。

**定理 5.1**：在满足 HBPPs 的条件下，基于全双工协作 NOMA 的 SRS 机制中断概率可以近似为

$$P_{SRS}^{FD}\approx\left\{1-\left[1-\frac{\pi}{2U}\sum_{u=1}^{U}\sqrt{1-\phi_u^2}(\phi_u+1)\left(1-\frac{e^{-c_u\tau_{FD}}}{1+\varpi\rho c_u\tau_{FD}\Omega_{LI}}\right)\right]e^{-(1+d_1^{\alpha})\tau_{FD}-(1+d_2^{\alpha})\tau_{FD}}\right\}^{K'} \tag{5-12}$$

式中，$\varpi=1$，$\tau_{FD}=\dfrac{\gamma_{th_2}^{FD}}{\rho(a_2-a_1\gamma_{th_2}^{FD})}$ 且 $a_2>a_1\gamma_{th_2}^{FD}$，$c_u=1+\left[\dfrac{R_{\mathcal{D}}}{2}(1+\phi_u)\right]^{\alpha}$，$\phi_u=\cos\left(\dfrac{2u-1}{2U}\pi\right)$；参数 $U$ 表示复杂度与准确度之间的一种折中。

**证明**：令 $W_i=\min\{\gamma_{D_2\to R_i},\gamma_{D_1\to x_2},\gamma_{D_2\to x_2}\}$，$W=\max\{W_1,W_2,\cdots,W_N\}$，那么

$$\begin{aligned}\Pr(W<\gamma_{th_2}^{FD})&=\Pr(\max\{W_1,W_2,\cdots,W_N\}<\gamma_{th_2}^{FD})\\&=\prod_{i=1}^{K'}\Pr(W_i<\gamma_{th_2}^{FD})\end{aligned} \tag{5-13}$$

从上面公式可知，要想计算基于全双工的 SRS 机制需要计算概率 $\Pr(W_i<\gamma_{th_2}^{FD})$，其可以进一步表示为

$$\begin{aligned}\Pr(W_i<\gamma_{th_2}^{FD})&=\Pr(\min\{\gamma_{D_2\to R_i},\gamma_{D_1\to x_2},\gamma_{D_2\to x_2}\}<\gamma_{th_2}^{FD})\\&=1-\underbrace{\Pr(\gamma_{D_2\to R_i}>\gamma_{th_2}^{FD})}_{J_{11}}\underbrace{\Pr(\gamma_{D_1\to x_2}>\gamma_{th_2}^{FD})}_{J_{12}}\underbrace{\Pr(\gamma_{D_2\to x_2}>\gamma_{th_2}^{FD})}_{J_{13}}\end{aligned} \tag{5-14}$$

式中，$\varpi=1$。

定义变量 $X_i=\frac{|h_{SR_i}|^2}{1+d_{SR_i}^a}$，$Y_{1i}=\frac{|h_{R_iD_1}|^2}{1+d_{R_iD_1}^a}$，$Y_{2i}=\frac{|h_{R_iD_2}|^2}{1+d_{R_iD_2}^a}$和 $Z=|h_{LI}|^2$。由于中继均匀的分布在区域 $\mathcal{D}$内，因此可以先求出基站到中继的距离 $d_{SR_i}$ 的 PDF，然后再求解变量 $X_i$ 的 CDF。比如对于任意区域 $A$，定义 $A$ 的大小为 $\Lambda$ 并且 $\Lambda\in\mathcal{D}$，$\Lambda$ 中的任意一点 $W$ 的 CDF 可以写为 $\Pr(W\in A)=\frac{\Lambda}{\pi R_{\mathcal{D}}^2}$，对应的 PDF 为 $p_W(w)=\frac{1}{\pi R_{\mathcal{D}}^2}$。基于此，$X_i$ 的 CDF 可以表示为

$$F_{X_i}(x)=\int_{\mathcal{D}}(1+e^{-(1+d_{SR_i}^a)x})p_w(w)\mathrm{d}w \tag{5-15}$$

对式(5-15)进行极坐标转换，可进一步表示为

$$F_{X_i}(x)=\frac{2}{R_{\mathcal{D}}^2}\int_0^{R_D}(1+e^{-(1+r^a)x})r\mathrm{d}r \tag{5-16}$$

对于路损指数因子 $\alpha>2$ 的场景无法求出 $F_{X_i}(x)$的闭式解。为了便于分析，应用高斯-切比雪夫积分可以得出式(5-16)的近似表达式

$$F_{X_i}(x)\approx\frac{\pi}{2U}\sum_{u=1}^{U}\sqrt{1-\phi_u^2}(1-e^{-c_u x})(1+\phi_u) \tag{5-17}$$

将式(5-2)带入式(5-14)中并进行一些算术变换后 $\bar{J}_{11}$可进一步表示为

$$\bar{J}_{11}=1-\Pr\{X_i<[\rho\varpi f_Z(z)+1]\tau_{FD}\} \tag{5-18}$$

式中，$f_Z(z)=\frac{1}{\Omega_{LI}}e^{-\frac{z}{\Omega_{LI}}}$。借助于式(5-18)中变量 $X_i$ 的近似 CDF 表达式，$\bar{J}_{11}$ 计算过程如下：

$$\begin{aligned}\bar{J}_{11}&=1-\int_0^{\infty}\frac{1}{\Omega_{LI}}e^{-\frac{1}{\Omega_{LI}}}F_{X_i}[(\rho\varpi z+1)\tau_{FD}]\mathrm{d}z\\&\approx1-\frac{\pi}{2U}\sum_{u=1}^{U}\sqrt{1-\phi_u^2}\left(1-\frac{e^{-c_u\tau_{FD}}}{1+\varpi\rho c_u\tau_{FD}\Omega_{LI}}\right)(1+\phi_u)\end{aligned} \tag{5-19}$$

基于条件 $d_{R_iD_j}=\sqrt{d_{SR_i}^2+d_j^2-2d_jd_{SR_i}\cos(\theta_i)}$和 $d_{R_iD_j}\gg d_{SR_i}$，其中 $j\in(1,2)$。假设 $R_i$ 和 $D_j$ 之间的距离近似等于基站到 $D_j$ 之间的距离，即 $d_{R_iD_j}\approx d_j$。因此，通过该近似，可以获得 CDF $F_{Y_{ji}}$ 的近似表达式，即 $F_{Y_{ji}}=1-e^{-(1+d_j^a)\tau_{FD}}$。将式(5-5)和式(5-7)带入式(5-14)中，$\bar{J}_{12}$和 $\bar{J}_{13}$可以分别近似为

$$\bar{J}_{12}=\Pr(Y_{1i}>\tau_{FD})\approx e^{-(1+d_1^a)\tau_{FD}} \tag{5-20}$$

$$\bar{J}_{13}=\Pr(Y_{2i}>\tau_{FD})\approx e^{-(1+d_2^a)\tau_{FD}} \tag{5-21}$$

联合式(5-19)、式(5-20)和式(5-21)可以计算出中断概率 $\Pr(W_i<\gamma_{th_2}^{FD})$。最后，将式(5-14)带入到式(5-13)中，得到式(5-12)。证明完毕。

**推论 5.1**：将 $\varpi=0$ 带入式(5-12)，可得基于半双工协作 NOMA 的 SRS 机制中断概率为

$$P_{SRS}^{HD}\approx\left\{1-\left[1-\frac{\pi}{2U}\sum_{u=1}^{U}\sqrt{1-\phi_u^2}(1-e^{-c_u\tau_{HD}})(\phi_u+1)\right]e^{-(1+d_1^a)\tau_{HD}-(1+d_2^a)\tau_{HD}}\right\}^{K'} \tag{5-22}$$

式中，$\tau_{HD}=\frac{\gamma_{th_2}^{HD}}{\rho(a_2-a_1\gamma_{th_2}^{HD})}$且 $a_2>a_1\gamma_{th_2}^{HD}$，$\gamma_{th_2}^{HD}=2^{2R_{D_2}}-1$ 表示在半双工模式下 $D_2$ 的目标 SNR。

## 5.3.2 双阶段中继选择机制

对于 TRS 机制，总的中断事件可以表示为

$$\overline{\varphi}=\overline{\varphi}_1\cup\overline{\varphi}_2 \tag{5-23}$$

式中，中断事件 $\overline{\varphi}_1$ 表示中继 $i^*_{TRS}$ 不能解码信号 $x_2$，或 $D_1$ 和 $D_2$ 也不能正确的解码信号 $x_2$。中断事件 $\overline{\varphi}_2$ 表示在中继节点、$D_1$ 和 $D_2$ 处都能成功解码信号 $x_2$ 的情况下，中继 $i^*_{TRS}$ 和 $D_1$ 不能成功解码信号 $x_1$。基于上述阐述，在全双工协作 NOMA 系统下 TRS 机制的中断概率可以表示为

$$P^{FD}_{TRS}=\Pr(\overline{\varphi}_1)+\Pr(\overline{\varphi}_2) \tag{5-24}$$

根据 5.3.1 节的分析结论，式(5-24)中的第一个中断概率 $\Pr(\overline{\varphi}_1)$ 可以表示为

$$\Pr(\overline{\varphi}_1)\approx\left\{1-\left[1-\frac{\pi}{2U}\sum_{u=1}^{U}\sqrt{1-\phi_u^2}\left(1-\frac{e^{-c_u\tau_{FD}}}{1+\varpi\rho c_u\tau_{FD}\Omega_{LI}}\right)(\phi_u+1)\right]e^{-(1+d_1^{\alpha})\tau_{FD}-(1+d_2^{\alpha})\tau_{FD}}\right\}^{K'} \tag{5-25}$$

式中，$\varpi=1$。

为了计算式(5-24)中的第二个中断概率 $\Pr(\overline{\varphi}_2)$，将其进一步表示为

$$\Pr(\overline{\varphi}_2)=\Pr(\Lambda_1,|S_R^2|>0)+\Pr(\Lambda_2,\overline{\Lambda}_1,|S_R^2|>0) \tag{5-26}$$

式中，$\Lambda_1$ 表示中继 $i^*_{TRS}$ 不能解码信号 $x_1$，$\overline{\Lambda}_1$ 表示对应的补事件。$\Lambda_2$ 表示 $D_1$ 不能解码信号 $x_1$。式(5-26)中的第一项可以进一步表示为

$$\Pr(\Lambda_1,|S_R^2|>0)=\Pr(\log(1+\gamma_{D_1\to R_{i^*_{TRS}}})<R_{D_1},|S_R^2|>0) \tag{5-27}$$

式中，$R_{D_1}$ 表示 $D_1$ 的目标数据速率。式(5-26)中的第二项可以表示为

$$\Pr(\Lambda_2,\overline{\Lambda}_1,|S_R^2|>0)=\Pr(\log(1+\gamma_{D_1})<R_{D_1},\log(1+\gamma_{D_1\to i^*_{TRS}})>R_{D_1},|S_R^2|>0) \tag{5-28}$$

将式(5-27)和式(5-28)带入到式(5-26)中，式(5-24)中的第二个中断概率 $\Pr(\overline{\varphi}_2)$ 可以表示为

$$\begin{aligned}\Pr(\overline{\varphi}_2)=&\Pr(\log(1+\gamma_{D_1\to R_{i^*_{TRS}}})<R_{D_1},|S_R^2|>0)\\&+\Pr(\log(1+\gamma_{D_1\to x_1})<R_{D_1},\log(1+\gamma_{D_1\to R_{i^*_{TRS}}})>R_{D_1},|S_R^2|>0)\end{aligned} \tag{5-29}$$

为了能够给出式(5-29)中 TRS 机制中断概率的闭式解，分别定义 $s_i$ 和 $s_{i^*_{TRS}}$ 如下：

$$s_i=\min\{\log(1+\gamma_{D_1\to R_i}),\log(1+\gamma_{D_1\to x_1})\} \tag{5-30}$$

$$s_{i^*_{TRS}}=\max\{s_{k'},\forall k'\in S_R^2\} \tag{5-31}$$

借助于式(5-31)，概率 $\Pr(\overline{\varphi}_2)$ 可以重新表示为

$$\begin{aligned}\Pr(\overline{\varphi}_2)&=\Pr(\min\{\log(1+\gamma_{D_1\to R_{i^*_{TRS}}}),\log(1+\gamma_{D_1\to x_1})\}<R_{D_1},|S_R^2|>0)\\&=\Pr(s_{i^*_{TRS}}<R_{D_1},|S_R^2|>0)\end{aligned} \tag{5-32}$$

利用条件概率公式，对式(5-32)进一步计算如下：

$$
\begin{aligned}
\Pr(\overline{\varphi}_2) &= \sum_{k'=1}^{K'} \Pr(s_{i^*_{TRS}} < R_{D_1}, |S_R^2| = k') \\
&= \sum_{k'=1}^{K'} \Pr(s_{i^*_{TRS}} < R_{D_1} \mid |S_R^2| = k')\Pr(|S_R^2| = k') \\
&= \sum_{k'=1}^{K'} [\underbrace{F(R_{D_1})}_{\overline{\Theta}_1}]^{k'} \underbrace{\Pr(|S_R^2| = k')}_{\overline{\Theta}_2}
\end{aligned} \tag{5-33}
$$

假设从 $S_R^2$ 中随机的选出一个中继,记为 $R_i$,后续重点是求解出 $S_{R_i}$ 的 CDF;定义式(5-33)中两个概率分别为 $\overline{\Theta}_1$ 和 $\overline{\Theta}_2$,其中条件概率 $\overline{\Theta}_1$ 可由引理 5.1 给出。

**引理 5.1**:在满足 HBPPs 的条件下,式(5-33)中的条件概率 $\overline{\Theta}_1$ 可以近似为

$$
\overline{\Theta}_1 \approx \frac{M_1 + M_2 + M_3}{e^{-(1+d_1^\alpha)\tau_{FD}}[1-\Delta(1-\chi_{FD}e^{-c_u\tau_{FD}})]} \tag{5-34}
$$

式中,$\theta_{FD} = \max(\tau_{FD}, \xi_{FD})$,$\xi_{FD} = \frac{\gamma_{th_1}^{FD}}{\rho a_1}$,$\zeta_{FD} = \frac{c_u + (1+d_1^\alpha)}{\varpi\rho c_u}$,$\chi_{FD} = \frac{1}{1+\rho\varpi c_u\tau_{FD}\Omega_{LI}}$,$\psi_{FD} = \frac{1}{1+\varpi\rho\xi_{FD}c_u\Omega_{LI}}$,$\Delta = \frac{\pi}{2U}\sum_{u=1}^{U}\sqrt{1-\phi_u^2}(\phi_u+1)$,$T_{FD} = \frac{(1+d_1^\alpha)e^{-[c_u+(1+d_1^\alpha)]\xi_{FD}}}{\rho c_u\Omega_{LI}}$,$\Phi_{FD} = \frac{(1+d_1^\alpha)e^{-[c_u+(1+d_1^\alpha)]\tau_{FD}}}{\rho c_u\Omega_{LI}}$,$M_1 = e^{-(1+d_1^\alpha)\theta_{FD}}\Delta(\chi_{FD}e^{-c_u\tau_{FD}} - \psi_{FD}e^{-c_u\xi_{FD}})$,$M_2 = \Delta\left\{[e^{-(1+d_1^\alpha)\tau_{FD}} - e^{-(1+d_1^\alpha)\xi_{FD}}]e^{-c_n\tau_{FD}}\chi_{FD} - T_{FD}e^{\frac{\zeta_{FD}}{\psi_{FD}\Omega_{LI}}}\mathrm{Ei}\left(\frac{-\zeta_{FD}}{\psi_{FD}\Omega_{LI}}\right) + \Phi_{FD}e^{\frac{\zeta_{FD}}{\chi_{FD}\Omega_{LI}}}\mathrm{Ei}\left(\frac{-\zeta_{FD}}{\Omega_{LI}\chi_{FD}}\right)\right\}$,$M_3 = e^{-(1+d_1^\alpha)\tau_{FD}} - e^{-(1+d_1^\alpha)\xi_{FD}} - \Delta\left[e^{-(1+d_1^\alpha)\tau_{FD}} - e^{-(1+d_1^\alpha)\xi_{FD}} - T_{FD}e^{\frac{\zeta_{FD}}{\psi_{FD}\Omega_{LI}}}\mathrm{Ei}\left(\frac{-\zeta_{FD}}{\psi_{FD}\Omega_{LI}}\right) + \Phi_{FD}e^{\frac{\zeta_{FD}}{\chi_{FD}\Omega_{LI}}}\mathrm{Ei}\left(\frac{-\zeta_{FD}}{\chi_{FD}\Omega_{LI}}\right)\right]$,$\gamma_{th_1}^{FD} = 2^{R_{D_1}} - 1$ 表示在全双工模式下 $D_1$ 的目标 SNR。

**证明**:基于式(5-33),条件概率 $\overline{\Theta}_1$ 可以表示为

$$
\begin{aligned}
\overline{\Theta}_1 &= \Pr(s_i < R_{D_1} \mid |s_R^2| = k') \\
&= \Pr(\min(\gamma_{D_1\to R_i}, \gamma_{D_1\to x_1}) < \gamma_{th_1}^{FD} \mid i \in |S_R|) \\
&= \underbrace{\Pr(\gamma_{D_1\to R_i} < \gamma_{D_1}, \gamma_{D_1\to R_i} < \gamma_{th_1}^{FD} \mid \gamma_{D_2\to R_i} > \gamma_{th_2}^{FD}, \gamma_{D_1\to x_2} > \gamma_{th_2}^{FD})}_{J_{21}} \\
&\quad + \underbrace{\Pr(\gamma_{D_1\to x_1} < \gamma_{D_1\to R_i}, \gamma_{D_1\to x_1} < \gamma_{th_1}^{FD} \mid \gamma_{D_2\to R_i} > \gamma_{th_2}^{FD}, \gamma_{D_1\to x_2} > \gamma_{th_2}^{FD})}_{J_{31}}
\end{aligned} \tag{5-35}
$$

式中,$\varpi = 1$,$\gamma_{th_1}^{FD} = 2^{R_{D_1}} - 1$ 表示 $D_1$ 的目标 SNR。

根据条件概率的定义,$J_{21}$ 可以表示为

$$
J_{21} = \frac{\Pr(\gamma_{D_1\to R_i} < \gamma_{D_1}, \gamma_{D_1\to R_i} < \gamma_{th_1}^{FD}, \gamma_{D_2\to R_i} > \gamma_{th_2}^{FD}, \gamma_{D_1\to x_2} > \gamma_{th_2}^{FD})}{\Pr(\gamma_{D_2\to R_i} > \gamma_{th_2}^{FD}, \gamma_{D_1\to x_2} > \gamma_{th_2}^{FD})} \tag{5-36}
$$

定义 $\Xi_1$ 和 $\Xi_2$ 分别表示式(5-36)中 $J_{21}$ 的分子和分母,将式(5-2)、式(5-3)、式(5-5)和式(5-7)带入式(5-36)中并进行一些数学运算,$\Xi_1$ 可以表示为

$$
\begin{aligned}
\Xi_1 &= \Pr[X_i < Y_{1i}(\rho\varpi Z+1), X_i < \xi_{FD}(\rho\varpi Z+1), X_i < \tau_{FD}(\rho\varpi Z+1), Y_{1i} > \tau_{FD}] \\
&= \Pr[\tau_{FD}(\rho\varpi Z+1) < X_i < \xi_{FD}(\rho\varpi Z+1), Y_{1i} > \tau_{FD}] \\
&\quad + \Pr[\tau_{FD}(\rho\varpi Z+1) < X_i < Y_{1i}(\rho\varpi Z+1), \tau_{FD} < Y_{1i} < \xi_{FD}] \\
&= \underbrace{\int_0^\infty f_Z(z)\int_\theta^\infty f_{Y_{1i}}(y)\{F_{X_i}[\xi_{FD}(\rho\varpi z+1)] - F_{X_i}[\tau_{FD}(\rho\varpi z+1)]\}\mathrm{d}y\mathrm{d}z}_{J_{22}} \\
&\quad + \underbrace{\int_0^\infty f_Z(z)\int_{\tau_{FD}}^{\xi_{FD}} f_{Y_{1i}}(y)\{F_{X_i}[y(\rho\varpi z+1)] - F_{X_i}[\tau_{FD}(\rho\varpi z+1)]\}\mathrm{d}y\mathrm{d}z}_{J_{23}}
\end{aligned}
\tag{5-37}
$$

由定理 5.1 推导过程可知，为了得到式(5-37)的闭式解，使用式(5-17)中经过高斯-切比雪夫积分近似后的 CDF 表达式对 $\bar{J}_{22}$ 和 $\bar{J}_{23}$ 进行处理。另外，由于 $d_{R_iD_1}=\sqrt{d_{SR_i}^2+d_1^2-2d_1d_{SR_i}\cos(\theta_i)}$ 并且 $d_{R_iD_1}\gg d_{SR_i}$，假设 $R_i$ 和 $D_1$ 之间的距离近似等于基站到 $D_1$ 之间的距离，即 $d_{R_iD_1}\approx d_1$。因此，变量 $Y_{1i}$ 的 PDF 近似表达式可以表示为

$$
f_{Y_{1i}}(y) \approx 1-e^{-(1+d_1^\alpha)\tau_{FD}} \tag{5-38}
$$

将式(5-16)和式(5-38)带入式(5-37)，可以分别给出 $\bar{J}_{22}$ 和 $\bar{J}_{23}$ 的计算过程如下：

$$
\begin{aligned}
\bar{J}_{22} &\approx e^{-(1+d_1^\alpha)\theta_{FD}}\frac{\pi}{2U}\sum_{u=1}^{U}\sqrt{1-\phi_u^2}(\phi_u+1)\int_0^\infty \frac{1}{\Omega_{LI}}e^{-\frac{z}{\Omega_{LI}}}[e^{-c_u\tau_{FD}(\varpi\rho z+1)} - e^{-c_u\xi_{FD}(\varpi\rho z+1)}]\mathrm{d}z \\
&= e^{-(1+d_1^\alpha)\theta_{FD}}\frac{\pi}{2U}\sum_{u=1}^{U}\sqrt{1-\phi_u^2}(\phi_u+1)[\chi_{FD}e^{-c_u\tau_{FD}} - \psi_{FD}e^{-c_u\xi_{FD}}]
\end{aligned}
\tag{5-39}
$$

式中，$\chi_{FD}=\dfrac{1}{1+\varpi\rho c_u\tau_{FD}\Omega_{LI}}$，$\psi_{FD}=\dfrac{1}{1+\varpi\rho c_u\xi_{FD}\Omega_{LI}}$。

$$
\begin{aligned}
\bar{J}_{23} &\approx \frac{\pi(1+d_1^\alpha)}{2U}\sum_{u=1}^{U}\sqrt{1-\phi_u^2}(\phi_u+1) \\
&\quad \times\int_0^\infty \frac{1}{\Omega_{LI}}e^{-\frac{z}{\Omega_{LI}}}\int_{\tau_{FD}}^{\xi_{FD}}(e^{-c_u\tau_{FD}(\varpi\rho z+1)-(1+d_1^\alpha)y} - e^{-c_u y(\varpi\rho z+1)-(1+d_1^\alpha)y})\mathrm{d}y\mathrm{d}z \\
&= \Delta\chi_{FD}\underbrace{\int_0^\infty \frac{1}{z+\zeta_{FD}}e^{-\frac{z}{\psi_{FD}\Omega_{LI}}}\mathrm{d}z}_{I_1} - \Delta\Phi_{FD}\underbrace{\int_0^\infty \frac{1}{z+\zeta_{FD}}e^{-\frac{z}{\chi_{FD}\Omega_{LI}}}\mathrm{d}z}_{I_2}
\end{aligned}
\tag{5-40}
$$

式中，$\Delta=\dfrac{\pi}{2U}\sum_{u=1}^{U}\sqrt{1-\phi_u^2}(\phi_u+1)$，$\zeta_{FD}=\dfrac{c_u+(1+d_1^\alpha)}{\varpi\rho c_u}$，$T_{FD}=\dfrac{(1+d_1^\alpha)e^{-[c_u+(1+d_1^\alpha)]\xi_{FD}}}{\varpi\rho c_u\Omega_{LI}}$，$\Phi_{FD}=\dfrac{(1+d_1^\alpha)e^{-[c_u+(1+d_1^\alpha)]\tau_{FD}}}{\varpi\rho c_u\Omega_{LI}}$。

借助于文献[103]中公式(3.352.4)，$I_1$ 和 $I_2$ 可以分别表示为

$$
I_1 = e^{-\frac{\zeta_{FD}}{\psi_{FD}\Omega_{LI}}}\mathrm{Ei}\left(-\frac{\zeta_{FD}}{\psi_{FD}\Omega_{LI}}\right) \tag{5-41}
$$

$$
I_2 = e^{-\frac{\zeta_{FD}}{\chi_{FD}\Omega_{LI}}}\mathrm{Ei}\left(-\frac{\zeta_{FD}}{\chi_{FD}\Omega_{LI}}\right) \tag{5-42}
$$

将式(5-41)和式(5-42)带入式(5-40)中，$\bar{J}_{23}$ 可以近似表示为

$$\overline{J}_{23}\approx\Delta\chi_{FD}\left(e^{-(1+d_1^{\alpha})\tau_{FD}}-e^{-(1+d_1^{\alpha})\xi_{FD}}\right)-\Delta T_{FD}e^{\frac{\zeta_{FD}}{\psi_{FD}\Omega_{LI}}}\mathrm{Ei}\left(\frac{-\zeta_{FD}}{\psi_{FD}\Omega_{LI}}\right)+\Delta\Phi_{FD}e^{\frac{\zeta_{FD}}{\chi_{FD}\Omega_{LI}}}\mathrm{Ei}\left(\frac{-\zeta_{FD}}{\psi_{FD}\Omega_{LI}}\right)\tag{5-43}$$

应用定理 5.1 中的推导结果，$\overline{J}_{21}$中的分母 $\Xi_2$ 可以近似为

$$\Xi_2=e^{-(1+d_1^{\alpha})\tau_{FD}}\left[1-\Delta(1-\chi_{FD}e^{-c_n\tau_{FD}})\right]\tag{5-44}$$

联合式(5-39)、式(5-43)和式(5-44)，可以推导出 $\overline{J}_{21}$的近似表达式如下：

$$\begin{aligned}\overline{J}_{21}\approx&\frac{e^{-(1+d_1^{\alpha})\theta_{FD}}\Delta(\chi_{FD}e^{-c_u\tau_{FD}}-\psi_{FD}e^{-c_u\xi_{FD}})}{e^{-(1+d_1^{\alpha})\theta_{FD}}\left[1-\Delta(1-\chi_{FD}e^{-c_u\tau_{FD}})\right]}+\frac{e^{-(1+d_1^{\alpha})\theta_{FD}}\chi_{FD}\Delta(e^{-(1+d_1^{\alpha})\tau_{FD}}-e^{-(1+d_1^{\alpha})\xi_{FD}})}{e^{-(1+d_1^{\alpha})\theta_{FD}}\left[1-\Delta(1-\chi_{FD}e^{-c_u\tau_{FD}})\right]}\\&-\frac{\Delta}{e^{-(1+d_1^{\alpha})\theta_{FD}}\left[1-\Delta(1-\chi_{FD}e^{-c_u\tau_{FD}})\right]}\left[T_{FD}e^{\frac{\zeta_{FD}}{\psi_{FD}\Omega_{LI}}}\mathrm{Ei}\left(\frac{-\zeta_{FD}}{\psi_{FD}\Omega_{LI}}\right)-\Phi_{FD}e^{\frac{\zeta_{FD}}{\chi_{FD}\Omega_{LI}}}\mathrm{Ei}\left(\frac{-\zeta_{FD}}{\chi_{FD}\Omega_{LI}}\right)\right]\end{aligned}\tag{5-45}$$

类似于 $\overline{J}_{21}$的推导过程，$\overline{J}_{31}$可以表示为

$$\begin{aligned}\overline{J}_{31}\approx&\frac{e^{-(1+d_1^{\alpha})\tau_{FD}}-e^{-(1+d_1^{\alpha})\xi_{FD}}}{e^{-(1+d_1^{\alpha})\tau_{FD}}\left[1-\Delta(1-\chi_{FD}e^{-c_u\tau_{FD}})\right]}-\frac{\Delta(e^{-(1+d_1^{\alpha})\tau_{FD}}-e^{-(1+d_1^{\alpha})\xi_{FD}})}{e^{-(1+d_1^{\alpha})\tau_{FD}}\left[1-\Delta(1-\chi_{FD}e^{-c_u\tau_{FD}})\right]}\\&+\frac{\Delta}{e^{-(1+d_1^{\alpha})\tau_{FD}}\left[1-\Delta(1-\chi_{FD}e^{-c_u\tau_{FD}})\right]}\left[T_{FD}e^{\frac{\zeta_{FD}}{\psi_{FD}\Omega_{LI}}}\mathrm{Ei}\left(\frac{-\zeta_{FD}}{\psi_{FD}\Omega_{LI}}\right)-\Phi_{FD}e^{\frac{\zeta_{FD}}{\chi_{FD}\Omega_{LI}}}\mathrm{Ei}\left(\frac{-\zeta_{FD}}{\chi_{FD}\Omega_{LI}}\right)\right]\end{aligned}\tag{5-46}$$

最后，联合式(5-45)和式(5-46)，可以得到式(5-34)。证明完毕。

另一方面，假设在 $S_R^2$ 中有 $k'$个中继，那么概率 $\overline{\Theta}_2$ 可以表示为

$$\begin{aligned}\overline{\Theta}_2=&\prod_{j=1}^{K'-k'}\binom{K'}{k'}\left(1-\Pr(\gamma_{D_2\to R_i}>\gamma_{th_2}^{FD})\right)\Pr(\gamma_{D_2\to D_1}>\gamma_{th_2}^{FD})\Pr(\gamma_{D_2}>\gamma_{th_2}^{FD})\\&\times\prod_{j=K'-k'+1}^{K'}\Pr(\gamma_{D_2\to R_i}>\gamma_{th_2}^{FD})\Pr(\gamma_{D_2\to D_1}>\gamma_{th_2}^{FD})\Pr(\gamma_{D_2}>\gamma_{th_2}^{FD})\end{aligned}\tag{5-47}$$

利用定理 5.1 的结论，式(5-47)中的 $\overline{\Theta}_2$ 可以进一步近似为

$$\begin{aligned}\overline{\Theta}_2=&\binom{K'}{k'}\left\{1-\left[1-\frac{\pi}{2U}\sum_{u=1}^{U}\sqrt{1-\phi_u^2}\left(1-\frac{e^{-\tau_{FD}c_u}}{1+\varpi\rho\tau_{FD}c_u\Omega_{LI}}\right)(\phi_u+1)\right]e^{-(1+d_1^{\alpha})\tau_{FD}-(1+d_2^{\alpha})\tau_{FD}}\right\}^{K'-k'}\\&\times\binom{K'}{k'}\left\{\left[1-\frac{\pi}{2U}\sum_{u=1}^{U}\sqrt{1-\phi_u^2}\left(1-\frac{e^{-\tau_{FD}c_u}}{1+\varpi\rho\tau_{FD}c_u\Omega_{LI}}\right)(\phi_u+1)\right]e^{-(1+d_1^{\alpha})\tau_{FD}-(1+d_2^{\alpha})\tau_{FD}}\right\}^{k'}\end{aligned}\tag{5-48}$$

最后，联合式(5-25)、式(5-33)、式(5-34)和式(5-48)并进行一些相应的算术变换，在全双工协作 NOMA 系统中，TRS 机制的中断概率闭式解表达式可由定理 5.2 给出。

**定理 5.2**：在假设满足 HBPPs 的条件下，基于全双工协作 NOMA 的 TRS 机制的中断概率可以近似为

$$\begin{aligned}P_{TRS}^{FD}\approx&\sum_{k'=0}^{K'}\binom{K'}{k'}\left\{\frac{e^{-(1+d_1^{\alpha})\theta_{FD}}\Delta(\chi_{FD}e^{-c_u\tau_{FD}}-\psi_{FD}e^{-c_u\xi_{FD}})}{e^{-(1+d_1^{\alpha})\tau_{FD}}\left[1-\Delta(1-\chi_{FD}e^{-c_u\tau_{FD}})\right]}+\frac{\Delta(e^{-(1+d_1^{\alpha})\tau_{FD}}-e^{-(1+d_1^{\alpha})\xi_{FD}})e^{-c_u\tau_{FD}}\chi_{FD}}{e^{-(1+d_1^{\alpha})\tau_{FD}}\left[1-\Delta(1-\chi_{FD}e^{-c_u\tau_{FD}})\right]}\right.\\&\left.+\frac{e^{-(1+d_1^{\alpha})\tau_{FD}}-e^{-(1+d_1^{\alpha})\xi_{FD}}-\Delta\left[e^{-(1+d_1^{\alpha})\tau_{FD}}-e^{-(1+d_1^{\alpha})\xi_{FD}}\right]}{e^{-(1+d_1^{\alpha})\tau_{FD}}\left[1-\Delta(1-\chi_{FD}e^{-c_u\tau_{FD}})\right]}\right\}^{k'}\end{aligned}$$

$$
\times\{1-[1-\Delta(1-\chi_{FD}e^{-c_u\tau_{FD}})]e^{-(1+d_1^{\alpha})\tau_{FD}-(1+d_2^{\alpha})\tau_{FD}}\}^{K'-k'}
$$

$$
\times\{[1-\Delta(1-\chi_{FD}e^{-c_u\tau_{FD}})]e^{-(1+d_1^{\alpha})\tau-(1+d_2^{\alpha})\tau_{FD}}\}^{k'} \tag{5-49}
$$

**推论 5.2**:对于 $\varpi=0$ 的特殊情况,基于半双工协作 NOMA 的 TRS 机制的中断概率可以近似为

$$
\begin{aligned}
P_{TRS}^{HD} \approx \sum_{k'=0}^{K'}\binom{K'}{k'}\Bigg\{&\frac{\Delta\frac{c_u}{(1+d_1^{\alpha})+c_u}[e^{-(1+d_1^{\alpha}+c_u)\tau_{HD}}-e^{-(1+d_1^{\alpha}+c_u)\xi_{HD}}]+e^{-(1+d_1^{\alpha})\tau_{HD}}-e^{-(1+d_1^{\alpha})\xi_{HD}}}{e^{-(1+d_1^{\alpha})\tau_{HD}}[1-\Delta(1-e^{-c_u\tau_{HD}})]} \\
&-\frac{\Delta[e^{-(1+d_1^{\alpha})\tau_{HD}}-e^{-(1+d_1^{\alpha})\xi_{HD}}]+\Delta\frac{1+d_1^{\alpha}}{1+d_1^{\alpha}+c_n}e^{-(1+d_1^{\alpha}+c_u)\xi_{HD}}-\Delta\frac{1+d_1^{\alpha}}{1+d_1^{\alpha}+c_u}e^{-(1+d_1^{\alpha}+c_u)\tau_{HD}}}{e^{-(1+d_1^{\alpha})\tau_{HD}}[1-\Delta(1-e^{-c_u\tau_{HD}})]}\Bigg\}^{k'} \\
&\times\{1-[1-\Delta(1-e^{-c_u\tau_{HD}})]e^{-[(1+d_1^{\alpha})+(1+d_2^{\alpha})]\tau_{HD}}\}^{K'-k} \\
&\times\{[1-\Delta(1-e^{-c_u\tau_{HD}})]e^{-[(1+d_1^{\alpha})+(1+d_2^{\alpha})]\tau_{HD}}\}^{k'}
\end{aligned} \tag{5-50}
$$

式中,$\xi_{HD}=\frac{\gamma_{th_1}^{HD}}{\rho a_1}$。

### 5.3.3 随机中继选择机制

本小节介绍随机中继选择(Random Relay Selection,RRS)机制。在数值仿真部分将该机制作为 SRS 机制和 TRS 机制的对比基准。在该机制下基站随机的选择一个中继节点 $R_i$ 协助其传递信息给用户 $D_1$ 和 $D_2$,需要注意的是在这种情况下选择的 $R_i$ 可能不是最优的。另外,RRS 机制可以看成是 SRS 和 TRS 机制的一种特殊情况,即 $K'=1$。基于上述分析,对于 SRS 机制的对比基准,即基于全双工/半双工协作 NOMA 的 RRS 机制可以分别表示为

$$
P_{RRS}^{FD,SRS} \approx 1-\left[1-\frac{\pi}{2U}\sum_{u=1}^{U}\sqrt{1-\phi_u^2}\left(1-\frac{e^{-c_u\tau_{FD}}}{1+\varpi\rho\tau_{FD}c_u\Omega_{LI}}\right)(\phi_u+1)\right]e^{-(1+d_1^{\alpha})\tau_{FD}-(1+d_2^{\alpha})\tau_{FD}} \tag{5-51}
$$

$$
P_{RRS}^{HD,SRS} \approx 1-\left[1-\frac{\pi}{2U}\sum_{u=1}^{U}\sqrt{1-\phi_u^2}(1-e^{-c_u\tau_{HD}})(\phi_u+1)\right]e^{-(1+d_1^{\alpha})\tau_{HD}-(1+d_2^{\alpha})\tau_{HD}} \tag{5-52}
$$

同样,令式(5-49)和式(5-50)中的 $K'=1$,可以容易写出基于全双工/半双工协作 NOMA 的 TRS 机制的对比基准,此处不再赘述。

## 5.4 分集阶数与系统吞吐量

本节分别给出全双工/半双工模式下基于协作 NOMA 的 SRS/TRS 机制所能提供的分集阶数以及系统吞吐量。

### 5.4.1 分集阶数

为了更深入的了解中继选择机制的优势,首先给出这三种中继选择机制在高 SNR 条件下的渐近中断概率表达式,然后根据渐近中断概率求解出对应中继选择机制所能获得的分集阶数。分集阶数的具体定义如下:

$$d=-\lim \frac{\log[P^{\infty}(\rho)]}{\log(\rho)} \tag{5-53}$$

式中，$P^{\infty}(\rho)$表示高 SNR 条件下中继选择机制的渐近中断概率。

**1. 单阶段中继选择机制**

基于式(5-12)的分析结果，当$\rho\rightarrow\infty$时，可以求解出在全双工协作 NOMA 系统下 SRS 机制的渐近中断概率，由推论 5.3 给出。

**推论 5.3**：在高 SNR 条件下，基于全双工 NOMA 的 SRS 机制渐近中断概率可以表示为

$$P_{SRS}^{FD,\infty}=\left[\frac{\pi}{2U}\sum_{u=1}^{U}\sqrt{1-\phi_u^2}\left(\frac{\rho c_u\tau_{FD}\Omega_{LI}}{1+\rho c_u\tau_{FD}\Omega_{LI}}\right)(\phi_u+1)\right]^{K'} \tag{5-54}$$

将式(5-54)带入式(5-53)，得到在全双工协作 NOMA 系统下 SRS 机制的分集阶数为 0，即 $d_{SRS}^{FD}=0$。

**结论 5.1**：从上述分析可知，在全双工协作 NOMA 系统中 SRS 机制提供的分集阶数为 0，这与传统全双工中继选择机制提供的分集阶数相同。

**推论 5.4**：对于 $\varpi=0$ 的情况，在高 SNR 条件下利用近似表达式 $e^{-x}\approx1-x(x\rightarrow0)$，可得基于半双工协作 NOMA 的 SRS 机制渐近中断概率为

$$P_{SRS}^{HD,\infty}=\left\{1-\left[1-\frac{\pi}{2U}\sum_{u=1}^{U}\sqrt{1-\phi_u^2}\tau_{HD}c_u(\phi_u+1)\right][1-(1+d_1^{\alpha}+1+d_2^{\alpha})\tau_{HD}]\right\}^{K'} \tag{5-55}$$

将式(5-55)带入式(5-53)，求解得出在半双工协作 NOMA 系统下 SRS 机制的分集阶数为 $K'$，即 $d_{SRS}^{HD}=K'$。

**结论 5.2**：从上述分析可知，在半双工协作 NOMA 系统中 SRS 机制提供的分集阶数为 $K'$，即等于网络中的中继节点数量。

**2. 双阶段中继选择机制**

当$\rho\rightarrow\infty$时，同样可以求解出在全双工协作 NOMA 系统下 TRS 机制的渐近中断概率，由推论 5.5 给出如下。

**推论 5.5**：在高 SNR 条件下，基于全双工协作 NOMA 的 TRS 机制渐近中断概率可以表示为

$$P_{TRS}^{FD,\infty}=\sum_{k'=0}^{K'}\binom{K'}{k'}\left[\frac{\Delta(2\chi_{FD}-\psi_{FD})}{1-\Delta(1-\chi_{FD})}\right]^{k'}[\Delta(1-\chi_{FD})]^{K'-k'}\{[1-\Delta(1-\chi_{FD})]\}^{k'} \tag{5-56}$$

**证明**：根据引理 5.1 中的证明过程，重新将 $\bar{J}_{22}$的结果写为

$$\bar{J}_{22}\approx e^{-(1+d_1^{\alpha})\theta_{FD}}\frac{\pi}{2U}\sum_{u=1}^{U}\sqrt{1-\phi_u^2}\left(\frac{e^{-c_u\tau_{FD}}}{1+\varpi\rho c_u\tau_{FD}\Omega_{LI}}-\frac{e^{-c_u\xi_{FD}}}{1+\varpi\rho\xi_{FD}c_u\Omega_{LI}}\right)(\phi_u+1) \tag{5-57}$$

式中，$\varpi=1$。为了进一步简化式(5-57)并给出近似解，当 $x\rightarrow0$ 时，将式(5-57)中的指数函数 $e^x$ 用其零阶幂级数项来近似。因此 $\bar{J}_{22}$可以进一步近似为

$$\bar{J}_{22}\approx\frac{\pi}{2U}\sum_{u=1}^{U}\sqrt{1-\phi_u^2}\left(\frac{1}{1+\varpi\rho c_u\tau_{FD}\Omega_{LI}}-\frac{1}{1+\varpi\rho c_u\xi_{FD}\Omega_{LI}}\right)(\phi_u+1) \tag{5-58}$$

类似于式(5-58)的求解过程,利用指数函数的零阶幂级数近似项,$\bar{J}_{23}$和$\bar{J}_{31}$可进一步近似为

$$\bar{J}_{23}\approx 0 \tag{5-59}$$

$$\bar{J}_{31}\approx 0 \tag{5-60}$$

另外,式(5-36)的分母$\Xi_2$可以进一步近似为

$$\Xi_2\approx 1-\Delta(1-\chi_{FD}) \tag{5-61}$$

将式(5-58)、式(5-59)、式(5-60)以及式(5-61)带入式(5-35)中,条件概率$\bar{\Theta}_1$进一步表示为

$$\bar{\Theta}_1\approx\frac{\Delta(\chi_{FD}-\psi_{FD})}{1-\Delta(1-\chi_{FD})} \tag{5-62}$$

利用类似于式(5-62)的近似方法,式(5-47)中的$\bar{\Theta}_2$可以近似为

$$\bar{\Theta}_2\approx\binom{K'}{k'}\{[1-(1-\Delta(1-\chi_{FD}))]\}^{K'-k'}[1-\Delta(1-\chi_{FD})]^{k'} \tag{5-63}$$

将式(5-62)和式(5-63)带入式(5-33)并进行一些算术变换后可以得到式(5-56)。证明完毕。

将式(5-56)带入式(5-53),求解得出全双工 NOMA 系统下 TRS 机制的分集阶数为零,即$d_{TRS}^{FD}=0$。

**结论 5.3**:从上述分析可知,在全双工协作 NOMA 系统中 TRS 机制所能提供的分集阶数同样为 0,这与传统全双工中继选择机制提供的分集阶数相同。

**推论 5.6**:对$\varpi=0$的情况,在高 SNR 条件下利用近似表达式$e^{-x}\approx 1-x(x\to 0)$,基于半双工协作 NOMA 的 TRS 机制渐近中断概率可以表示为

$$P_{TRS}^{HD,\infty}=\sum_{k'=0}^{K'}\binom{K'}{k'}\left\{\frac{\Delta c_n(\xi_{HD}-\tau_{HD})+(1+d_1^{\alpha})\xi_{HD}}{1-\Delta c_u\tau_{HD}}-\frac{(1+d_1^{\alpha})\tau_{HD}+\Delta[(1+d_1^{\alpha})\xi_{HD}-(1+d_1^{\alpha})\tau_{HD}]}{1-\Delta c_u\tau_{HD}}\right.$$
$$\left.-\frac{\Delta(1+d_1^{\alpha})(\tau_{HD}-\xi_{HD})}{1-\Delta c_u\tau_{HD}}\right]\Bigg\}^{k'}(\Delta c_u\tau_{HD})^{K'-k'}(1-\Delta c_u\tau_{HD})^{k'} \tag{5-64}$$

将式(5-64)带入式(5-53),求解得出半双工协作 NOMA 系统下 TRS 机制的分集阶数为$K'$,即$d_{TRS}^{HD}=K'$。

**结论 5.4**:从上述分析可知,在半双工协作 NOMA 系统中 TRS 机制提供的分集阶数为$K'$,这与结论 5.2 中基于半双工协作 NOMA 的 SRS 提供的分集阶数相同。

**3. 随机中继选择机制**

基于式(5-54)和式(5-55)提供的基于全双工/半双工 SRS 机制的渐近中断概率表达式,当$K'$设置为 1 时,可以给出其对比基准。对于 SRS 机制,基于全双工/半双工的 RRS 机制渐近中断概率可以分别表示为

$$P_{RRS,SRS}^{FD,\infty}=\frac{\pi}{2U}\sum_{u=1}^{U}\sqrt{1-\phi_u^2}\left(\frac{\rho c_u\tau_{FD}\Omega_{LI}}{1+\rho c_u\tau_{FD}\Omega_{LI}}\right)(\phi_u+1) \tag{5-65}$$

$$P_{RRS,SRS}^{HD,\infty}=1-\left\{1-\frac{\pi}{2U}\sum_{u=1}^{U}\sqrt{1-\phi_u^2}c_u\tau_{HD}(\phi_u+1)[1-(1+d_1^{\alpha}+1+d_2^{\alpha})\tau_{HD}]\right\} \tag{5-66}$$

将式(5-65)和式(5-66)带入式(5-53),可得全双工/半双工 RRS 机制的分集阶数分别为 0 和 1。

类似于全双工/半双工 SRS 机制对比基准的结果,基于式(5-56)和式(5-64)提供的基于全双工/半双工 TRS 机制的渐近中断概率表达式,当 $K'=1$ 时,可以给出其对比基准。对于 TRS 机制,基于全双工/半双工的 RRS 机制的渐近中断概率可以分别表示为

$$P_{RRS,TRS}^{FD,\infty}=\sum_{k'=0}^{1}\binom{1}{k'}\left[\frac{\Delta(2\chi_{FD}-\psi_{FD})}{1-\Delta(1-\chi_{FD})}\right]^{k'}\left[\Delta(1-\chi_{FD})\right]^{1-k'}\left[1-\Delta(1-\chi_{FD})\right]^{k'} \tag{5-67}$$

$$\begin{aligned}P_{TRS,RRS}^{HD,\infty}=\sum_{k'=0}^{1}\binom{1}{k'}\Bigg\{&\frac{\Delta c_u(\xi_{HD}-\tau_{HD})+(1+d_1^{\alpha})\xi_{HD}}{1-\Delta c_u\tau_{HD}}-\frac{(1+d_1^{\alpha})\tau_{HD}+\Delta[(1+d_1^{\alpha})\xi_{HD}-(1+d_1^{\alpha})\tau_{HD}]}{1-\Delta c_u\tau_{HD}}\\&-\frac{\Delta(1+d_1^{\alpha})(\tau_{HD}-\xi_{HD})}{1-\Delta c_u\tau_{HD}}\Bigg\}^{k'}(\Delta c_u\tau_{HD})^{1-k'}(1-\Delta c_u\tau_{HD})^{k'}\end{aligned} \tag{5-68}$$

将式(5-67)和式(5-68)分别带入式(5-53),可得全双工/半双工 RRS 机制提供的分集阶数分别为 0 和 1。

**结论 5.5**:从上述分析可知,在全双工协作 NOMA 系统中对比基准 RRS 机制所能获得的分集阶数为 0;然而在半双工协作 NOMA 系统中对比基准 RRS 机制所能获得的分集阶数为 1。

为了直观地观察上述分析结论,表 5-1 总结了全双工/半双工协作 NOMA 中继选择机制所能提供的分集阶数及相应应用场景。

**表 5-1 全双工/半双工协作 NOMA 中继选择机制的分集阶数与应用场景对比**

| 双工模式 | 中继选择机制 | 分集阶数 | 应用场景 |
|---|---|---|---|
| 全双工 NOMA | SRS | 0 | 小包业务等 |
| | TRS | 0 | 后台任务等 |
| | RRS | 0 | — |
| 半双工 NOMA | SRS | $K'$ | 小包业务等 |
| | TRS | $K'$ | 后台任务等 |
| | RRS | 1 | — |

## 5.4.2 系统吞吐量

本小节给出全双工/半双工协作 NOMA 系统在延时受限发送模式下 SRS 机制和 TRS 机制下的系统吞吐量。在该模式基站以固定的数据速率发送信息,此时整个系统的吞吐量受中断概率的影响。基于上述解释,全双工/半双工协作 NOMA 中继选择机制的系统吞吐量分别为

$$R_{\Psi}^{FD}=(1-P_{\Psi}^{FD})R_{D_1}+(1-P_{\Psi}^{FD})R_{D_2} \tag{5-69}$$

$$R_{\Psi}^{HD}=(1-P_{\Psi}^{HD})R_{D_1}+(1-P_{\Psi}^{HD})R_{D_2} \tag{5-70}$$

式中,$\Psi\in$(SRS,TRS),$R_{SRS}$和$R_{TRS}$分别表示 SRS 机制与 TRS 机制下的系统吞吐量。

# 5.5 数值仿真结果

本节将通过数值仿真评估上述章节得到的 NOMA 中继选择机制的中断性能理论结果。所使用的仿真参数如表 5-2 所示，并将复杂度与准确度之间的折中参数 $U$ 设置为 15，即 $U=15$。为了验证上述章节的理论分析结果，除了将基于全双工/半双工协作 NOMA 的 RRS 机制当作对比基准外，本节还对比了基于 OMA 的中继选择机制性能。对于 OMA 机制来说，整个通信过程在四个时隙内完成，具体过程如下：在第一个时隙和第二个时隙，基站分别发送信号 $x_1$ 和 $x_2$ 给中继节点 $R_i$；在第三个时隙和第四个时隙，在 $R_i$ 处分别译码并转发信号 $x_1$ 和 $x_2$ 给 $D_1$ 和 $D_2$。需要说明的是非正交用户在目标数据速率较低的情况下可以用于物联网场景，比如说低功耗、低能耗的小包业务等。

**表 5-2　数值仿真参数配置**

| 参数名称 | 具体配置 |
| --- | --- |
| 蒙特卡洛仿真次数 | $10^6$ |
| NOMA 功率分配因子 | $a_1=0.2, a_2=0.8$ |
| 目标数据速率 | $R_{D_1}=1$ BPCU, $R_{D_2}=0.1$ BPCU |
| 路损指数 | 2 |
| 区域半径 | 2 m |
| 基站与 $D_1$ 之间距离 | 10 m |
| 基站与 $D_2$ 之间距离 | 12 m |

## 5.5.1 单阶段中继选择机制

图 5-2 呈现了基于全双工/半双工协作 NOMA 的 SRS 机制在不同 SNR 下的中断性能，其中，$K'=2, R_{D_1}=1$ BPCU，$R_{D_2}=0.1$ BPCU，$E\{|h_{LI}|^2\}=-10$ dB。正方形/棱形实曲线分别表示基于全双工/半双工协作 NOMA 的 SRS 机制的中断概率，分别是根据式(5-12)和式(5-22)绘制的。五角形/六角形点划线分别表示基于全双工/半双工 NOMA 的 RRS 机制的中断概率，分别是根据式(5-51)和式(5-52)绘制的。从图中可以观察到，中断概率的理论分析曲线与数值仿真结果完全一致，说明理论分析结果是准确的。另外在低 SNR 范围内，基于全双工协作 NOMA 的 SRS 机制中断性能优于半双工协作 NOMA SRS 机制的中断性能。出现这种现象的原因是在低 SNR 条件下，环路干扰信号不是影响全双工协作 NOMA 系统的主要因素。随着 SNR 的逐渐增加，环路干扰信号对全双工协作 NOMA SRS 机制的影响越来越明显。此时基于全双工协作 NOMA 的 SRS 机制中断性能差于半双工协作 NOMA SRS 机制的中断性能。从图中还可以观察到，基于半双工协作 NOMA 的 SRS 机制的中断性能优于半双工 NOMA RRS 机制的中断性能，这是因为在半双工协作 NOMA 系统中 SRS 机制相对 RRS 机制提供了较高的分集阶数。基于全双工/半双工协作 NOMA 的 SRS 机制和基于半双工协作 NOMA 的 RRS 机制的中断性能优于正交 SRS 机制的中断性能。这是由于基于全双工/半双工协作 NOMA 的中继选择机制相对 OMA 中继选择机制提供了较高的系统频谱效率。图中基于全双工/半双工协作 NOMA 的 SRS 机制的渐近中断概率曲线分别是根据式(5-54)和式(5-55)绘制的。从仿真结果可以看出，在高 SNR 条

件下渐近中断概率收敛于准确中断概率。值得注意的是，由于全双工协作 NOMA 受环路干扰信号的影响，基于全双工协作 NOMA 的 SRS 机制的中断概率存在错误平层，即获得了零分集阶数，证实了结论 5.1。

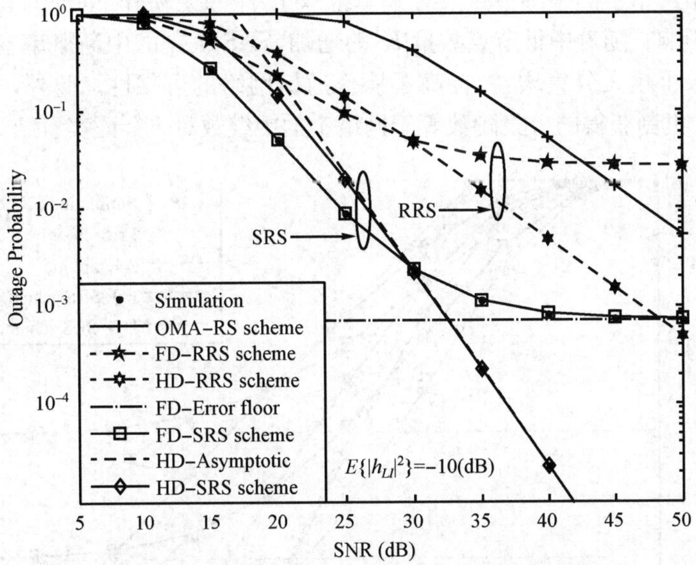


图 5-2 SRS 机制在不同 SNR 下的中断性能

图 5-3 呈现了基于全双工/半双工协作 NOMA 的 SRS 机制在不同目标数据速率下的中断性能，其中，$K'=2$，$E\{|h_{LI}|^2\}=-10$ dB。从仿真结果可以看出，调整两个非正交用户的目标数据速率影响了基于全双工/半双工 SRS 机制的中断性能。随着用户目标数据速率的增加，基于全双工/半双工协作 NOMA 的 SRS 机制的优势将会逐渐减弱。因此对于非正交用户来说，针对不同场景的应用需求去设置合理的目标数据速率是非常重要的。

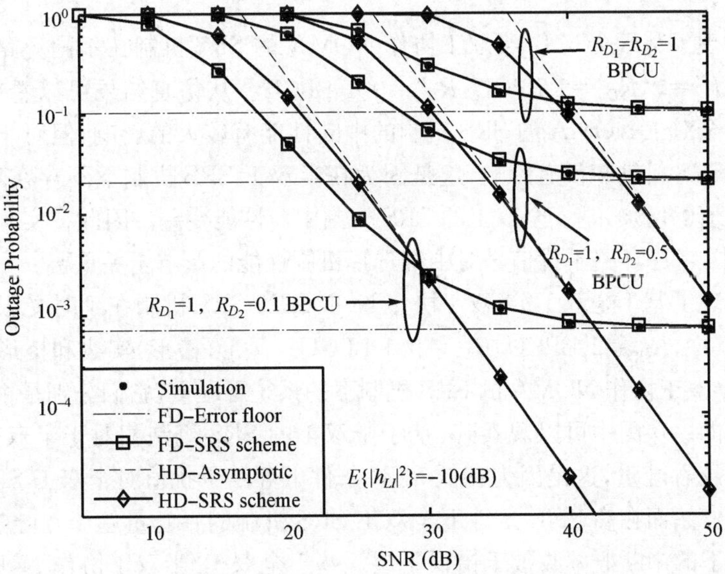


图 5-3 SRS 机制在不同目标数据速率下的中断性能

图 5-4 呈现了基于全双工/半双工协作 NOMA 的 SRS 机制在不同中继数量下的中断性能，其中，$R_{D_1}=1$ BPCU，$R_{D_2}=0.1$ BPCU，$E\{|h_{LI}|^2\}=-10$ dB。从图中可以观察到，理论分析曲线与数值仿真曲线完全重合且在高 SNR 条件下渐近中断概率收敛于准确中断概率。还可以看出网络中的中继节点数对基于全双工/半双工协作 NOMA 的 SRS 机制中断性能有较大的影响。随着中继节点数量 $K'$ 的增加，SRS 机制的中断概率变小，这是因为多个中继节点带来了较大分集增益，提高了协作通信网络的可靠性。此外，基于半双工协作 NOMA 的 SRS 机制获得的分集阶数等于网络中的中继数量 $K'$，证实了结论 5.2。

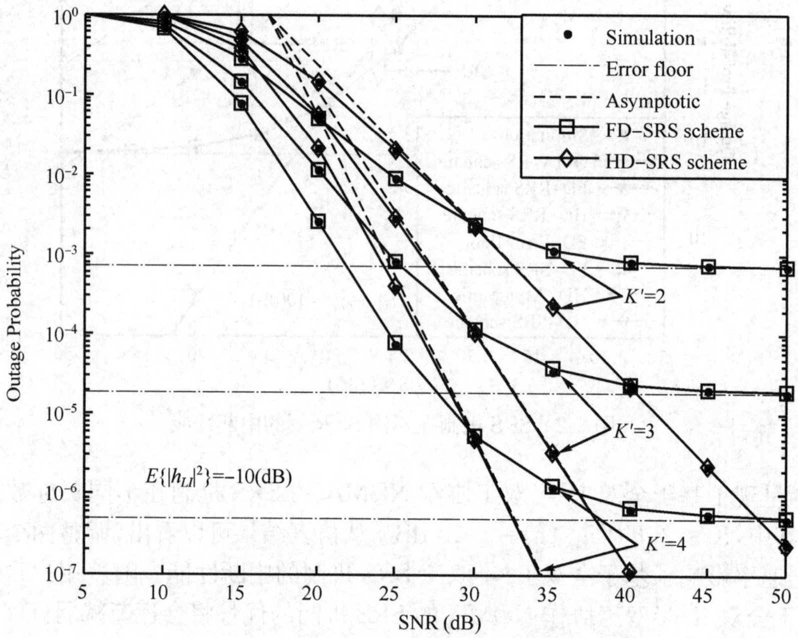


图 5-4　SRS 机制在不同中继数量下的中断性能

图 5-5 呈现了基于全双工/半双工协作 NOMA 的 SRS 机制在不同环路干扰值下的中断性能，其中，$K'=3$，$R_{D_1}=1$ BPCU，$R_{D_2}=0.1$ BPCU。从仿真结果可以看出，环路干扰值的大小对基于全双工 NOMA 的 SRS 机制的中断性能有较大的影响，但对于基于半双工协作 NOMA 的 SRS 机制却没有影响，这是因为在半双工 SRS 机制下不存在环路干扰信号。随着环路干扰值的增加，基于全双工的 SRS 机制中断性能变差。因此在实际的全双工协作 NOMA 网络中，考虑环路干扰信号对中继选择机制性能的影响至关重要。

图 5-6 呈现了基于全双工/半双工协作 NOMA 的 SRS 机制在延时受限发送模式下的系统吞吐量，其中，$R_{D_1}=1$ BPCU，$R_{D_2}=0.1$ BPCU。星形（棱形）实线和棱形虚线分别表示基于全双工/半双工协作 NOMA 的 SRS 机制下的系统吞吐量，它们分别是根据式(5-69)和式(5-70)绘制的。从图中可以观察到，基于全双工的 SRS 机制相对于半双工 SRS 机制能实现较高的系统吞吐量，这是因为在低 SNR 条件下环路干扰值对全双工 SRS 机制的中断性能影响较小。然而在高 SNR 条件下全双工 SRS 机制的吞吐量趋于吞吐量的上界，这是因为在该机制下的中断概率收敛于错误平层。基于全双工/半双工协作 NOMA 的 SRS 机制系统吞吐量超过了 OMA SRS 机制下的系统吞吐量，这是由于 NOMA SRS 机制相对于

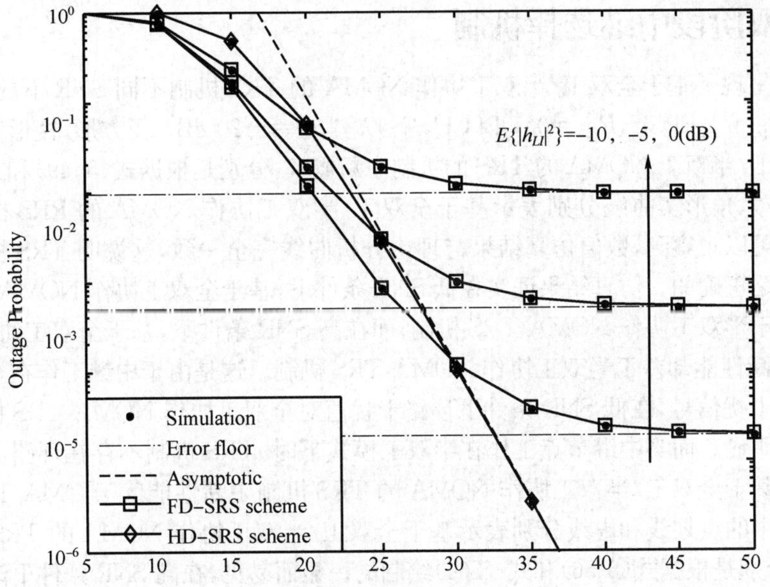


图 5-5　SRS 机制在不同环路干扰值下的中断性能

OMA SRS 机制提供了较高的频谱效率。另外随着中继数量 $K'$ 的增加，全双工/半双工 SRS 机制系统吞吐量越来越大，这种现象可以解释为 $K'$ 的增加带来了较小的全双工/半双工 SRS 机制中断概率。此外图 5-6 还呈现了基于全双工/半双工协作 NOMA 的 SRS 机制在不同环路干扰值影响下的系统吞吐量，其中，$K=3$，$R_{D_1}=1$ BPCU，$R_{D_2}=0.1$ BPCU。随着环路干扰值从 $E\{|h_{LI}|^2\}=-10$ dB 增加到 $E\{|h_{LI}|^2\}=5$ dB，系统吞吐量越来越小，这种现象表明环路干扰信号对全双工 SRS 机制的影响较大。

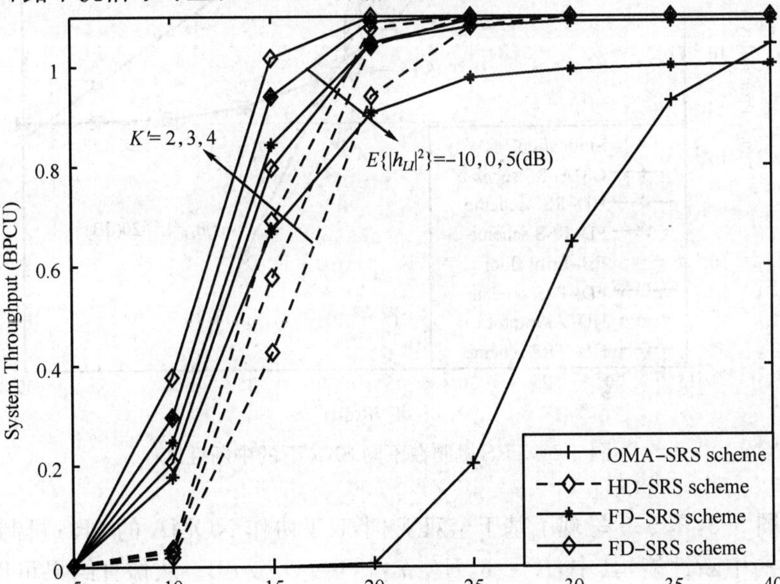


图 5-6　SRS 机制在延时受限发送模式下的系统吞吐量

### 5.5.2 双阶段中继选择机制

图 5-7 呈现了基于全双工/半双工协作 NOMA 的 TRS 机制不同 SNR 下的中断性能，其中，$K'=3$，$R_{D_1}=1$ BPCU，$R_{D_2}=0.1$ BPCU，$E\{|h_{LI}|^2\}=-20$ dB。正方形/棱形实曲线分别表示基于全双工/半双工 NOMA 的 TRS 的机制中断概率，分别是根据式(5-49)和式(5-50)绘制的。五角形/六角形实曲线分别表示基于全双工/半双工协作 NOMA 的 RRS 机制的中断概率。从图中可以观察到，数值仿真结果与理论分析曲线完全一致，这说明 TRS 机制中断概率的理论结果是正确的。仿真结果证实在低 SNR 条件下，基于全双工协作 NOMA 的 TRS 机制中断性能优于半双工协作 NOMA TRS 机制；而在高 SNR 条件下，基于全双工协作 NOMA 的 TRS 机制中断性能却差于半双工协作 NOMA TRS 机制。这是由于中继工作在全双工模式下时存在环路干扰信号，在低 SNR 条件下环路干扰值对全双工协作 NOMA TRS 机制和带宽损耗的影响不明显。而当中继节点工作在半双工模式下时，TRS 机制不存在环路干扰信号。另外可以看到基于全双工/半双工协作 NOMA 的 TRS 机制中断性能优于 OMA TRS 机制的中断性能。图中的点划线和虚线分别表示基于全双工/半双工协作 NOMA 的 TRS 机制的渐近中断概率，分别是根据式(5-56)和式(5-64)绘制的。显而易见，在高 SNR 条件下渐近中断概率的结果收敛于准确中断概率。同样由于受环路干扰信号的影响，基于全双工协作 NOMA 的 TRS 机制的中断概率也存在错误平层并获得了零分集阶数，证实了结论 5.3。然而基于半双工协作 NOMA 的 TRS 机制有效地解决全双工中继选择机制固有的零分集阶数问题。因此对于全双工 TRS 机制而言，如何降低/消除全双工模式带来的环路干扰信号是值得进一步研究。

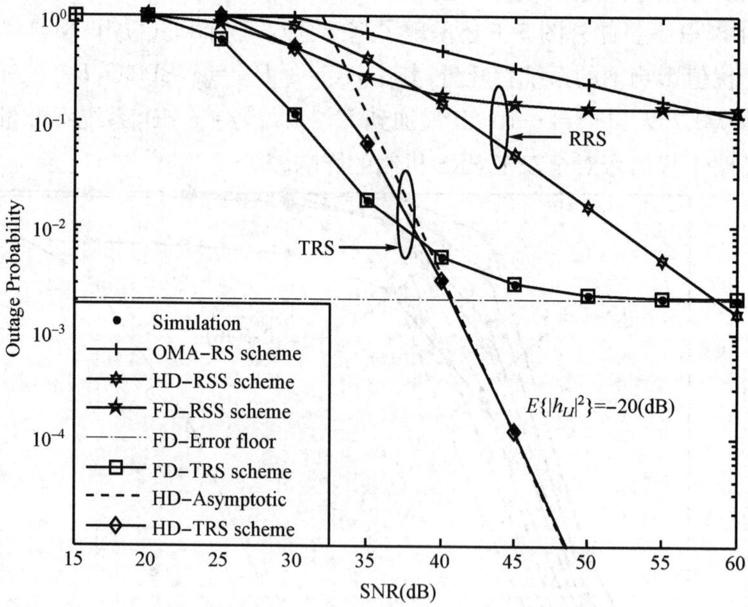


图 5-7　TRS 机制在不同 SNR 下的中断性能

类似于图 5-3，图 5-8 呈现了基于全双工/半双工协作 NOMA 的 SRS 机制在不同目标数据速率下的中断性能，其中，$K'=3$，$E\{|h_{LI}|^2\}=-20$ dB。从仿真结果可以看出，随着 NOMA 用户目标数据速率的减小，基于全双工/半双工协作 NOMA 的 TRS 机制提供了较好的中断性能，证实了 NOMA TRS 机制有效支持对数据速率要求不高的低速率物联网场

景(比如,窄带物联网和 LoRa 业务等)。另外从图 5-8 可以看出,NOMA 用户目标数据速率的设置对中继选择机制的性能有较大的影响。因此,合理调整目标数据速率以满足不同场景的需求至关重要。

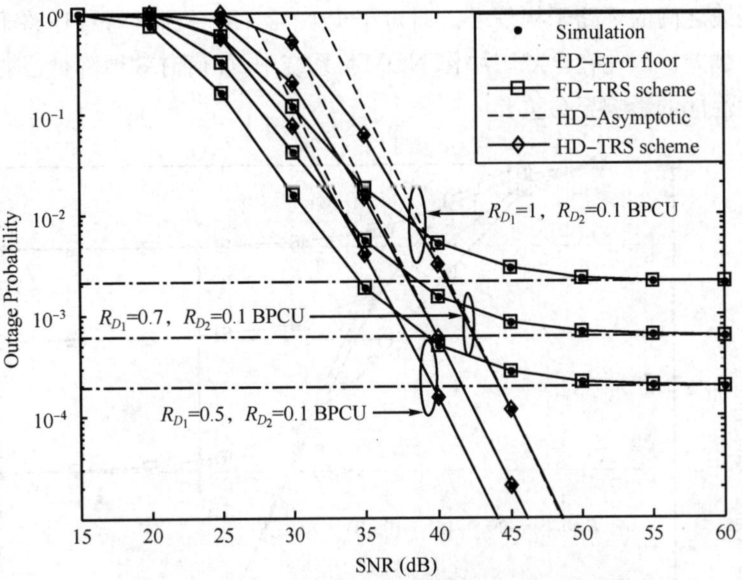


图 5-8 TRS 机制在不同目标数据速率下的中断性能

图 5-9 呈现了基于全双工/半双工 NOMA 的 TRS 机制在不同中继数量 $K'$ 下的中断性能,其中,$R_{D_1}=1$ BPCU,$R_{D_2}=0.1$ BPCU,$E\{|h_{LI}|^2\}=-20$ dB。从仿真结果可以观察到,中继节点数量对全双工/半双工协作 NOMA TRS 机制的中断性能有较大的影响。随着 $K'$ 的增加,TRS 机制的中断概率越来越小,这是因为多个中继节点带来了较大分集增益并且提高了协作通信网络的可靠性。类似于半双工协作 NOMA SRS 机制,基于半双工协作 NOMA 的 TRS 机制获得的分集阶数等于网络中的中继节点数 $K'$,证实了结论 5.4。

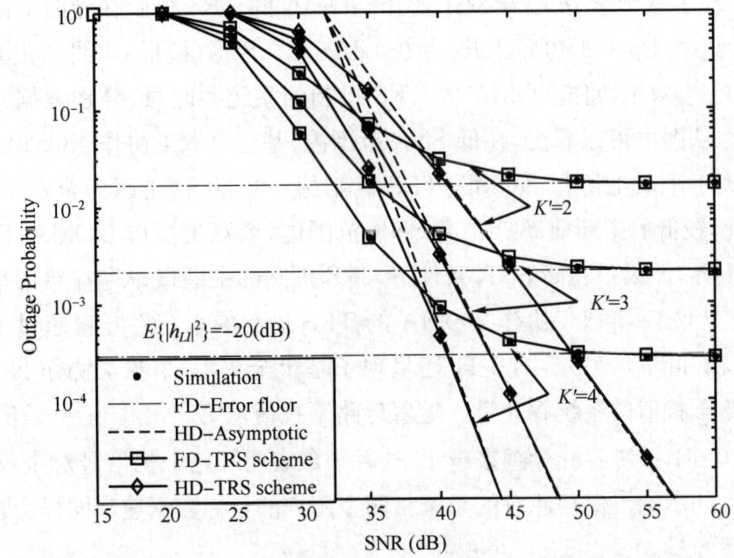


图 5-9 TRS 机制在不同中继数量下的中断性能

图 5-10 所示为基于全双工/半双工协作 NOMA 的 TRS 机制在不同环路干扰值下的中断性能，其中，$K'=3$，$R_{D_1}=1$ BPCU，$R_{D_2}=0.1$ BPCU。从图中可以观察到，基于半双工协作 NOMA 的 TRS 机制不受环路干扰值的影响，这是因为中继节点 $R_i$ 工作在半双工模式不存在收发天线之间的环路干扰信号。而对于全双工 TRS 机制，随着环路干扰值的增加，中断性能越来越差。因此在全双工协作 NOMA 系统中，如何有效地降低/消除干扰信号对中继选择机制性能的影响至关重要。

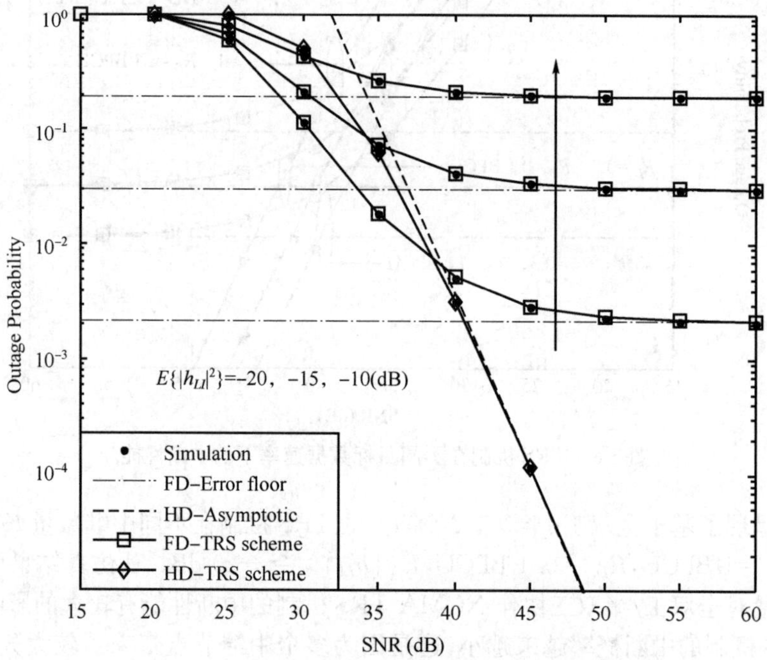


图 5-10 TRS 机制在不同干扰值下的中断性能

图 5-11 呈现了基于全双工/半双工协作 NOMA 的 TRS 机制在延时受限发送模式下的系统吞吐量，其中，$R_{D_1}=1$ BPCU，$R_{D_2}=0.1$ BPCU。星形（棱形）实线和正方形虚线分别表示基于全双工/半双工协作 NOMA 的 TRS 机制的系统吞吐量，分别根据式(5-69)和式(5-70)绘制的。从图中可以看出，在低 SNR 范围内，基于全双工协作 NOMA 的 TRS 机制的系统吞吐量大于半双工协作 NOMA TRS 机制的吞吐量，这是因为全双工协作 NOMA TRS 机制实现了较低的中断概率。在高 SNR 范围内，全双工协作 NOMA TRS 机制趋于系统吞吐量的上界，原因是在高 SNR 条件下 TRS 机制的中断概率存在错误平层。类似于 SRS 机制，基于全双工/半双工协作 NOMA 的 TRS 机制的系统吞吐量超过了 OMA 中继选择机制的系统吞吐量。另外，图 5-11 还呈现了基于全双工/半双工协作 NOMA 的 TRS 机制在不同环路干扰值的系统吞吐量。随着环路干扰值从 $E\{|h_{LI}|^2\}=-15$ dB 增加到 $E\{|h_{LI}|^2\}=-10$ dB，系统吞吐量越来越小，这种现象表明环路干扰信号对全双工 SRS 机制中断性能有较大的影响。值得注意的是调整两个用户的目标数据速率同样会影响延时发送模式下的系统吞吐量。

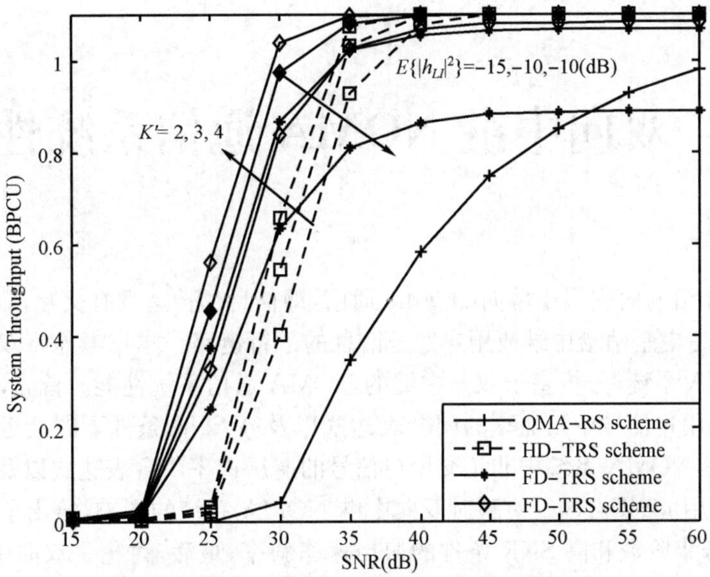


图 5-11　TRS 机制在延时受限发送模式下的系统吞吐量

# 5.6　本章小结

本章介绍了全双工/半双工模式下基于 NOMA 的单阶段/双阶段中继选择机制，利用随机几何对中继节点的空间位置进行建模。首先，推导了基于全双工协作 NOMA 的 SRS/TRS 两种机制的中断概率近似解以及高 SNR 条件下的渐近中断概率。受环路干扰信号的影响，基于全双工协作 NOMA 的 SRS/TRS 机制提供的分集阶数为零。仿真结果表明在全双工模式下 SRS/TRS 机制的中断概率存在错误平层。其次，推导了半双工模式下基于 NOMA 的 SRS/TRS 机制中断概率近似解以及高 SNR 下的渐近中断概率。由理论分析可知，基于半双工协作 NOMA 的 SRS/TRS 机制提供的分集阶数等于网络中中继节点数量，解决了全双工机制所固有的零分集阶数问题。仿真结果表明基于全双工/半双工协作 NOMA 的 SRS/TRS 机制的中断性能优于 RRS 机制和基于 OMA 的中继选择机制。最后，讨论了基于全双工/半双工协作 NOMA 的 SRS/TRS 机制在延时受限发送模式下的系统吞吐量。需要注意的是本章假设使用的 pSIC 检测会给中继选择机制带来过高的性能评估，因此后续的研究重点是评估使用 ipSIC 检测时对基于 NOMA 的中继选择机制下中断性能的影响；另外一个研究重点是优化非正交用户之间的功率分配因子，这将会进一步增强 NOMA 中继选择机制的系统性能。

# 第 6 章　双向中继 NOMA 通信系统性能分析

前述章节介绍的内容属于单向 NOMA 通信，即信息的传递没有交互，只是在一个方向上进行，比如只考虑基站给中继或用户发送信息的下行链路。本章考虑将双向中继通信技术应用到 NOMA 系统，分析基于双向中继的 NOMA 通信系统性能。首先，推导了双向中继 NOMA 系统用户信号中断概率的闭合表达式以及高 SNR 条件下的渐近表达式；其次，推导了双向中继 NOMA 系统中非正交用户信号的遍历速率闭合表达式以及遍历和速率表达式；分析了使用 ipSIC/pSIC 检测对双向中继 NOMA 系统的影响，给出了非正交用户信号所能获得的分集阶数和高 SNR 条件的遍历速率斜率；最后，讨论了双向中继 NOMA 系统在延时受限和延时容忍两种发送模式下的系统吞吐量和能量效率。

## 6.1　概　述

单向中继技术无法充分利用系统的时隙资源，容易造成系统频谱效率的损失。然而双向中继通信是一种有效对抗衰落的技术，具有较高的系统频谱利用率，可以提升系统容量、增大数据传输速率、增强系统的服务质量和可靠性，因此受到了业界的广泛关注。其基本思想是通过一个中继的协助转发，比如 AF 或 DF 中继使得两端节点共享同一资源来完成信息交互。目前已存在多种不同形式的双向中继通信方案，Jang 等人研究了基于 AF 的双向中继通信性能并考虑了用户选择的问题。借助于物理层网格编码机制（Physical Layer Network Coding，PNC），Louie 等人评估了已知理想信道状态信息条件下基于 AF 的双向中继通信性能，研究表明两时隙 PNC 机制相对于四时隙 PNC 机制实现更高的系统和速率。在非理想信道状态信息条件下，Hyadi 等人提出一种基于全双工的 DF 双向中继通信机制，分析了系统的中断概率等性能指标。在考虑环路自干扰的影响下，Li 等人研究了全双工双向中继通信系统的中断概率和遍历速率，分析了不同多用户调度机制下的中断概率性能。Song 等人讨论了多天线双向中继通信网络性能，提出一种天线选择机制来最大化用户的接收 SNR，研究表明该机制可以提供全分集增益。Zhang 等人推导给出了全双工模式下单向中继和双向中继系统的中断概率和遍历速率，研究表明在高 SNR 条件下全双工双向中继系统相对于单向中继系统提供更大的数据速率。

上述文献为后续双向中继技术在 NOMA 系统中的研究奠定了基础。Ho 等人研究了基于 NOMA 的双向中继通信系统，基站通过双向 AF 中继与远端用户进行信息交互，分析了远近用户的可达速率，数值仿真表明该系统相对于传统 OMA 实现了更高的遍历和速率。在全双工模式下，Wang 等人使用双向 DF 中继来实现 NOMA 系统非正交用户之间的通信，推导了用户中断概率和遍历速率闭合表达式，分析表明全双工双向中继 NOMA 系统相对于半双工 NOMA 具有较好的性能增益。借助于速率分割和连续分组译码策略，Zheng

等人研究了基于 NOMA 的双向中继通信网络性能，仿真表明双向中继 NOMA 通信网络较 OMA 实现了更好的中断性能和遍历速率。进一步作者讨论了双向中继 NOMA 系统的物理层安全通信问题，中继在转发信息的同时发射干扰信号给窃听者来降低窃听信道的性能。Shukla 等人推导了双向中继 NOMA 系统用户的安全中断概率闭合表达式，求解出用户的安全分集阶数。基于上述研究，本章介绍基于 NOMA 的双向中继通信，两组配对用户在一个 DF 中继的协助下完成彼此之间的信息交互，评估该系统下用户信号的中断概率、遍历速率以及能量效率等理论性能。需要指出的是前述章节主要讲解的是 pSIC 条件下的 NOMA 系统分析，然而在实际通信场景中，使用 SIC 进行多用户检测时通常存在一些问题，比如差错传播、量化误差以及检查复杂度较大等，这些不利因素将导致用户使用 SIC 检测时发生错误，因此考虑 ipSIC 机制对双向中继 NOMA 系统的影响具有实际意义。

本章剩余部分具体安排如下：6.2 节给出了双向中继 NOMA 系统模型以及接收信号的 SINR 表达式；6.3 节分别从中断概率、遍历速率和能量效率等角度对双向中继 NOMA 系统进行了性能评估；6.4 节对理论结果进行了数值仿真和分析；6.5 节对本章进行了小结和回顾。

# 6.2 系统模型

本节首先对双向中继 NOMA 系统模型进行描述和介绍，然后给出该系统模型下检测接收信号时的 SINR 表达式。

## 6.2.1 系统描述

考虑一个双向中继 NOMA 通信场景，如图 6-1 所示，主要包括一个中继 $R$ 和两组配对用户 $G_1=\{D_1,D_2\}$ 和 $G_2=\{D_3,D_4\}$。假设 $G_1$ 和 $G_2$ 的几何维度使得远端用户和近端用户到 $R$ 距离存在一定的差异性。为了简化系统复杂度，许多文献已经提出将两个用户配对后执行 NOMA 准则。随着配对用户的增多，比如有 $N$ 个配对用户，双向中继 NOMA 系统的性能不会受到影响，因为每个配对用户组均通过叠加编码的方式发送信息，接收端使用 SIC 进行检测并且配对用户组之间存在正交性。假设在 $G_1$ 和 $G_2$ 两组中的 $D_1$ 和 $D_3$ 是近端用户，$D_2$ 和 $D_4$ 是远端用户。这里近端用户和远端用户是根据 $R$ 到用户的距离区分的，即 $D_1$ 和 $D_3$ 距离 $R$ 较近；$D_2$ 和 $D_4$ 距离 $R$ 较远。$G_1$ 和 $G_2$ 两组用户在一个 DF 中继的协助下交换信息，其中，中继 $R$ 配有两根天线，分别用 $A_1$ 和 $A_2$ 来表示，而用户节点均配备单根天线。在实际通信过程中，使用 DF 协议译码转发信息的复杂度较高而难以实现。为了简化分析本章假设使用理想 DF 协议能正确译码用户的信息。考虑非理想条件下译码转发将使系统模型更加接近于实际场景，但这超出了本章讨论的范畴。进一步假设系统受到阴影衰落和多径衰落的影响，配对用户组 $G_1$ 和 $G_2$ 之间不存在直连通信链路，例如，用户组之间有山峰遮挡，相应的中继节点可以部署在山峰上，通过中继协作完成信息的交互。为了评估差错传播等因素对系统性能的影响，在 $D_1$、$D_2$ 和 $R$ 处使用 ipSIC 进行信号检测。不失一般性，将所有的无线通信链路建模为独立准静态块瑞利衰落同时受到平均功率为 $N_0$ 的 AWGN 噪声影响，其中，$h_1$，$h_2$，$h_3$ 和 $h_4$ 分别表示 $R$ 到 $D_1(R\leftrightarrow D_1)$、$R$ 到 $D_2(R\leftrightarrow D_2)$、$R$ 到 $D_3(R\leftrightarrow D_3)$ 以及 $R$ 到 $D_4(R\leftrightarrow D_4)$ 的复信道系数。对应的信道增益 $|h_1|^2$、$|h_2|^2$、$|h_3|^2$ 和 $|h_4|^2$ 是

分别服从参数为 $\Omega_1$、$\Omega_2$、$\Omega_3$ 和 $\Omega_4$ 的指数随机变量。假设用户节点到 $R$ 的信道和 $R$ 到用户节点的信道是互异的，即用户节点到 $R$ 的信道和 $R$ 到用户节点的信道具有相同的衰落特征。注意 $R$ 在检测信号时已知非正交用户的信道状态信息。

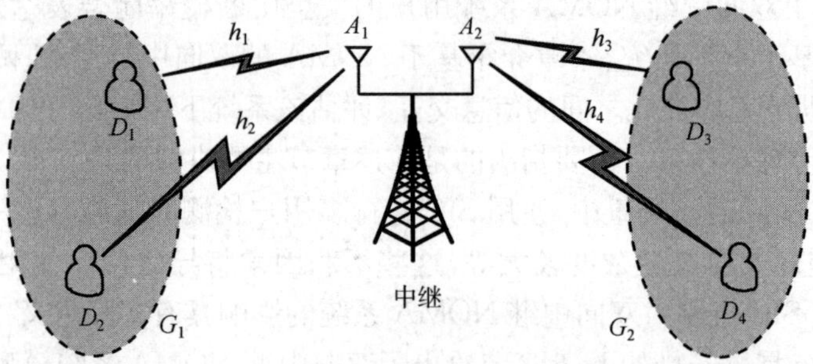


图 6-1 双向中继 NOMA 系统模型图

## 6.2.2 信号模型

整个通信过程在两个时隙内完成：在第一个时隙，$G_1$ 中的两个用户 $D_1$ 和 $D_2$ 分别向中继节点 $R$ 发送信号；同时 $G_2$ 中的两个用户 $D_3$ 和 $D_4$ 也分别向 $R$ 发送信号，该过程类似于上行 NOMA 的通信过程。由于 $R$ 配有两根天线，因此当 $R$ 在接收 $G_1$ 中 $D_1$ 和 $D_2$ 发来的信号时会受到来自 $G_2$ 中 $D_3$ 和 $D_4$ 发送信号的干扰。更确切地说，对于天线 $A_1$，在 $R$ 处的接收信号可以表示为

$$y_{R_{A_1}}=h_1\sqrt{a_1P_u}x_1+h_2\sqrt{a_2P_u}x_2+\varpi_1 I_{R_{A_2}}+n_{R_{A_1}} \tag{6-1}$$

式中，$I_{R_{A_2}}=h_3\sqrt{a_3P_u}x_3+h_4\sqrt{a_4P_u}x_4$ 表示来自天线 $A_2$ 的干扰，$\varpi_1\in[0,1]$表示在 $R$ 处的干扰等级，$P_u$ 表示在用户节点处的发送功率。$x_1$、$x_2$、$x_3$ 和 $x_4$ 分别表示 $D_1$、$D_2$、$D_3$ 和 $D_4$ 的归一化能量信号，即 $E\{x_1^2\}=E\{x_2^2\}=E\{x_3^2\}=E\{x_4^2\}=1$。$a_1$，$a_2$，$a_3$ 和 $a_4$ 分别表示分配给相应信号的功率分配因子。需要注意的是有效的上行功率控制机制能进一步增强 NOMA 系统性能，但超出了本章研究范围。$n_{R_{A_1}}$ 表示在 $R$ 处天线 $A_1$ 上的 AWGN 噪声。

当 $R$ 在接收 $G_2$ 中 $D_3$ 和 $D_4$ 发来信号的同时也受到来自 $D_1$ 和 $D_2$ 发送信号的干扰。更确切地说对于天线 $A_2$，在 $R$ 处的接收信号可以表示为

$$y_{R_{A_2}}=h_3\sqrt{a_3P_u}x_3+h_4\sqrt{a_4P_u}x_4+\varpi_1 I_{R_{A_1}}+n_{R_{A_2}} \tag{6-2}$$

式中，$I_{R_{A_1}}=h_1\sqrt{a_1P_u}x_1+h_2\sqrt{a_2P_u}x_2$ 表示来自天线 $A_1$ 的干扰。$n_{R_{A_2}}$ 表示在 $R$ 处天线 $A_2$ 上的 AWGN 噪声。

基于 NOMA 准则，$R$ 在解码用户 $D_l$ 的信号 $x_l$ 时把信号 $x_t$ 当作干扰信号。因此在 $R$ 处解码信号 $x_l$ 的 SINR 可以表示为

$$\gamma_{R\to x_l}=\frac{\rho|h_l|^2a_l}{\rho|h_t|^2a_t+\rho\varpi_1(|h_k|^2a_k+|h_r|^2a_r)+1} \tag{6-3}$$

式中，$\rho=P_u/N_0$ 表示发送端 SNR。$(l,k)\in\{(1,3),(3,1)\}$，$(t,r)\in\{(2,4),(4,2)\}$。

使用 SIC 检测将信号 $x_l$ 删除后，在 $R$ 处解码信号 $x_t$ 的 SINR 可以表示为

$$\gamma_{R\to x_t}=\frac{\rho|h_t|^2a_t}{\varepsilon\rho|g|^2+\rho\varpi_1(|h_k|^2a_k+|h_r|^2a_r)+1} \tag{6-4}$$

式中，$\varpi$ 表示在 $R$ 处使用 pSIC 或 ipSIC 检测。具体来说当 $\varpi=0$ 时表示在 $R$ 处使用 pSIC 检测；当 $\varpi=1$ 时表示在 $R$ 处使用 ipSIC 检测。由于使用 ipSIC 检测时存在残留干扰信号，不失一般性，将该信道建模为瑞利衰落信道，对应的信道系数用 $g$ 来表示；假设 $g$ 服从均值为 0、方差为 $\Omega_I$ 的复高斯分布。

在第二个时隙，用户组 $G_1$ 和 $G_2$ 在中继 $R$ 的协作下完成信息交换。类似于下行 NOMA 通信过程，$R$ 利用天线 $A_2$ 和 $A_1$ 分别向 $G_2$ 和 $G_1$ 发送叠加信号（$\sqrt{b_1P_r}x_1+\sqrt{b_2P_r}x_2$）和（$\sqrt{b_3P_r}x_3+\sqrt{b_4P_r}x_4$），其中，$b_1$ 和 $b_2$ 分别表示用户 $D_1$ 和 $D_2$ 的功率分配因子；$b_3$ 和 $b_4$ 分别表示用户 $D_3$ 和 $D_4$ 的功率分配因子。$P_r$ 表示在 $R$ 处的发送功率并满足条件 $P_u=P_r$。为了保证 $G_1$ 和 $G_2$ 中用户的公平性，给信道条件较差的用户（$D_2$ 和 $D_4$）分配较大的功率；而给具有较好信道条件的用户（$D_1$ 和 $D_3$）分配较小的功率，即满足条件 $b_2>b_1$ 和 $b_4>b_3$ 并且 $b_1+b_2=1$ 和 $b_3+b_4=1$。这里给 $G_1$ 和 $G_2$ 组中的非正交用户分配的是固定功率因子，使用最优功率分配因子将会进一步增强系统的性能。

类似于第一个时隙在 $R$ 处使用 SIC 检测的过程，在 $D_k$ 处使用 SIC 检测信号 $x_t$ 的 SINR 可以表示为

$$\gamma_{D_k\to x_t}=\frac{\rho\,|h_k|^2b_t}{\rho\,|h_k|^2b_l+\rho\varpi_2\,|h_k|^2+1} \tag{6-5}$$

式中，$\varpi_2\in[0,1]$表示在用户节点处的干扰信号等级。$D_k$ 使用 SIC 检测先删除信号 $x_t$ 后再检测信号 $x_l$，在 $D_k$ 处接收 SINR 可以表示为

$$\gamma_{D_k\to x_l}=\frac{\rho\,|h_k|^2b_l}{\varpi\rho\,|g|^2+\rho\varpi_2\,|h_k|^2+1} \tag{6-6}$$

最后在 $D_r$ 处检测信号 $x_t$ 的 SINR 可以表示为

$$\gamma_{D_r\to x_t}=\frac{\rho\,|h_r|^2b_t}{\rho\,|h_r|^2b_l+\rho\varpi_2\,|h_r|^2+1} \tag{6-7}$$

从上述分析过程可知，$G_1$ 和 $G_2$ 两组非正交用户在 $R$ 的协助下完成了信息交换。具体来说，$D_1$ 的信号 $x_1$ 与 $D_3$ 的信号 $x_3$ 进行了交换；$D_2$ 的信号 $x_2$ 与 $D_4$ 的信号 $x_4$ 进行了交换。

# 6.3 系统性能评估

本节从中断概率、遍历速率和能量效率等指标对双向中继 NOMA 通信系统的性能进行评估。由于信道的互异性，这里仅给出信号 $x_l$ 和 $x_t$ 的性能。

## 6.3.1 中断概率

（1）信号 $x_l$ 的中断概率：在双向中继 NOMA 系统中信号 $x_l$ 的中断事件可以解释如下：①中继 $R$ 无法检测出信号 $x_l$ 时发送中断；②$D_k$ 无法检测出信号 $x_l$ 时发生中断；③$D_k$ 能成功检测信号 $x_t$，但不能检测信号 $x_l$ 时发生中断。为了简化分析，使用 $x_l$ 的补事件来表示。因此对于双向中继 NOMA 系统，在使用 ipSIC 检测情况下信号 $x_l$ 的中断概率可以表示为

$$P_{x_l}^{ipSIC}=1-\Pr(\gamma_{R\to x_l}>\gamma_{th_l})\Pr(\gamma_{R\to x_t}>\gamma_{th_t},\gamma_{D_k\to x_l}>\gamma_{th_l}) \tag{6-8}$$

式中，$\gamma_{th_l}=2^{2R_{th_l}}-1$ 和 $\gamma_{th_t}=2^{2R_{th_t}}-1$ 分别表示在 $D_k$ 处解码信号 $x_l$ 和 $x_t$ 的目标 SNR；$R_{th_l}$ 和 $R_{th_t}$ 分别表示相应的目标数据速率。信号 $x_l$ 的中断概率准确表达式可由定理 6.1 给出。

**定理 6.1**：在双向中继 NOMA 系统使用 ipSIC 检测的情况下，信号 $x_l$ 的中断概率闭式解表示为

$$P_{x_l}^{ipSIC}=1-e^{-\frac{\beta_l}{\Omega_l}}\prod_{i=1}^{3}\lambda_i\left(\frac{\Phi_1\Omega_l}{\Omega_l\lambda_1+\beta_l}-\frac{\Phi_2\Omega_l}{\Omega_l\lambda_2+\beta_l}+\frac{\Phi_3\Omega_l}{\Omega_l\lambda_3+\beta_l}\right)\times\left(e^{-\frac{\theta_l}{\Omega_k}}-\frac{\bar{\varpi}\rho\tau_l\Omega_I}{\Omega_k+\bar{\varpi}\rho\tau_l\Omega_I}e^{-\frac{\theta_l(\Omega_k+\bar{\varpi}\rho\tau_l\Omega_I)}{\bar{\varpi}\rho\tau_l\Omega_I\Omega_k}+\frac{1}{\bar{\varpi}\rho\Omega_I}}\right)\tag{6-9}$$

式中，$\bar{\varpi}=1$，$\lambda_1=\dfrac{1}{\rho a_t\Omega_t}$，$\lambda_2=\dfrac{1}{\rho\varpi_1 a_k\Omega_k}$，$\lambda_3=\dfrac{1}{\rho\varpi_1 a_r\Omega_r}$，$\beta_l=\dfrac{\gamma_{th_l}}{\rho a_l}$；$\Phi_1=\dfrac{1}{(\lambda_2-\lambda_1)(\lambda_3-\lambda_1)}$，$\Phi_2=\dfrac{1}{(\lambda_3-\lambda_2)(\lambda_2-\lambda_1)}$，$\Phi_3=\dfrac{1}{(\lambda_3-\lambda_1)(\lambda_3-\lambda_2)}$；$\theta_l\overset{\Delta}{=}\max(\tau_l,\xi_t)$，$\tau_l=\dfrac{\gamma_{th_l}}{\rho(b_l-\varpi_2\gamma_{th_l})}$且满足关系式 $b_l>\varpi_2\gamma_{th_l}$，$\xi_t=\dfrac{\gamma_{th_t}}{\rho(b_t-b_l\gamma_{th_t}-\varpi_2\gamma_{th_t})}$且满足关系式 $b_t>b_l\gamma_{th_t}+\varpi_2\gamma_{th_t}$。

**证明**：将式(6-3)、式(6-5)和式(6-6)带入式(6-8)，信号 $x_l$ 的中断概率可以重新写为

$$P_{x_l}^{ipSIC}=1-\underbrace{\Pr\left(\frac{\rho a_l|h_l|^2}{\rho a_t|h_t|^2+\rho\varpi_1(a_k|h_k|^2+a_r|h_r|^2)+1}>\gamma_{th_l}\right)}_{J_{11}}\times\underbrace{\Pr\left(\frac{\rho b_t|h_k|^2}{\rho|h_k|^2b_l+\rho\varpi_2|h_k|^2+1}>\gamma_{th_t},\frac{\rho b_l|h_k|^2}{\bar{\varpi}\rho|g|^2+\rho\varpi_2|h_k|^2+1}>\gamma_{th_l}\right)}_{J_{12}}\tag{6-10}$$

式中，$\bar{\varpi}=1$。

为了计算式(6-10)中的 $J_{11}$，令 $Z=\rho a_t|h_t|^2+\rho\varpi_1a_k|h_k|^2+\rho\varpi_1a_r|h_r|^2$，接下来重点求解随机变量 $Z$ 的 PDF，然后再给出 $J_{11}$ 的推导过程。根据 6.2 节的假设条件可知，$|h_i|^2$ 是服从参数 $\Omega_i$ 的指数分布，其中，$i\in(1,2,3,4)$。进一步，令 $Z_1=\rho a_t|h_t|^2$，$Z_2=\rho\varpi_1a_k|h_k|^2$ 和 $Z_3=\rho\varpi_1a_r|h_r|^2$，由此可知随机变量 $Z_1$、$Z_2$ 和 $Z_3$ 是相互独立且分别服从参数 $\lambda_1=\dfrac{1}{\rho a_t\Omega_t}$，$\lambda_2=\dfrac{1}{\rho\varpi_1a_k\Omega_k}$ 和 $\lambda_3=\dfrac{1}{\rho\varpi_1a_r\Omega_r}$ 的指数分布。借助于文献[158]中的结论，对于相互独立不同分布的衰落场景，随机变量 $Z$ 的 PDF 可以表示为

$$f_Z(z)=\prod_{i=1}^{3}\lambda_i\left(\Phi_1e^{-\lambda_1z}-\Phi_2e^{-\lambda_2z}+\Phi_3e^{-\lambda_3z}\right)\tag{6-11}$$

式中，$\Phi_1=\dfrac{1}{(\lambda_2-\lambda_1)(\lambda_3-\lambda_1)}$，$\Phi_2=\dfrac{1}{(\lambda_3-\lambda_2)(\lambda_2-\lambda_1)}$，$\Phi_3=\dfrac{1}{(\lambda_3-\lambda_1)(\lambda_3-\lambda_2)}$。

基于上述分析，$J_{11}$ 的计算如下：

$$J_{11}=\Pr(|h_l|^2>(Z+1)\beta_l)=\int_0^\infty f_Z(z)e^{-\frac{(z+1)\beta_l}{\Omega_l}}\mathrm{d}z\tag{6-12}$$

式中，$\beta_l=\dfrac{\gamma_{th_l}}{\rho a_l}$。将式(6-11)带入式(6-12)并进行一些简单的算术变换后，$J_{11}$ 可进一步表示为

$$\dot{J}_{11}=e^{-\frac{\beta_l}{\Omega_l}}\prod_{i=1}^{3}\lambda_i\left(\frac{\Phi_1\Omega_l}{\Omega_l\lambda_1+\beta_l}-\frac{\Phi_2\Omega_l}{\Omega_l\lambda_2+\beta_l}+\frac{\Phi_3\Omega_l}{\Omega_l\lambda_3+\beta_l}\right) \tag{6-13}$$

类似 $\dot{J}_{11}$ 的求解过程，$\dot{J}_{12}$ 计算过程如下：

$$\begin{aligned}\dot{J}_{12}&=\Pr\left(|h_k|^2>\xi_t,|g|^2>\frac{|h_k|^2-\tau_l}{\varepsilon\rho\tau_l},|h_k|^2>\tau_l\right)\\&=\Pr\left(|h_k|^2>\max(\tau_l,\xi_t)\stackrel{\Delta}{=}\theta_l,|g|^2<\frac{|h_k|^2-\tau_l}{\varepsilon\rho\tau_l}\right)\\&=\int_{\theta_l}^{\infty}\frac{1}{\Omega_k}\left(e^{-\frac{y}{\Omega_k}}-e^{-\frac{y-\tau_l}{\varepsilon\tau_l\rho\Omega_k}-\frac{y}{\Omega_k}}\right)\mathrm{d}y\\&=e^{-\frac{\theta_l}{\Omega_k}}-\frac{\varepsilon\tau_l\rho\Omega_I}{\Omega_k+\varepsilon\rho\tau_l\Omega_I}e^{-\frac{\theta_l(\Omega_k+\varepsilon\rho\tau_l\Omega_I)}{\varepsilon\rho\tau_l\Omega_k\Omega_I}+\frac{1}{\varepsilon\rho\Omega_I}}\end{aligned} \tag{6-14}$$

式中，$\xi_t=\dfrac{\gamma_{th_t}}{\rho(b_t-b_l\gamma_{th_t}-\varpi_2\gamma_{th_t})}$ 且 $b_t>(b_l+\varpi_2)\gamma_{th_t}$，$\tau_l=\dfrac{\gamma_{th_l}}{\rho(b_l-\varpi_2\gamma_{th_l})}$ 且 $b_l>\varpi_2\gamma_{th_l}$。

最后，将式(6-13)和式(6-14)带入式(6-10)，可得到式(6-9)。证明完毕。

**推论 6.1**：将 $\varpi=0$ 带入式(6-9)，得出使用 pSIC 检测时信号 $x_l$ 的中断概率闭式解可以表示为

$$P_{x_l}^{pSIC}=1-e^{-\frac{\beta_l}{\Omega_l}-\frac{\theta_l}{\Omega_k}}\prod_{i=1}^{3}\lambda_i\left(\frac{\Phi_1\Omega_l}{\Omega_l\lambda_1+\beta_l}-\frac{\Phi_2\Omega_l}{\Omega_l\lambda_2+\beta_l}+\frac{\Phi_3\Omega_l}{\Omega_l\lambda_3+\beta_l}\right) \tag{6-15}$$

(2) 信号 $x_t$ 的中断概率：基于 NOMA 准则，在双向中继 NOMA 系统中信号 $x_t$ 的中断概率的补事件可以解释为：①中继 $R$ 能成功解码信号 $x_l$ 和信号 $x_t$；②$D_k$ 和 $D_l$ 都能成功检测信号 $x_t$。基于上述分析，在使用 ipSIC 检测的情况下信号 $x_t$ 的中断概率可以表示为

$$P_{x_t}^{ipSIC}=1-\Pr(\gamma_{D_k\to x_t}>\gamma_{th_t})\Pr(\gamma_{D_r\to x_t}>\gamma_{th_t})\Pr(\gamma_{R\to x_t}>\gamma_{th_l},\gamma_{R\to x_l}>\gamma_{th_l}) \tag{6-16}$$

信号 $x_t$ 的中断概率准确表达式可由定理 6.2 给出。

**定理 6.2**：在双向中继 NOMA 系统使用 ipSIC 检测的情况下，信号 $x_t$ 的中断概率闭式解可以表示为

$$P_{x_t}^{ipSIC}=1-\frac{e^{-\beta_t\varphi_t-\frac{\beta_l}{\Omega_l}-\frac{\xi}{\Omega_k}-\frac{\xi}{\Omega_r}}}{\varphi_t\Omega_t(1+\varepsilon\rho\varphi_t\beta_t\Omega_I)(\lambda_2'-\lambda_1')}\prod_{i=1}^{2}\lambda_i'\left(\frac{\Omega_l}{\beta_l+\beta_t\Omega_l\varphi_t+\Omega_l\lambda_1'}-\frac{\Omega_l}{\beta_l+\beta_t\Omega_l\varphi_t+\Omega_l\lambda_2'}\right) \tag{6-17}$$

式中，$\bar{\varpi}=1$，$\lambda_1'=\dfrac{1}{\rho\varpi_1 a_k\Omega_k}$，$\lambda_2'=\dfrac{1}{\rho\varpi_1 a_r\Omega_r}$，$\beta_t=\dfrac{\gamma_{th_t}}{\rho a_t}$，$\varphi_t=\dfrac{\Omega_l+a_t\rho\beta_l\Omega_t}{\Omega_t\Omega_l}$。

**证明**：将式(6-3)、式(6-4)、式(6-5)以及式(6-7)带入式(6-16)，信号 $x_t$ 的中断概率可以重新写为

$$\begin{aligned}P_{x_t}^{ipSIC}=1-&\underbrace{\Pr\left(\frac{\rho|h_k|^2b_t}{\rho|h_k|^2b_l+\rho\varpi_2|h_k|^2+1}>\gamma_{th_t}\right)}_{j_{13}}\underbrace{\Pr\left(\frac{\rho|h_r|^2b_t}{\rho|h_r|^2b_l+\rho\varpi_2|h_r|^2+1}>\gamma_{th_t}\right)}_{j_{14}}\\&\times\underbrace{\Pr\left(\frac{\rho|h_t|^2a_t}{\bar{\varpi}\rho|g|^2b_l+\rho\varpi_1(|h_k|^2a_k+|h_r|^2a_r)+1}>\gamma_{th_t},\frac{\rho|h_l|^2a_l}{\rho|h_t|^2a_t+\rho\varpi_1(|h_k|^2a_k+|h_r|^2a_r)+1}>\gamma_{th_l}\right)}_{j_{15}}\end{aligned} \tag{6-18}$$

式中，$\varpi_1=\varpi_2\in[0,1]$，$\bar{\varpi}=1$。

对 $\dot{J}_{13}$ 和 $\dot{J}_{14}$ 分别进行一些简单的算术变换后可得

$$\dot{J}_{13}=\Pr(|h_k|^2>\xi_t)=e^{-\frac{\xi_t}{\Omega_k}} \tag{6-19}$$

$$\dot{J}_{14}=\Pr(|h_r|^2>\xi_t)=e^{-\frac{\xi_t}{\Omega_r}} \tag{6-20}$$

类似于式(6-11)的求解过程，令 $Z'=\rho\varpi_1|h_k|^2a_k+\rho\varpi_1|h_k|^2a_r$，可得随机变量 $Z'$ 的 PDF 如下：

$$f_{Z'}(Z')=\prod_{i=1}^{2}\lambda'_i\left(\frac{e^{-\lambda'_1 z'}}{\lambda'_2-\lambda'_1}-\frac{e^{-\lambda'_2 z'}}{\lambda'_2-\lambda'_1}\right) \tag{6-21}$$

式中，$\lambda'_1=\dfrac{1}{\rho\varpi_1 a_k\Omega_k}$，$\lambda'_2=\dfrac{1}{\rho\varpi_1 a_r\Omega_r}$。

同样可以给出 $\dot{J}_{15}$ 的计算过程如下：

$$\begin{aligned}\dot{J}_{15}&=\Pr[|h_t|^2>\beta_t(\bar{\varpi}\rho|g|^2+Z'+1),|h_l|^2>\beta_l(\rho|g|^2a_t+Z'+1)]\\&=\int_0^\infty f_{Z'}(z')e^{-\frac{\beta_l(z'+1)}{\Omega_l}}\int_0^\infty f_{|g|^2}(y)\frac{1}{\varphi_t\Omega_t}e^{-\beta_t(\bar{\varpi}\rho y+z'+1)\varphi_t}\mathrm{d}y\mathrm{d}z'\\&=\frac{1}{\varphi_t\Omega_t(1+\bar{\varpi}\rho\beta_t\varphi_t\Omega_I)}e^{-\frac{\beta_l}{\Omega_l}-\beta_t\varphi_t}\int_0^\infty f_{Z'}(z')e^{-\frac{(\beta_l+\beta_l\Omega_l\varphi_t)z'}{\Omega_l}}\mathrm{d}z'\end{aligned} \tag{6-22}$$

式中，$\beta_t=\dfrac{\gamma_{th_t}}{\rho a_t}$，$\varphi_t=\dfrac{\Omega_l+\rho a_t\beta_l\Omega_t}{\Omega_t\Omega_l}$。

将式(6-21)带入式(6-22)进行一些简单的算术变换后，$\dot{J}_{15}$ 可以表示为

$$\dot{J}_{15}=\frac{e^{-\beta_t\varphi_t-\frac{\beta_l}{\Omega_l}}}{\varphi_t\Omega(1+\bar{\varpi}\rho\beta_t\varphi_t\Omega_I)(\lambda'_2-\lambda'_1)}\prod_{i=1}^{2}\lambda'_i\left(\frac{\Omega_l}{\beta_l+\beta_t\Omega_l\varphi_t+\lambda'_1\Omega_l}-\frac{\Omega_l}{\beta_l+\beta_t\Omega_l\varphi_t+\lambda'_2\Omega_l}\right) \tag{6-23}$$

最后，将式(6-19)、式(6-20)和式(6-23)带入式(6-18)，可得到式(6-17)。证明完毕。

**推论 5.2**：将 $\bar{\varpi}=0$ 带入式(6-17)，得出使用 pSIC 检测时信号 $x_t$ 的中断概率闭式解为

$$P_{x_t}^{pSIC}=1-\frac{e^{-\beta_t\varphi_t-\frac{\beta_l}{\Omega_l}-\frac{\xi}{\Omega_k}-\frac{\xi}{\Omega_r}}}{\varphi_t\Omega_t(\lambda'_2-\lambda'_1)}\prod_{i=1}^{2}\lambda'_i\left(\frac{\Omega_l}{\beta_l+\beta_t\Omega_l\varphi_t+\Omega_l\lambda'_1}-\frac{\Omega_l}{\beta_l+\beta_t\Omega_l\varphi_t+\Omega_l\lambda'_2}\right) \tag{6-24}$$

(3) 分集阶数：根据上述推导的中断概率理论结果，首先给出高 SNR 条件下中断概率的近似解；然后给出在双向中继 NOMA 系统中信号所能获得的分集阶数，其定义如下：

$$d=-\lim_{\rho\to\infty}\frac{\log[P_{x_i}^{\infty}(\rho)]}{\log(\rho)} \tag{6-25}$$

式中，$P_{x_i}^{\infty}$ 表示高 SNR 条件下信号 $x_i$ 的渐近中断概率。

**命题 6.1**：当 $\rho\to\infty$ 时，利用 $e^{-x}\approx1-x(x\to0)$ 对式(6-9)和式(6-15)进行近似，分别得出在使用 ipSIC/pSIC 检测的情况下 $x_l$ 的渐近中断概率闭式解如下：

$$\begin{aligned}P_{x_l,\infty}^{ipSIC}=1-\prod_{i=1}^{3}\lambda_i&\left(\frac{\Phi_1\Omega_l}{\Omega_l\lambda_1+\beta_l}-\frac{\Phi_2\Omega_l}{\Omega_l\lambda_2+\beta_l}+\frac{\Phi_3\Omega_l}{\Omega_l\lambda_3+\beta_l}\right)\\&\times\left[1-\frac{\theta_l}{\Omega_k}-\frac{\bar{\varpi}\rho\tau_l\Omega_I}{\Omega_k+\bar{\varpi}\rho\tau_l\Omega_I}\left(1-\frac{\theta_l(\Omega_k+\bar{\varpi}\rho\tau_l\Omega_I)}{\bar{\varpi}\rho\tau_l\Omega_I\Omega_k}\right)\right]\end{aligned} \tag{6-26}$$

$$P_{x_l,\infty}^{pSIC}=1-\prod_{i=1}^{3}\lambda_i\left(\frac{\Phi_1\Omega_l}{\Omega_l\lambda_1+\beta_l}-\frac{\Phi_2\Omega_l}{\Omega_l\lambda_2+\beta_l}+\frac{\Phi_3\Omega_l}{\Omega_l\lambda_3+\beta_l}\right) \tag{6-27}$$

将式(6-26)和式(6-27)带入式(6-25)，可以得出信号 $x_l$ 使用 ipSIC/pSIC 检测时的分集阶数均为零。

**结论 6.1**：从上述分析可知，受残留干扰信号的影响，$x_l$ 在使用 ipSIC 检测时获得的分集阶数为零。需要注意的是对于双向中继 NOMA 系统来说，第一个时隙的通信过程类似于上行 NOMA 通信，中继节点 $R$ 在进行解码时会受到来自其他天线信号的干扰。因此即便使用 pSIC 检测，$x_l$ 获得的分集阶数同样为零。

**命题 6.2**：类似于式(6-26)和式(6-27)的求解过程，在使用 ipSIC/pSIC 检测条件下，$x_t$ 的渐近中断概率闭式解分别表示为

$$P_{x_t,\infty}^{ipSIC}=1-\frac{\lambda_1'\lambda_2'}{\varphi_t\Omega_t(1+\varpi\rho\varphi_t\beta_t\Omega_I)(\lambda_2'-\lambda_1')}\left(\frac{\Omega_l}{\beta_l+\beta_t\Omega_l\varphi_t+\Omega_l\lambda_1'}-\frac{\Omega_l}{\beta_l+\beta_t\Omega_l\varphi_t+\Omega_l\lambda_2'}\right) \tag{6-28}$$

$$P_{x_t,\infty}^{pSIC}=1-\frac{\lambda_1'\lambda_2'}{\varphi_t\Omega_t(\lambda_2'-\lambda_1')}\left(\frac{\Omega_l}{\beta_l+\beta_t\Omega_l\varphi_t+\Omega_l\lambda_1'}-\frac{\Omega_l}{\beta_l+\beta_t\Omega_l\varphi_t+\Omega_l\lambda_2'}\right) \tag{6-29}$$

将式(6-28)和式(6-29)带入式(6-25)，可得 $x_t$ 使用 ipSIC/pSIC 检测时的分集阶数为零。

**结论 6.2**：由上述分析可知，$x_t$ 使用 ipSIC/pSIC 检测时获得的分集阶数为 0，这是因为双向中继 NOMA 系统在整个通信过程中中继和用户节点解码信号 $x_t$ 时均受到干扰信号的影响。

(4) 系统吞吐量：由前述章节介绍可知，在延时受限发送模式下用户节点以固定的数据速率发送信息时，系统吞吐量受到无线衰落信道的影响。因此，在使用 ipSIC/pSIC 检测的情况下，双向中继 NOMA 系统吞吐量可以表示为

$$R_{dl}^{\dot{\Psi}}=(1-P_{x_1}^{\dot{\Psi}})R_{x_1}+(1-P_{x_2}^{\dot{\Psi}})R_{x_2}+(1-P_{x_3}^{\dot{\Psi}})R_{x_3}+(1-P_{x_4}^{\dot{\Psi}})R_{x_4} \tag{6-30}$$

式中，$\dot{\Psi}\in(\text{ipSIC},\text{pSIC})$。使用 ipSIC/pSIC 检测的情况下，$P_{x_1}^{ipSIC}$ 和 $P_{x_2}^{pSIC}$ 分别从式(6-9)和式(6-15)中获得；$P_{x_2}^{ipSIC}$ 和 $P_{x_4}^{pSIC}$ 分别从式(6-17)和式(6-24)中获得。

## 6.3.2 遍历速率

本小节考虑信道衰落对信号目标数据速率的影响，研究双向中继 NOMA 系统中信号 $x_l$ 和 $x_t$ 的遍历速率。

(1) 信号 $x_l$ 的遍历速率：在整个通信过程中，由于中继 $R$ 和用户 $D_k$ 都能成功解码信号 $x_l$，借助于式(6-3)和式(6-6)，双向中继 NOMA 系统中信号 $x_l$ 的可达速率可以写为 $R_{x_l}=\frac{1}{2}\log[1+\min(\gamma_{R\to x_l},\gamma_{D_k\to x_l})]$。为了计算 $x_l$ 的遍历速率，进行简单的变量替换令 $X=\min(\gamma_{R\to x_l},\gamma_{D_k\to x_l})$，后续重点求解随机变量 $X$ 的 CDF $F_X(x)$，其中，$F_X(x)$ 可由引理 6.1 给出。

**引理 6.1**：经过数学计算后，随机变量 $X$ 的 CDF $F_X$ 可以表示为

$$\begin{aligned}F_X(x)=&\int_0^\infty\int_0^\infty\frac{f_W(w)f_Z(z)}{\varphi\Omega_k}\left(1-e^{-\frac{x(w+1)\varphi}{\rho b_l}}\right)\mathrm{d}z\mathrm{d}w\\&+\int_0^\infty\int_0^\infty\frac{f_W(w)f_Z(z)}{\vartheta\Omega_l}\left(1-e^{-\frac{x(z+1)\vartheta}{\rho a_l}}\right)\mathrm{d}z\mathrm{d}w\end{aligned} \tag{6-31}$$

式中，$f_W(w)=\frac{\widetilde{\lambda}_1\widetilde{\lambda}_2}{\widetilde{\lambda}_2-\widetilde{\lambda}_1}(e^{-\widetilde{\lambda}_1 w}-e^{-\widetilde{\lambda}_2 w})$，$f_Z(z)=\prod_{i=1}^{3}\lambda_i(\Phi_1 e^{-\lambda_1 z}-\Phi_2 e^{-\lambda_2 z}+\Phi_3 e^{-\lambda_3 z})$，$\widetilde{\lambda}_1=\frac{1}{\bar{\varpi}\rho}$，$\widetilde{\lambda}_2=\frac{1}{\rho\varpi_2}$，$\varphi=\frac{a_l(w+1)\Omega_l+b_l(z+1)\Omega_k}{a_l(w+1)\Omega_l\Omega_k}$，$\vartheta=\frac{a_l(w+1)\Omega_l+b_l(z+1)\Omega_k}{b_l(z+1)\Omega_k\Omega_l}$。

**证明**：借助于式(6-3)和式(6-6)，随机变量 $X$ 的 CDF $F_X^{(x)}$ 可以重新表示为

$$
\begin{aligned}
F_X(x)&=\Pr\left(\min\left(\frac{\rho|h_l|^2a_l}{Z+1}+\frac{\rho|h_k|^2b_l}{W+1}\right)<x\right)\\
&=\underbrace{\Pr\left(\frac{\rho|h_k|^2b_l}{W+1}<\frac{\rho|h_l|^2a_l}{Z+1},\frac{\rho|h_k|^2b_l}{W+1}<x\right)}_{j_{16}}+\underbrace{\Pr\left(\frac{\rho|h_l|^2a_l}{Z+1}<\frac{\rho|h_k|^2b_l}{W+1},\frac{\rho|h_l|^2a_l}{Z+1}<x\right)}_{j_{17}}
\end{aligned}
\tag{6-32}
$$

式中，$Z=\rho a_t|h_w|^2+\rho\varpi_1 a_k|h_k|^2+\rho\varpi_1 a_r|h_r|^2$，$W=\bar{\varpi}\rho|g|^2+\rho\varpi_2|h_k|^2$。对于独立同分布的随机变量来说，借助于式(6-11)和式(6-21)，变量 $Z$ 和 $W$ 的 PDF 可以分别写为 $f_Z(z)=\prod_{i=1}^{3}\lambda_i(\Phi_1 e^{-\lambda_1 z}+\Phi_2 e^{-\lambda_2 z}+\Phi_3 e^{-\lambda_3 z})$ 和 $f_W(w)=\frac{\widetilde{\lambda}_1\widetilde{\lambda}_2}{\widetilde{\lambda}_2-\widetilde{\lambda}_1}(e^{-\widetilde{\lambda}_1 w}-e^{-\widetilde{\lambda}_2 w})$，其中 $\widetilde{\lambda}_1=\frac{1}{\bar{\varpi}\rho}$，$\widetilde{\lambda}_2=\frac{1}{\rho\varpi_2}$。

进一步式(6-32)中 $j_{16}$ 的计算过程如下：

$$
\begin{aligned}
j_{16}&=\Pr\left(|h_l|^2>\frac{|h_k|^2b_l(Z+1)}{a_l(W+1)},|h_k|^2<\frac{x(W+1)}{\rho b_l}\right)\\
&=\int_0^{\infty}\int_0^{\infty}f_W(w)f_Z(z)\int_0^{\frac{x(w+1)}{\rho b_l}}\frac{e^{-u\varphi}}{\Omega_k}\mathrm{d}u\mathrm{d}z\mathrm{d}t\\
&=\int_0^{\infty}\int_0^{\infty}\frac{f_W(w)f_Z(z)}{\varphi\Omega_k}(1-e^{-\frac{x(w+1)\varphi}{\rho b_l}})\mathrm{d}z\mathrm{d}w
\end{aligned}
\tag{6-33}
$$

式中，$\varphi=\frac{a_l(w+1)\Omega_l+b_l(z+1)\Omega_k}{a_l(w+1)\Omega_l\Omega_k}$。

类似于式(6-33)的求解过程，$j_{17}$ 可以表示为

$$
j_{17}=\int_0^{\infty}\int_0^{\infty}\frac{f_W(w)f_Z(z)}{\vartheta\Omega_l}(1-e^{-\frac{x(z+1)\vartheta}{\rho a_l}})\mathrm{d}z\mathrm{d}w \tag{6-34}
$$

式中，$\vartheta=\frac{a_l(w+1)\Omega_l+b_l(z+1)\Omega_k}{b_l(z+1)\Omega_k\Omega_l}$。

最后将式(6-33)和式(6-34)带入式(6-32)，得到式(6-31)。证明完毕。

利用变量 $X$ 的 CDF $F_X(x)$，信号 $x_l$ 的遍历速率可以表示为

$$
R_{x_l}=\frac{1}{2\ln 2}\int_0^{\infty}\frac{1-F_X(x)}{1+x}\mathrm{d}x \tag{6-35}
$$

式中，$\bar{\varpi}=1$。由于复杂度高无法从式(6-35)中获得遍历速率的闭式解，只能通过数值仿真对其进行性能评估。为了获得闭式解表达式，定理 6.3 给出了在考虑中继节点两根天线之间不存在信号干扰情况下的遍历速率。

**定理 6.3**：对于双向中继 NOMA 系统，将 $\varpi_1=\varpi_2=0$ 带入式(6-35)得出在使用 ipSIC 检测时信号 $x_l$ 的遍历速率闭式解为

$$R_{x_l,erg}^{ipSIC}=\frac{-1}{2\ln2}\left[\dot{A}e^{\Psi}\mathrm{Ei}(-\Psi)+\frac{\dot{B}e^{\frac{\Psi}{\Lambda_1}}}{\Lambda_1}\mathrm{Ei}\left(\frac{-\Psi}{\Lambda_1}\right)+\frac{\dot{C}e^{\frac{\Psi}{\Lambda_2}}}{\Lambda_2}\mathrm{Ei}\left(\frac{-\Psi}{\Lambda_2}\right)\right] \tag{6-36}$$

式中，$\Lambda_1=\frac{\varpi\Omega_I}{b_l\Omega_k}$，$\Lambda_2=\frac{a_l\Omega_t}{a_l\Omega_l}$，$\Psi=\frac{a_l\Omega_l+b_l\Omega_k}{\rho a_l b_l\Omega_k}$，$\dot{A}=\frac{1}{\Lambda_1\Lambda_2-\Lambda_2-\Lambda_1+1}$，$\dot{B}=\frac{\dot{A}(\Lambda_1-\Lambda_1\Lambda_2)-\Lambda_1}{\Lambda_2-\Lambda_1}$，$\dot{C}=1-\dot{A}-\dot{B}$。

**证明**：将 $\varpi_1=\varpi_2=0$ 带入式(6-35)，信号 $x_l$ 在使用 ipSIC 检测时的遍历速率可以表示为

$$\begin{aligned}R_{x_l,erg}^{ipSIC}&=\frac{1}{2}E\left[\log\left(1+\underbrace{\min\left(\frac{\rho|h_k|^2b_l}{\varpi\rho|g|^2+1},\frac{\rho|h_l|^2a_l}{\rho|h_t|^2a_t+1}\right)}_{U}\right)\right]\\&=\frac{1}{2\ln2}\int_0^{\infty}\frac{1-F_U(u)}{1+u}\mathrm{d}u\end{aligned} \tag{6-37}$$

式中，$\varpi=1$。

经过一些简单的算术运算，变量 $U$ 的 CDF 可以表示为

$$F_U(u)=1-\frac{e^{-u\Psi}}{(1+u\Lambda_1)(1+u\Lambda_2)} \tag{6-38}$$

式中，$\Lambda_1=\frac{\varpi\Omega_I}{b_l\Omega_l}$，$\Lambda_2=\frac{a_l\Omega_t}{a_l\Omega_l}$，$\Psi=\frac{a_l\Omega_l+b_l\Omega_l}{\rho a_l b_l\Omega_l\Omega_k}$。

将式(6-38)带入式(6-37)，信号 $x_l$ 使用 ipSIC 检测时的遍历速率可表示为

$$\begin{aligned}R_{x_l,erg}^{ipSIC}&=\frac{1}{2\ln2}\int_0^{\infty}\frac{e^{-u\Psi}}{(1+u)(1+u\Lambda_1)(1+u\Lambda_2)}\mathrm{d}u\\&=\frac{1}{2\ln2}\int_0^{\infty}\left(\frac{\dot{A}e^{-u\Psi}}{1+u}+\frac{\dot{B}e^{-u\Psi}}{1+u\Lambda_1}+\frac{\dot{B}e^{-u\Psi}}{1+u\Lambda_2}\right)\mathrm{d}u\\&=\frac{-1}{2\ln2}\left[\dot{A}e^{\Psi}\mathrm{Ei}(-\Psi)+\frac{\dot{B}e^{\frac{\Psi}{\Lambda_1}}}{\Lambda_1}\mathrm{Ei}\left(\frac{-\Psi}{\Lambda_1}\right)+\frac{\dot{C}e^{\frac{\Psi}{\Lambda_2}}}{\Lambda_2}\mathrm{Ei}\left(\frac{-\Psi}{\Lambda_2}\right)\right]\end{aligned} \tag{6-39}$$

式中，$\dot{A}=\frac{1}{\Lambda_1\Lambda_2-\Lambda_2-\Lambda_1+1}$，$\dot{B}=\frac{\dot{A}(\Lambda_1-\Lambda_1\Lambda_2)-\Lambda_1}{\Lambda_2-\Lambda_1}$，$\dot{C}=1-\dot{A}-\dot{B}$。注意：式(6-39)是借助文献[103]中公式(3.352.4)获得的。证明完毕。

**推论 6.3**：对于双向中继 NOMA 系统，将 $\varpi=0$ 带入式(6-36)可得在使用 pSIC 检测时信号 $x_l$ 的遍历速率闭式解为

$$R_{x_l,erg}^{pSIC}=\frac{-1}{2\ln2}\left[\dot{A}e^{\Psi}\mathrm{Ei}(-\Psi)+\frac{\dot{C}e^{\frac{\Psi}{\Lambda_2}}}{\Lambda_2}\mathrm{Ei}\left(\frac{-\Psi}{\Lambda_2}\right)\right] \tag{6-40}$$

(2) 信号 $x_t$ 的遍历速率：在中继 $R$ 和 $D_l$ 都能成功检测信号 $x_t$ 的条件下，假设 $D_t$ 也能成功检测信号 $x_t$。借助于式(6-4)、式(6-5)和式(6-7)，信号 $x_t$ 的可达速率可以写为 $R_{x_t}=\frac{1}{2}\log(1+\min(\gamma_{R\to x_t},\gamma_{D_k\to x_t},\gamma_{D_r\to x_t}))$。因此信号 $x_t$ 的遍历速率可以表示为

$$R_{x_t}^{erg}=\frac{1}{2\ln2}\int_0^{\infty}\frac{1-F_Y(y)}{1+y}\mathrm{d}y \tag{6-41}$$

式中，$Y=\min(\gamma_{R\to x_t},\gamma_{D_k\to x_t},\gamma_{D_r\to x_t})$，$\varpi_1=\varpi_2=1$，$\varpi=1$。由此可知无法求解出(6-41)式中遍历速率的闭式解。为了得到信号 $x_t$ 的遍历速率闭式解表达式，考虑一种特殊场景，即中继的两根天线之间不存在信号干扰的情况。

将 $\varpi_1=\varpi_2=1$ 带入式(6-41)并进行一些简单的算术运算，信号 $x_t$ 在使用 ipSIC/pSIC 检测时的遍历速率可以分别表示如下：

$$R_{x_t,erg}^{ipSIC}=\frac{1}{2\ln2}\int_0^{\frac{b_t}{b_l}}\frac{e^{-\frac{x}{\rho a_t\Omega_t}-\frac{x}{\rho(b_t-xb_l)\Omega_k}-\frac{x}{\rho(b_t-xb_l)\Omega_r}}}{(1+x)(1+x\Lambda_3)}\mathrm{d}y \tag{6-42}$$

$$R_{x_t,erg}^{pSIC}=\frac{1}{2\ln2}\int_0^{\frac{b_t}{b_l}}\frac{e^{-\frac{x}{\rho a_t\Omega_t}-\frac{x}{\rho(b_t-xb_l)\Omega_k}-\frac{x}{\rho(b_t-xb_l)\Omega_r}}}{1+x}\mathrm{d}y \tag{6-43}$$

式中，$\Lambda_3=\frac{\bar{\varpi}\Omega_I}{a_t\Omega_t}$，$\bar{\varpi}=1$。

从上述公式可以看出，要想获得遍历速率的准确分析结果需要计算复杂的积分表达式。因此为了便于分析，下面的定理和推论提供了高 SNR 条件下信号 $x_t$ 在使用 ipSIC/pSIC 检测时的渐近遍历速率表达式。

**定理 6.4**：在高 SNR 条件下，信号 $x_t$ 使用 ipSIC 检测时的遍历速率近似表达式可以表示为

$$R_{x_t,\infty}^{ipSIC}=\frac{1}{2(1-\Lambda_3)\ln2}\left[\ln\left(1+\frac{b_t}{b_l}\right)-\ln\left(1+\frac{b_t\Lambda_3}{b_l}\right)\right] \tag{6-44}$$

**证明**：借助于式(6-4)、式(6-5)、式(6-7)和式(6-42)，式(6-44)可以重新表示为

$$R_{x_t,erg}^{ipSIC}=\frac{1}{2}E\left[\log\left(1+\underbrace{\min\left(\frac{\rho|h_t|^2a_t}{\bar{\varpi}\rho|g|^2+1},\frac{\rho|h_k|^2b_t}{\rho|h_k|^2b_l+1},\frac{\rho|h_r|^2b_t}{\rho|h_r|^2b_l+1}\right)}_{j_{18}}\right)\right] \tag{6-45}$$

式中，$\bar{\varpi}=1$。

在高 SNR 条件下，$\dot{j}_{18}$ 可以近似为

$$\dot{j}_{18}=\underbrace{\min\left(\frac{|h_t|^2a_t}{\bar{\varpi}|g|^2},\frac{b_t}{b_l}\right)}_{X} \tag{6-46}$$

进一步随机变量 X 的 CDF 可以表示为

$$F_X(x)=1-\frac{1}{1+x\Lambda_3},0<x<\frac{b_t}{b_l} \tag{6-47}$$

式中，$\Lambda_3=\frac{\bar{\varpi}\Omega_I}{a_t\Omega_t}$。结合式(6-46)和式(6-47)并对式(6-45)进行一些简单的算术运算，可以得出高 SNR 条件下信号 $x_t$ 的遍历速率近似解式(6-44)。

**推论 6.4**：当 $\bar{\varpi}=0$ 时，在高 SNR 条件下信号 $x_t$ 使用 pSIC 检测时的遍历速率近似表达式为

$$R_{x_t,\infty}^{pSIC}=\frac{1}{2\ln2}e^{\frac{1}{\rho a_t\Omega_t}}\left[\mathrm{Ei}\left(\frac{-1}{\rho a_tb_l\Omega_t}\right)-\mathrm{Ei}\left(\frac{-1}{\rho a_t\Omega_t}\right)\right] \tag{6-48}$$

(3) 斜率分析：为了获得普适性更好的结果，基于上述近似分析结果得出双向中继 NOMA 系统中信号 $x_i$ 在高 SNR 条件下的斜率，作为评估遍历速率大小的关键参数。在高 SNR 条件下的斜率定义如下：

$$S=\lim_{\rho\to\infty}\frac{R_{x_i}^{\infty}(\rho)}{\log(\rho)} \tag{6-49}$$

式中，$R_{x_i}^{\infty}$ 表示信号 $x_i$ 在高 SNR 条件下的渐近遍历速率。

**命题 6.3**:基于式(6-36)和式(6-40)中的分析结果,当 $\rho\to\infty$时,借助于文献[103]中的公式(8.212.1)$\mathrm{Ei}(-x)\approx\ln(x)+\widetilde{C}$ 以及 $e^{-x}\approx1-x(x\to0)$,其中,$\widetilde{C}$ 表示欧拉常数。在高 SNR 条件下,信号 $x_l$ 使用 ipSIC/pSIC 检测时的渐近遍历速率可以分别表示为

$$R_{x_l,\infty}^{ipSIC}=\frac{-1}{2\ln2}\left\{\dot{A}(1+\Psi)(\ln(\Psi)+\widetilde{C})+\frac{\dot{B}}{\Lambda_1}\left(1+\frac{\Psi}{\Lambda_1}\right)\left[\ln\left(\frac{\Psi}{\Lambda_1}\right)+\widetilde{C}\right]\right.$$
$$\left.+\frac{E_c}{\Lambda_2}\left(1+\frac{\Psi}{\Lambda_2}\right)\left[\ln\left(\frac{\Psi}{\Lambda_1}\right)+\widetilde{C}\right]\right\}\tag{6-50}$$

$$R_{x_l,\infty}^{pSIC}=\frac{-1}{2\ln2}\left\{\dot{A}(1+\Psi)[\ln(\Psi)+\widetilde{C}]+\frac{\widetilde{C}}{\Lambda_2}\left(1+\frac{\Psi}{\Lambda_2}\right)\left[\ln\left(\frac{\Psi}{\Lambda_2}\right)+\widetilde{C}\right]\right\}\tag{6-51}$$

将式(6-50)和式(6-51)分别带入式(6-49),可得信号 $x_l$ 使用 ipSIC/pSIC 检测时的斜率为零。

同样类似于式(6-50)和式(6-51)的求解过程,将式(6-44)和式(6-48)带入式(6-49),可得信号 $x_t$ 使用 ipSIC/pSIC 时的斜率同样为零。

**结论 6.3**:从上述分析结果表明,即使假设中继 $R$ 处的两根天线之间不存在相互干扰信号的影响,在高 SNR 条件下信号 $x_l$ 和 $x_t$ 获得的斜率为 0。出现这种现象的原因是由于双向中继 NOMA 系统第一个阶段的通信过程类似上行 NOMA 通信,该通信过程受到来自其他用户信号的干扰进而影响高 SNR 条件下信号速率的斜率。

(4) 系统吞吐量:在延时容忍发送模式下,系统的吞吐量由评估遍历速率的大小决定。因此,基于上述理论结果,相应的双向中继 NOMA 系统吞吐量可以表示为

$$R_{dt}^{\dot{\psi}}=R_{x_1,erg}^{\dot{\psi}}+R_{x_2,erg}^{\dot{\psi}}+R_{x_3,erg}^{\dot{\psi}}+R_{x_4,erg}^{\dot{\psi}}\tag{6-52}$$

使用 ipSIC/pSIC 检测的情况下,$R_{x_1,erg}^{ipSIC}$ 和 $R_{x_3,erg}^{pSIC}$ 分别从式(6-36)和式(6-40)获得;$R_{x_2,erg}^{ipSIC}$ 和 $R_{x_4,erg}^{pSIC}$ 分别从式(6-42)和式(6-43)获得。

### 6.3.3　能量效率

本小节从能量效率的角度对双向中继 NOMA 系统的性能进行评估。按照第 3 章 3.4.3 节中给出的第一种能量效率的定义,双向中继 NOMA 系统的能量效率可以表示为

$$\eta_{\dot{\Upsilon}}^{EE}=\frac{2R_{\dot{\Upsilon}}^{\dot{\psi}}}{TP_u+TP_r}\tag{6-53}$$

式中,$\dot{\Upsilon}\in(dt,dl)$,$T$ 表示整个通信过程的发送时间。$\eta_{dt}^{EE}$ 和 $\eta_{dl}^{EE}$ 分别表示延时受限发送模式和延时容忍发送模式下的系统能量效率。

## 6.4　数值仿真结果

本节通过数值仿真验证双向中继 NOMA 通信系统交互信息的中断概率、遍历速率和能效率,并评估使用 ipSIC 检测带来的残留干扰对系统性能的影响,具体数值仿真参数如表 6-1 所示。由于用户组($G_1$ 或者 $G_2$)与中继之间信道的互易性,因此只呈现信号 $x_1$ 和 $x_2$ 的数值仿真结果验证双向中继 NOMA 系统理论分析的准确性。信号 $x_1$ 和 $x_2$ 的功率分配

因子分别设置为 $a_1=0.8$ 和 $a_2=0.2$；$\Omega_1$ 和 $\Omega_2$ 分别设置为 $\Omega_1=d_1^{-\alpha}$ 和 $\Omega_2=d_2^{-\alpha}$。不失一般性，将传统双向中继 OMA 系统性能作为对比基准，其整个通信过程在五个时隙内完成。在第一时隙，用户组 $G_1$ 中的 $D_1$ 和 $D_2$ 分别向 $R$ 发送信号 $x_1$ 和 $x_2$；与此同时用户组 $G_2$ 中的 $D_3$ 和 $D_4$ 分别向 $R$ 发送信号 $x_3$ 和 $x_4$。完成信息交换过程后，在第二个和第三个时隙，中继节点 $R$ 分别给 $D_1$ 和 $D_2$ 发送信号 $x_3$ 和 $x_4$；在第四个和第五个时隙，$R$ 分别给 $D_3$ 和 $D_4$ 发送信号 $x_1$ 和 $x_2$。这里需要指出对于双向中继 OMA 系统信号都是满功率发送，即分配给信号的功率因子均为 1，其他仿真参数均与双向中继 NOMA 参数一致。

**表 6-1　数值仿真参数配置**

| 参数名称 | 参数配置 |
|---|---|
| 蒙特卡洛仿真次数 | $10^6$ |
| NOMA 功率分配因子 | $b_1=b_3=0.2, b_2=b_4=0.8$ |
| 目标数据速率 | $R_{th_1}=R_{th_3}=0.1, R_{th_2}=R_{th_4}=0.01$ BPCU |
| 路损指数 | 2 |
| 中继到 $D_1$ 或 $D_3$ 的距离 $d_1$ | 2 m |
| 中继到 $D_2$ 或 $D_4$ 的距离 $d_2$ | 10 m |

**1. 中断概率**

图 6-2 呈现了信号 $x_1$ 和 $x_2$ 使用 ipSIC/pSIC 检测时不同 SNR 下的中断概率，其中，$\varpi_1=\varpi_2=0.01$，$\Omega_I=-20$ dB，$R_{th_1}=0.1$ BPCU，$R_{th_2}=0.01$ BPCU。正方形/棱形实线表示信号 $x_1$ 使用 ipSIC/pSIC 检测时的中断概率，它们分别是根据式(6-9)和式(6-15)绘制的；圆圈/右三角形虚线表示信号 $x_2$ 使用 ipSIC/pSIC 检测时的中断概率，它们分别是根据式(6-17)和式(6-24)绘制的。很明显中断概率的理论分析曲线与数值仿真曲线能够完美地匹配，这说明理论分析结果是准确的。从图中可以看出，在低 SNR 条件下，双向中继 NOMA 系统中 $x_1$ 和 $x_2$ 的中断概率性能优于双向中继 OMA，这是由于在低 SNR 范围内残留干扰不是影响系统性能的主要因素。鉴于此，NOMA 系统应尽可能地工作在低 SNR 范围内。还可以观察到 pSIC 相对于 ipSIC 增强了双向中继 NOMA 系统的性能。另外，信号 $x_1$ 使用 ipSIC/pSIC 检测时的渐近中断概率是分别根据式(6-26)和式(6-27)绘制的；而信号 $x_2$ 使用 ipSIC/pSIC 检测时的渐近中断概率是分别根据式(6-28)和式(6-29)绘制的。可以看出在高 SNR 条件下，信号 $x_1$ 和 $x_2$ 的中断概率收敛于错误平层，这是因为使用 ipSIC 检测带来的残留干扰对系统性能有较大的影响，$x_1$ 和 $x_2$ 获得分集阶数都为零，验证了结论 6.1。尽管在双向中继 NOMA 系统使用 pSIC 检测时，也未能解决 $x_1$ 和 $x_2$ 获得零分集阶数的问题，这是因为在第一个时隙中继在检测近端用户的信号时受到了远端用户信号的干扰。

图 6-3 呈现了信号 $x_1$ 和 $x_2$ 在不同 SNR 下的中断概率，其中，干扰信号等级从 $\varpi_1=\varpi_2=0.01$ 增加到 $\varpi_1=\varpi_2=0.1$；$\Omega_I=-20$ dB，$R_{th_1}=0.1$ BPCU，$R_{th_2}=0.01$ BPCU。图中实线和虚线分别表示 $x_1$ 和 $x_2$ 使用 ipSIC/pSIC 检测时的中断概率。此处将中继 $R$ 处两根天线间无干扰信号的特殊情况，即 $\varpi_1=\varpi_2=0$，作为对比基准。从图中可以观察到，随着干扰等级的增加，双向中继 NOMA 系统的中断性能变差。因此使用有效的方法抑制两天线间

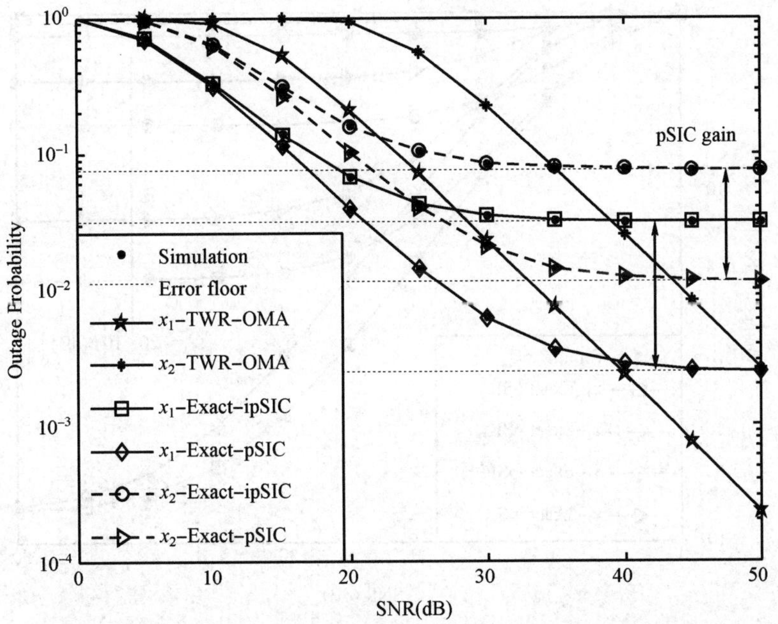


图 6-2 双向中继 NOMA 系统信号 $x_1$ 和 $x_2$ 在不同 SNR 下的中断性能

的干扰至关重要。紧接着图 6-4 呈现了不同残留干扰值 $\Omega_I$ 对信号中断概率的影响，其中，$\Omega_I=-20,-10,0$(dB)。从图中可以看出，残留干扰值的大小对 ipSIC 的性能有较大的影响。随着干扰值的增加，ipSIC 检测的优势逐渐消失。特别地，当 $\Omega_I=0$ dB，$x_1$ 和 $x_2$ 的中断概率接近于 1。

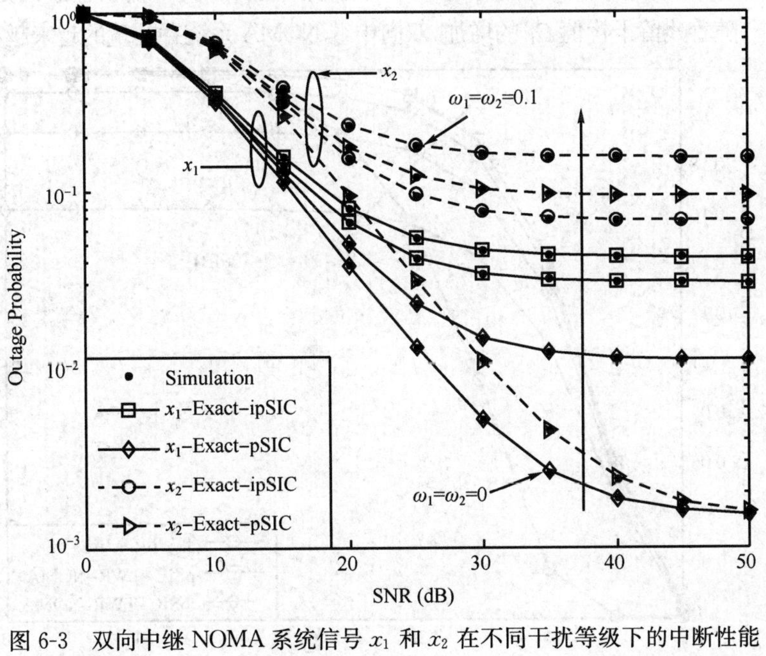


图 6-3 双向中继 NOMA 系统信号 $x_1$ 和 $x_2$ 在不同干扰等级下的中断性能

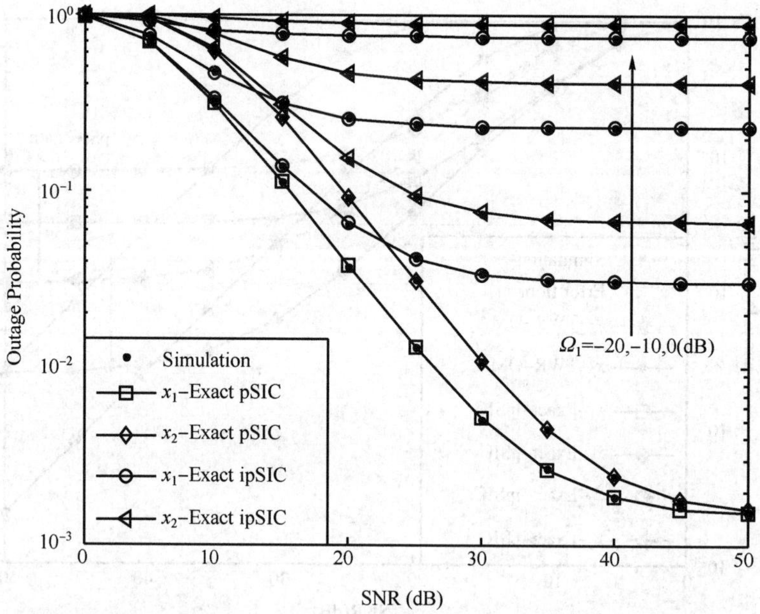


图 6-4　双向中继 NOMA 系统信号 $x_1$ 和 $x_2$ 在不同残留干扰值下的中断性能

图 6-5 给出了双向中继 NOMA 系统在延时受限发送模式下的系统吞吐量，其中，$\varpi_1=\varpi_2=0.01$，$R_{th_1}=0.1$ BPCU 和 $R_{th_2}=0.01$ BPCU。棱形/正方形实线表示双向中继 NOMA 在使用 ipSIC/pSIC 检测下的系统吞吐量，它们是根据式(6-30)绘制的。从图中可以看出，在低 SNR 范围内，双向中继 NOMA 相对于双向中继 OMA 实现了较高的系统吞吐量。图中结果证实了双向中继 NOMA 系统吞吐量在高 SNR 条件下收敛于吞吐量的上界。另外需要注意的是在使用 ipSIC 检测的情况下，随着残留干扰值 $\Omega_I$ 的增加，双向中继 NOMA 系统吞吐量的越来越小。

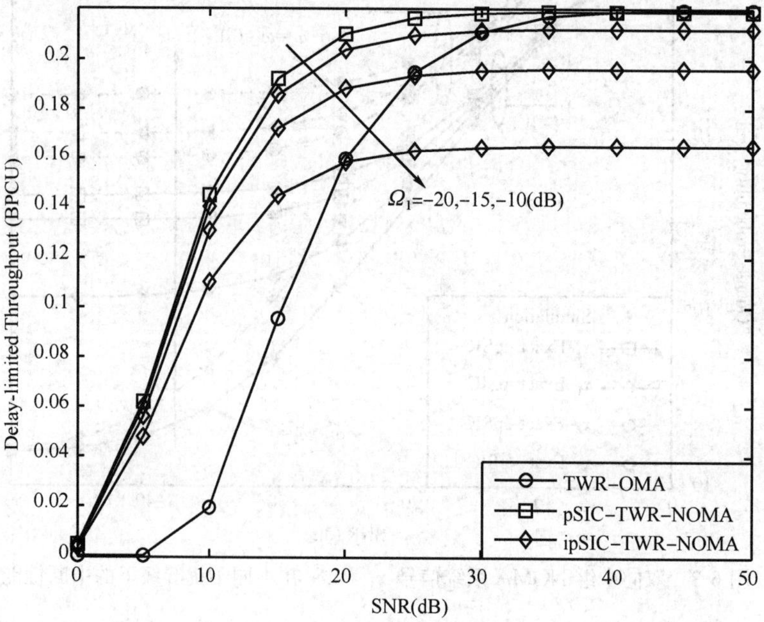


图 6-5　双向中继 NOMA 系统在延时受限发送模式下的系统吞吐量

**2. 遍历速率**

图 6-6 呈现了信号 $x_1$ 和 $x_2$ 在不同 SNR 下的遍历速率，其中，$\varpi_1=\varpi_2=0.01$，$\Omega_I=-20$ dB 正方形/圆圈点划线与棱形/右三角形点划线分别表示信号 $x_1$ 和 $x_2$ 使用 ipSIC/pSIC 时的可达数据速率，考虑了中继 $R$ 处的两根天线之间存在干扰信号的情况。正方形/圆圈实线表示 $x_1$ 使用 ipSIC/pSIC 时的遍历速率，它们分别是根据式(6-36)和式(6-40)绘制的；棱形/右三角形实线表示 $x_2$ 使用 ipSIC/pSIC 时的遍历速率，它们分别是根据式(6-42)和式(6-43)绘制的。从图中可以观察到，信号 $x_1$ 和 $x_2$ 在使用 pSIC 检测下的遍历速率优于 ipSIC 检测下的数据速率，这是因为 pSIC 相对于 ipSIC 提供了较大的性能增益。另外受到干扰信号的影响，在高 SNR 条件下 $x_1$ 和 $x_2$ 的遍历速率收敛于吞吐量的上界，证实了结论 6.3。

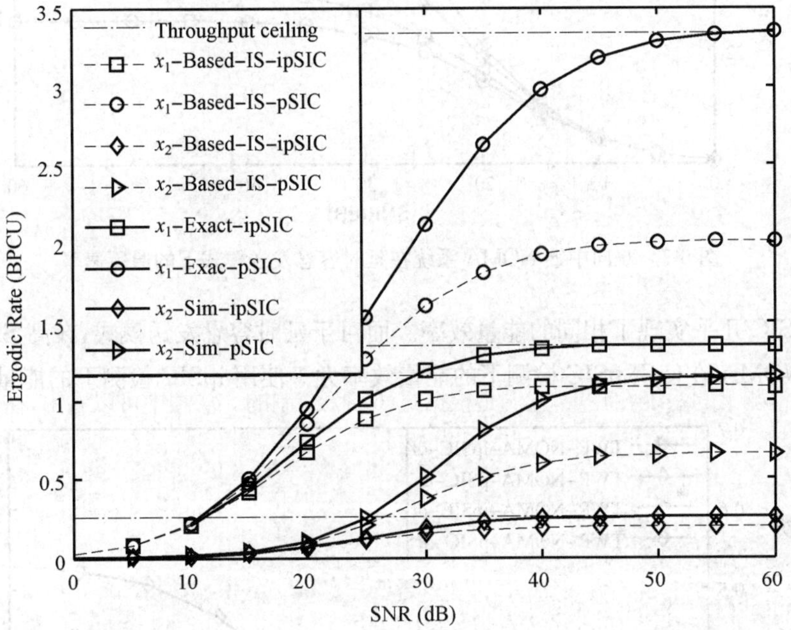


图 6-6 双向中继 NOMA 系统信号 $x_1$ 和 $x_2$ 在不同 SNR 下的遍历速率

图 6-7 给出了双向中继 NOMA 系统在延时容忍发送模式下的系统吞吐量，其中，$\varpi_1=\varpi_2=0.01$，$\Omega_I=-20$ dB。正方形/右三角形实线表示双向中继 NOMA 在使用 ipSIC/pSIC 下的系统吞吐量，其是根据式(6-52)绘制的。将表示干扰信号下系统吞吐量的圆圈/棱形实线作为对比基准，可以看出在中继 $R$ 处的两根天线之间无干扰信号影响下，双向中继 NOMA 系统实现了较高的系统吞吐量。

**3. 能量效率**

图 6-8 呈现了双向中继 NOMA 系统在延时受限发送模式和延时容忍发送模式下的系统能量效率，其中，$P_u=P_r=10$ W，$T=1$。圆圈/棱形实线表示在延时受限发送模式下使用 ipSIC/pSIC 的系统能量效率，它们分别是根据式(6-30)和式(6-53)绘制的。正方形/右三角形实线表示在延时容忍发送模式下使用 ipSIC/pSIC 的系统能量效率，它们分别是根据式(6-52)和式(6-53)绘制的。从图中可以看出，在延时受限发送模式下，双向中继 NOMA 使

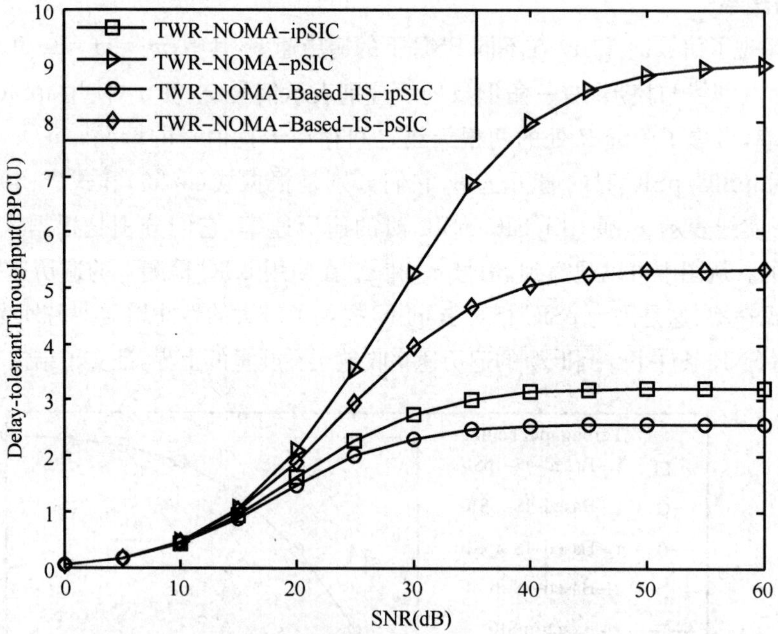


图 6-7　双向中继 NOMA 系统在延时容忍发送模式下的遍历速率

用 ipSIC/pSIC 几乎实现了相同的能量效率。而对于延时容忍发送模式，在高 SNR 条件下，双向中继 NOMA 在使用 pSIC 检测下的能量效率大于使用 ipSIC 检测下的能量效率。

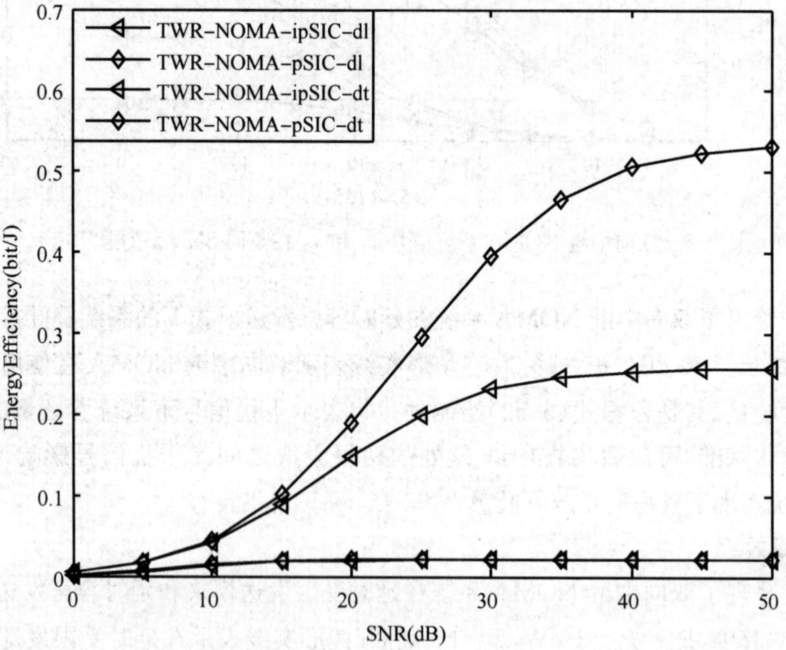


图 6-8　双向中继 NOMA 系统在延时受限和延时容忍发送模式下的能量效率对比

## 6.5 本章小结

本章分析了双向中继 NOMA 通信系统的性能，两组配对用户在中继节点的协助下完成了通信与信息交互。为了评估双向中继 NOMA 系统的性能，分析了非正交用户信号在使用 ipSIC/pSIC 机制情况下的中断概率、遍历速率和能量效率。首先，推导了非正交配对用户信号中断概率的闭式解和高 SNR 条件下的渐近中断概率。由理论分析可知受干扰信号的影响，在双向中继 NOMA 系统中用户信号获得的分集阶数为零。数值仿真结果表明在高 SNR 条件下用户信号中断概率收敛于错误平层。其次，推导了双向中继 NOMA 系统非正交配对用户信号的遍历速率。同样受干扰信号影响，在高 SNR 条件下用户信号的遍历速率斜率为零，并收敛于吞吐量的上界。最后，讨论了双向中继 NOMA 在延时受限和延时容忍两种发送模式下的系统吞吐量和能量效率。

# 第7章　下行 NOMA 通信统一技术框架

当前学术界和工业界分别对 CD-NOMA 和 PD-NOMA 进行了广泛和深入的研究。如何将这两类多址技术在一个统一的技术框架下进行分析和研究需要进一步探讨。针对该问题，本章介绍一种用于下行 NOMA 通信的统一框架，根据系统子载波数 $K$ 的设置大小，该框架可以分别转换为 CD-NOMA 和 PD-NOMA。首先，推导了 CD/PD-NOMA 网络第 $n$ 个用户使用 ipSIC/pSIC 检测条件下的中断概率准确表达式和渐近表达式；其次，推导了 CD/PD-NOMA 网络第 $f$ 个用户的中断概率准确表达式和渐近表达式；分析了第 $n$ 个用户和第 $f$ 个用户所能获得的分集阶数等问题；最后，讨论了 CD/PD-NOMA 在延时受限发送模式下的系统吞吐量并进行了仿真验证。

## 7.1　概　述

前述章节主要是针对 PD-NOMA 系统性能的分析和讨论。实际上在现有的多址技术方案中，根据资源映射和扩频方式等特点可以将其归纳为两大类即：PD-NOMA 和 CD-NOMA。学术界主要针对 PD-NOMA 展开了深入广泛的理论研究，分析 NOMA 技术应用到其他通信场景所带来的性能增益。Ding 等人研究了下行 PD-NOMA 系统用户的中断概率和遍历速率，数值仿真表明在同时调度多个用户时，PD-NOMA 相对于 OMA 能提供更好的用户公平性。紧接着 Yang 等人分析了非理想信道状态信息下 PD-NOMA 系统用户的中断性能，仿真表明由于非理想状态信息的影响，用户的中断概率在高 SNR 条件下存在错误平层。借助线性叠加编码发送机制，Choi 讨论了下行 PD-NOMA 系统用户的可达速率，并提出了配对用户的最优功率分配方案。为了提高边缘用户的性能，Liu 等人将近端用户看作中继来协助基站转发信息至远端用户，研究了协作 PD-NOMA 系统用户的中断概率等性能指标，分析表明通过近端用户的协作，远端用户获得了较大的分集阶数。进一步 Zhong 等人讨论了全双工模式下协作 PD-NOMA 系统的中断概率，仿真表明在低 SNR 条件下，全双工 PD-NOMA 的中断性能优于半双工 PD-NOMA，而在高 SNR 条件下的中断概率高于半双工 PD-NOMA。从物理层安全通信角度出发，Ding 等人考虑内部窃听的情况即将远端用户作为窃听者窃取近端用户的信息，推导了 PD-NOMA 系统安全用户的中断概率闭合表达式，证明了在单播模式高 SNR 下 PD-NOMA 系统的保密中断性能优于 OMA 系统。在多天线场景下，Liu 等人推导了 PD-NOMA 系统用户安全中断概率的表达式，并给出了高 SNR 条件下用户所能获得的分集增益，理论分析和仿真结果表明通过在基站周围设置保护区域或产生人工噪声，可以增强 PD-NOMA 网络的物理层安全通信性能。

相对于学术界关于 PD-NOMA 的研究，工业界主要侧重于 CD-NOMA 方案发送端码本设计以及接收端检测算法的优化等。为了评估检测算法的性能，Wu 等人考虑了一种用于 SCMA 的多用户迭代接收机，仿真结果证实迭代接收机相对于非迭代接收机在过载的情况下可以提供较大的性能增益。由于码本的稀疏性，接收机使用 MPA 算法可实现接近于最大似然的检测性能。然而在给定资源单元的情况下，随着码本维度的增加，接收端的检测复杂度呈指数倍增长。为了降低 MPA 算法的复杂度，Meng 等人提出一种基于期望传播的检测算法，它能将 SCMA 系统的检测复杂度从指数倍降低到线性关系。针对上行 mMTC 与 eMBB 场景，Ren 等人研究了 PDMA 图样矩阵的设计准则并根据该准则给出了示例图样矩阵，同时利用离散信道容量准则分析了 PDMA 图样矩阵的性能。在传统 MPA 的基础之上，Ren 等人充分利用编码与图样矩阵稀疏特性提出一种迭代译码算法来提高 PDMA 系统的检测性能。从性能分析的角度，Zeng 等人研究了上行 PDMA 系统的中断性能和可达数据速率，数值仿真表明 PDMA 性能较传统 OMA 有较大的性能提升。从统一框架的角度，Wang 等人将多种 NOMA 方案进行分类，对比了用户过载、接收机复杂度以及系统吞吐量等指标。Qin 等人研究了在基于超密集异构网络的 NOMA 统一框架下用户关联和资源分配等问题。从特性上来看，CD-NOMA 可看作是 PD-NOMA 的一种扩展，即将多个用户的数据流通过稀疏矩阵或扩频序列映射在多个资源单元或子载波上。

上述文献分别对 PD-NOMA 和 CD-NOMA 进行了分析与研究，但并没有给出 PD-NOMA 和 CD-NOMA 这两类多址接入机制下的统一技术框架和性能分析。此外，上述文献主要分析的是在使用 pSIC 检测下的 PD-NOMA 性能，并没有考虑实际场景 ipSIC 检测对系统性能的影响。因此评估 ipSIC 对 NOMA 统一框架下的性能影响至关重要。基于上述分析，本章介绍一种用于下行 NOMA 通信的统一技术框架，分析 ipSIC/pSIC 检测对 CD/PD-NOMA 网络中近端用户中断性能的影响。通过该框架将 CD-NOMA 和 PD-NOMA 融合，讨论 CD/PD-NOMA 在延时受限发送模式下的系统吞吐量。

本章剩余部分具体安排如下：7.2 节给出了 NOMA 统一框架系统模型；7.3 节分析了配对用户的中断性能；7.4 节对 NOMA 统一框架下的理论分析结果进行了数值仿真和分析；7.5 节对本章进行了小结。

使用的数学符号声明如下：$(\cdot)^T$ 和 $(\cdot)^*$ 分别表示向量的转置和取共轭操作；$\|\cdot\|$表示二范数的模；$\mathrm{diag}(\boldsymbol{a})$表示以矢量 $\boldsymbol{a}$ 的元素为对角元素的对角矩阵；此外，符号 $\boldsymbol{I}_{K\times K}$ 表示 $K\times K$ 单位阵简写为 $\boldsymbol{I}=\boldsymbol{I}_{K\times K}$。

# 7.2 网络模型

本节从网络描述、接收信号模式以及信道的统计特性三个方面对 NOMA 统一框架下的网络模型展开介绍。

## 7.2.1 网络描述

考虑一个下行 NOMA 通信场景，如图 7-1 所示，基站向 $M$ 个随机分布的用户发送信息。确切地说，基站通过使用一个扩频矩阵 $\boldsymbol{G}_{K\times M}$，比如稀疏矩阵或码本将多个用户的数据流映射到 $K$ 个子载波或资源单元上，其中，$\boldsymbol{G}_{K\times M}$的维度满足关系式 $M>K$。根据子载波数

$K$ 的设置大小，NOMA 统一框架分别转变为 CD-NOMA($K\neq1$)和 PD-NOMA($K=1$)。为了呈现直观的分析结果，假设基站和非正交用户都只配备单根天线。需要指出的是在基站和用户节点处配备多天线可以增强 CD/PD-NOMA 网络的性能，但该内容超出了本章介绍的范围。假设基站位于一个半径为 $R_{\mathcal{D}}$ 的圆盘 $\mathcal{D}$ 中心位置，$M$ 个用户的空间位置建模为齐次泊松点过程(Homogeneous Poisson Point Process，HPPP)并均匀地分布在该圆盘内。为了便于分析，将 $M$ 个用户分成 $M/2$ 个相互正交的配对用户组，每个配对的用户组根据用户到基站的信道差异性来区分近端用户和远端用户。不失一般性，根据排序理论将基站到用户在 $K$ 个子载波上的信道进行排序处理，即 $\|\boldsymbol{h}_M\|_2^2>\cdots>\|\boldsymbol{h}_n\|_2^2>\cdots>\|\boldsymbol{h}_f\|_2^2>\cdots>\|\boldsymbol{h}_1\|_2^2$。另外，使用有界路损模型来建模基站到用户的信道并假设通信场景中的无线通信链路受到平均功率为 $N_0$ 的 AWGN 噪声的影响。注意本章只考虑第 $f$ 个用户与第 $n$ 个用户进行配对执行 NOMA 传输的情况。

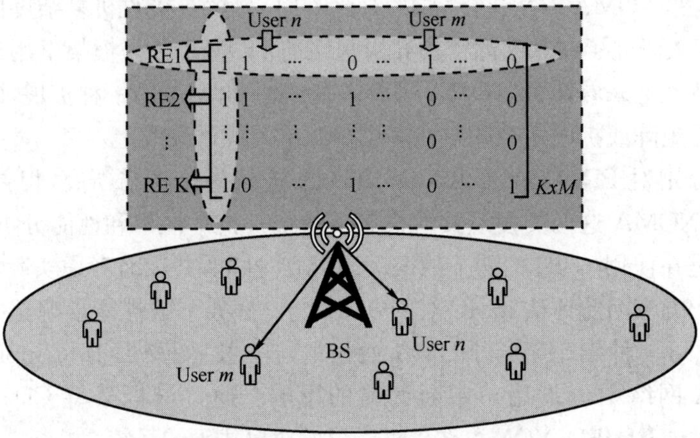


图 7-1　下行 NOMA 统一框架系统模型图

## 7.2.2　接收信号模型

在 NOMA 统一框架下，基站将每个用户的数据流扩频在稀疏矩阵的一列上。因此，第 $\varphi$ 个用户在 $K$ 个子载波上的接收信号 $\boldsymbol{y}_\varphi=[y_{\varphi1}\,y_{\varphi2}\cdots y_{\varphi k}]^{\mathrm{T}}$ 可以表示为

$$\boldsymbol{y}_\varphi=\mathrm{diag}(h_\varphi)(\boldsymbol{g}_n\sqrt{P_s a_n}x_n+\boldsymbol{g}_f\sqrt{P_s a_f}x_f)+\boldsymbol{n}_\varphi \tag{7-1}$$

式中，$\varphi\in(n,f)$，$x_n$ 和 $x_f$ 分别表示第 $n$ 个用户和第 $f$ 个用户的能量归一化信号，即 $E\{x_n^2\}=E\{x_f^2\}=1$。$a_n$ 和 $a_f$ 分别表示分配给第 $n$ 个用户和第 $f$ 个用户的功率因子。为了保证用户之间的公平性，用户之间的功率因子满足 $a_f>a_n$ 且 $a_f+a_n=1$。需要注意的是优化用户之间的功率分配因子能进一步增强 NOMA 的性能，但这将在以后的工作中展开研究。$P_s$ 表示在基站处的归一化发送功率，即 $P_s=1$。$\boldsymbol{g}_\varphi=[\mathrm{g}_{\varphi1}\,\mathrm{g}_{\varphi1}\cdots\mathrm{g}_{\varphi k}]^{\mathrm{T}}$ 表示第 $\varphi$ 个用户的稀疏指示矢量，表示稀疏矩阵 $\boldsymbol{G}_{K\times M}$ 的一列。具体来说，$g_{\varphi k}$ 表示子载波索引，$g_{\varphi k}=1$ 表示有用户的信号映射到第 $k$ 个资源单元上；$g_{\varphi k}=0$ 表示没有信号映射到第 $k$ 个资源单元上。$\boldsymbol{h}_\varphi=[\widetilde{h}_{\varphi1}\widetilde{h}_{\varphi2}\cdots\widetilde{h}_{\varphi k}]^T$ 表示基站到第 $\varphi$ 个用户在 $K$ 个子载波上的信道矢量，其中，$\widetilde{h}_{\varphi k}=\sqrt{\eta}h_{\varphi k}/\sqrt{1+d^\alpha}$ 且 $h_{\varphi k}\sim\mathcal{CN}(0,1)$，$\eta$ 表示频率依赖因子，$\alpha$ 表示路径损耗因子，$d$ 表示基站到第 $\varphi$ 个

用户的距离。$\boldsymbol{n}_\varphi \sim \mathcal{CN}(0, N_0 \boldsymbol{I}_K)$ 表示第 $\varphi$ 个用户在 $K$ 个子载波上的 AWGN 噪声。

为了最大化输出 SNR 和提高用户的分集阶数，使用 MRC 合并的方法来处理 $K$ 个子载波上的用户接收信号。注意使用 MRC 也许不是最优的但是可以降低计算复杂度，令 $\boldsymbol{u}_\varphi = [\mathrm{diag}(\boldsymbol{h}_\varphi)\boldsymbol{g}_\varphi]^* / \| \mathrm{diag}(\boldsymbol{h}_\varphi)\boldsymbol{g}_\varphi \|$，则第 $\varphi$ 个用户的接收信号可以表示为

$$\tilde{y}_\varphi = \boldsymbol{u}_\varphi \mathrm{diag}(\boldsymbol{h}_\varphi)(\boldsymbol{g}_n \sqrt{P_s a_n} x_n + \boldsymbol{g}_m \sqrt{P_s a_f} x_f) + \boldsymbol{u}_\varphi \boldsymbol{n}_\varphi \tag{7-2}$$

基于 NOMA 准则，在第 $n$ 个用户处使用 SIC 进行检测。此时，第 $n$ 个用户检测第 $f$ 个用户的信号 $x_f$ 时的 SINR 可以表示为

$$\gamma_{n\to f} = \frac{\rho \| \mathrm{diag}(\boldsymbol{h}_n)\boldsymbol{g}_f \|_2^2 a_f}{\rho \| \mathrm{diag}(\boldsymbol{h}_n)\boldsymbol{g}_n \|_2^2 a_n + 1} \tag{7-3}$$

式中，$\rho = P_s / N_0$ 表示发送端 SNR。为了简化分析与计算，假设 $\boldsymbol{g}_m$ 和 $\boldsymbol{g}_n$ 具有相同的列重。注意对稀疏矩阵进行优化处理可进一步增强 NOMA 统一框架下的系统性能。

在第 $n$ 个用户解码出第 $f$ 个用户的信号 $x_f$ 并将其删除后，进一步检测其自身信号 $x_n$ 的 SINR 可以表示为

$$\gamma_n = \frac{\rho \| \mathrm{diag}(\boldsymbol{h}_n)\boldsymbol{g}_n \|_2^2 a_n}{\varpi \rho \| \boldsymbol{h}_I \|_2^2 a_n + 1} \tag{7-4}$$

式中，$\varpi = 0$ 和 $\varpi = 1$ 分别表示第 $n$ 个用户使用了 pSIC 和 ipSIC 检测。$\boldsymbol{h}_I = [h_{I1} h_{I2} \cdots h_{IK}]^{\mathrm{T}}$ 表示在 $K$ 个子载波上的干扰信道矢量，其中，$h_{Ik} \sim \mathcal{CN}(0, \Omega_I)$。

由于第 $f$ 个用户的信道条件较差，它不使用 SIC 进行检测而是将信号 $x_n$ 当作干扰直接解码信号 $x_m$，此时对应的 SINR 可以表示为

$$\gamma_f = \frac{\rho \| \mathrm{diag}(\boldsymbol{h}_f)\boldsymbol{g}_f \|_2^2 a_f}{\rho \| \mathrm{diag}(\boldsymbol{h}_f)\boldsymbol{g}_n \|_2^2 a_n + 1} \tag{7-5}$$

### 7.2.3 信道统计特性

为了便于后续中断概率的推导与分析，本小节给出 NOMA 统一框架下的信道统计特性。

**引理 7.1**：假设 $M$ 个用户均匀地分布在一个圆形簇内，那么第 $f$ 个用户的 SINR $\gamma_f$ 的 CDF$F_{\gamma_f}(x)$可以表示为

$$F_{\gamma_f}(x) \approx \varphi_f \sum_{p=0}^{M-f} \begin{bmatrix} M-f \\ p \end{bmatrix} \frac{(-1)^p}{f+p} \left[ \sum_{u=1}^{U} b_u \left( 1 - e^{-\frac{x c_u}{\eta \rho (a_f - x a_n)}} \sum_{i=0}^{K-1} \frac{1}{i!} \left( \frac{x c_u}{\eta \rho (a_f - x a_n)} \right)^i \right) \right]^{f+p} \tag{7-6}$$

式中，$a_f > x a_n$，$\varphi_f = \frac{M!}{(M-f)!\,(f-1)!}$，$\begin{bmatrix} M-f \\ p \end{bmatrix} = \frac{(M-f)!}{p!\,(M-f-p)!}$，$b_u = \frac{\pi}{2U}\sqrt{1-\theta_u^2}(\theta_u+1)$，$c_u = 1 + \left[\frac{R_{\mathcal{D}}}{2}(\theta_u+1)\right]^\alpha$，$\theta_u = \cos\left(\frac{2u-1}{2U}\pi\right)$。参数 $U$ 表示复杂度与准确度之间的一种折中。

**证明**：假设稀疏矩阵 $\boldsymbol{G}_{K\times M}$ 的第 $f$ 列 $\boldsymbol{g}_f$ 和第 $n$ 列和 $\boldsymbol{g}_n$ 有相同的列重，此时变量 $\| \mathrm{diag}(\boldsymbol{h}_f)\boldsymbol{g}_f \|_2^2$ 和 $\| \mathrm{diag}(\boldsymbol{h}_f)\boldsymbol{g}_n \|_2^2$ 具有相同的分布函数。基于式(7-5)，$\gamma_f$ 的 CDF$F_{\gamma_f}(x)$可以重写为

$$F_{\gamma_f}(x) = \Pr\left( Z_f < \frac{x}{\rho(a_f - x a_n)} \right) \tag{7-7}$$

式中，$a_f > x a_n$，$Z_f = \| \mathrm{diag}(\boldsymbol{h}_f)\boldsymbol{g}_f \|_2^2 = \frac{\eta}{1+d^\alpha}\sum_{k=1}^{K} |g_{fk}\tilde{h}_{fk}|^2$。令 $Y = \sum_{k=1}^{K} |g_{fk}\tilde{h}_{fk}|^2$，可以容易看出 $Y$ 是服从参数为 $(K,1)$ 的伽玛分布，因此其对应的 CDF 和 PDF 可以分别表示为

$$F_Y(y) = 1 - e^{-y}\sum_{i=0}^{K-1}\frac{y^i}{i!} \tag{7-8}$$

$$F_Y(y) = \frac{y^{K-1}e^{-y}}{(K-1)!} \tag{7-9}$$

由第 3 章介绍的内容可知，基站到第 $f$ 个用户进行排序时信道增益 $Z_f$ 的 CDF 与未排序信道增益 $\tilde{Z}_f$ 的 CDF 之间的关系如下：

$$F_{Z_f}(z) = \varphi_f \sum_{p=0}^{M-f}\binom{M-f}{p}\frac{(-1)^p}{f+p}\left[F_{\tilde{Z}_f}(z)\right]^{f+p} \tag{7-10}$$

式中，$F_{\tilde{Z}_f}(z)$ 表示基站到第 $f$ 个用户未进行排序时信道增益 $\tilde{Z}_f$ 的 CDF。接下来重点是介绍 $F_{\tilde{Z}_f}(z)$ 的求解。由网络模型描述可知，$M$ 个用户按照 HPPP 分布在 $\mathcal{D}$ 内，可以将 $M$ 个用户看作是分布在 $\mathcal{D}$ 内相互独立且同分布的点，这些点包含了用户的位置信息。对于面积大小为 $\tilde{\Lambda}$ 的任意区域 $\tilde{A}(\tilde{A}\in\mathcal{D})$，每个点 $\dot{W}$ 的 CDF 和 PDF 可以分别写为 $P(\dot{W}\in\tilde{A}) = \tilde{\Lambda}/\pi R_{\mathcal{D}}^2$ 和 $p_{\dot{W}}(\dot{w}) = 1/\pi R_{\mathcal{D}}^2$。进一步，$F_{\tilde{Z}_m}(z)$ 可以表示为

$$F_{\tilde{Z}_f}(z) = \int_{\mathcal{D}}\left\{1 - e^{-\frac{(1+d^\alpha)z}{\eta}}\sum_{i=0}^{K-1}\frac{1}{i!}\left[\frac{(1+d^\alpha)z}{\eta}\right]^i\right\}p_{\dot{W}}(\dot{w})\mathrm{d}\dot{w} \tag{7-11}$$

式中，$d$ 表示基站到 $\dot{W}$ 的距离。经过极坐标转换处理后，$F_{\tilde{Z}_f}(z)$ 可以进一步表示为

$$F_{\tilde{Z}_f}(z) = \frac{2}{R_{\mathcal{D}}^2}\int_0^{R_{\mathcal{D}}}\left[1 - e^{-\frac{z(1+r^\alpha)}{\eta}}\sum_{i=0}^{K-1}\frac{1}{i}\left(\frac{z(1+r^\alpha)}{\eta}\right)^i\right]r\mathrm{d}r \tag{7-12}$$

对于许多 $\alpha > 2$ 的通信场景来说，无法从式(7-12)的积分表达式上得到准确表达式。因此，借助于高斯-切比雪夫积分对上式做近似处理后 $F_{\tilde{Z}_f}(z)$ 可以重新写为

$$F_{\tilde{Z}_f}(z) = \sum_{u=1}^{U} b_u\left[1 - e^{-\frac{zc_u}{\eta}}\sum_{i=0}^{K-1}\frac{1}{i}\left(\frac{zc_u}{\eta}\right)^i\right] \tag{7-13}$$

将式(7-13)带入式(7-10)中，排序后信道增益 $Z_f$ 的 $F_{\tilde{Z}_f}(z)$ 可以表示为

$$F_{Z_f}(z) = \varphi_f\sum_{p=0}^{M-f}\binom{M-f}{p}\frac{(-1)^p}{f+p}\left\{\sum_{u=1}^{U} b_u\left[1 - e^{-\frac{zc_u}{\eta}}\sum_{i=0}^{K-1}\frac{1}{i}\left(\frac{zc_u}{\eta}\right)^i\right]\right\}^{f+p} \tag{7-14}$$

将 $z = \frac{x}{\rho(a_f - x a_n)}$ 带入式(7-14)可得到式(7-6)。证明完毕。

**引理 7.2**：假设 $M$ 个用户均匀地分布在一个圆形簇内，那么第 $n$ 个用户使用 ipSIC 检测时 $\gamma_n$ 的 CDF $F_{\gamma_n}^{ipSIC}(x)$ 可以表示为

$$\begin{aligned} F_{\gamma_n}^{ipSIC}(x) \approx & \frac{\varphi_n}{(K-1)!\Omega_I}\sum_{p=0}^{M-n}\binom{M-n}{p}\frac{(-1)^p}{n+p}\int_0^\infty y^{K-1}e^{-\frac{y}{\Omega_I}} \\ & \times\left\langle\sum_{u=1}^{U} b_u\left\{1 - e^{-\frac{xc_u(\varpi\rho y+1)}{\eta\rho a_n}}\sum_{i=0}^{K-1}\frac{1}{i!}\left[\frac{xc_u(\varpi\rho y+1)}{\eta\rho a_n}\right]^i\right\}\right\rangle^{n+p}\mathrm{d}y \end{aligned} \tag{7-15}$$

式中，$\bar{\varpi}=1$，$\varphi_n=\frac{M!}{(M-n)!\,(n-1)!}$。

**证明**：基于式(7-4)，在使用 ipSIC 检测条件下第 $n$ 个用户的 SINR$\gamma_n$ 的 CDF$F_{\gamma_n}^{ipSIC}(x)$可以表示为

$$F_{\gamma_n}^{ipSIC}(x)=\Pr\left(\frac{\rho a_n \|\operatorname{diag}(\boldsymbol{h}_n)\boldsymbol{g}_n\|_2^2}{\rho\varpi\|\boldsymbol{h}_I\|_2^2+1}<x\right) \tag{7-16}$$

式中，$\bar{\varpi}=1$。令 $Z_n=\|\operatorname{diag}(\boldsymbol{h}_n)\boldsymbol{g}_n\|_2^2$ 和 $Y_I=\|\boldsymbol{h}_I\|_2^2$，可以看出 $Y_I$ 服从参数为$(K,\Omega_I)$的伽玛分布。从引理 7.1 的推导过程，可以获得 CDF $F_{Z_n}(z)$和 PDF $f_{Y_I}(y)$分别如下：

$$F_{Z_n}(z)\approx\varphi_n\sum_{p=0}^{M-n}\begin{bmatrix}M-n\\p\end{bmatrix}\frac{(-1)^p}{n+p}\left[\sum_{u=1}^{U}b_u\left(1-e^{-\frac{zc_u}{\eta}}\sum_{i=0}^{K-1}\frac{1}{i!}\left(\frac{zc_u}{\eta}\right)^i\right)\right]^{n+p} \tag{7-17}$$

$$f_{Y_I}(y)=\frac{y^{K-1}e^{-\frac{y}{\Omega_I}}}{(K-1)!\,\Omega_I^K} \tag{7-18}$$

经过一些数学转换后，式(7-16)可以重新写为

$$\begin{aligned}F_{\gamma_n}(x)&=\Pr\left(Z_n<\frac{x(\bar{\varpi}\rho Y+1)}{\rho a_n}\right)\\&=\int_0^\infty f_Y(y)F_{Z_n}\left(\frac{x(\bar{\varpi}\rho y+1)}{\rho a_n}\right)\mathrm{d}y\end{aligned} \tag{7-19}$$

将式(7-17)和式(7-18)带入式(7-19)，可以获得式(7-15)。证明完毕。

将 $\varpi=0$ 带入式(7-15)，可得第 $n$ 个用户使用 pSIC 检测时 $\gamma_n$ 的 CDF $F_{\gamma_n}^{pSIC}(x)$可以表示为

$$F_{\gamma_n}^{pSIC}(x)\approx\varphi_n\sum_{p=0}^{M-n}\begin{bmatrix}M-n\\p\end{bmatrix}\frac{(-1)^p}{n+p}\left\{\sum_{u=1}^{U}b_u\left[1-e^{-\frac{xc_u}{\eta\rho a_n}}\sum_{i=0}^{K-1}\frac{1}{i!}\left(\frac{xc_u}{\eta\rho a_n}\right)^i\right]\right\}^{n+p} \tag{7-20}$$

# 7.3 性能评估

本节对 NOMA 统一框架下的中断性能进行评估。具体讨论该框架下配对非正交用户，即第 $f$ 个用户和第 $n$ 个用户的中断概率。

## 7.3.1 第 $f$ 个用户的中断概率

在下行单小区场景中，第 $f$ 个用户的中断事件可以解释为：第 $f$ 个用户检测自身信号 $x_f$ 时的 SINR 表达式小于其目标 SNR 时发生中断。因此，第 $f$ 个用户的中断概率可以表示为

$$P_f=\Pr(\gamma_f<\gamma_{th_f}) \tag{7-21}$$

式中，$\gamma_{th_f}=2^{R_f}-1$，$R_f$ 表示第 $f$ 个用户的目标数据速率。第 $f$ 个用户的中断概率可由定理 7.1 给出。

**定理 7.1**：借助于式(7-6)，在 CD-NOMA 网络中第 $f$ 个用户的中断概率闭合表达式可以表示为

$$P_{f,CD}\approx\varphi_f\sum_{p=0}^{M-f}\begin{bmatrix}M-f\\p\end{bmatrix}\frac{(-1)^p}{f+p}\left[\sum_{u=1}^{U}b_u\left(1-e^{-\frac{\tau c_u}{\eta}}\sum_{i=0}^{K-1}\frac{1}{i!}\left(\frac{\tau c_u}{\eta}\right)^i\right)\right]^{f+p} \tag{7-22}$$

式中，$\dot{\tau}=\dfrac{\gamma_{th_f}}{\rho(a_f-\gamma_{th_f}a_n)}$并满足关系式$a_f>\gamma_{th_f}a_n$。

对于$K=1$的特殊情况，推论7.1给出了在PD-NOMA网络中第$f$个用户的中断概率。

**推论7.1**：将$K=1$带入式(7-22)中，可得PD-NOMA网络第$f$个用户的中断概率闭合表达式为

$$P_{f,\mathrm{PD}}\approx\varphi_f\sum_{p=0}^{M-f}\binom{M-f}{p}\frac{(-1)^p}{f+p}\left[\sum_{u=1}^{U}b_u\left(1-e^{-\frac{\dot{\tau}c_u}{\eta}}\right)\right]^{f+p} \tag{7-23}$$

## 7.3.2 第$n$个用户的中断概率

考虑两个配对用户的情况，比如第$n$个用户与第$f$个用户进行配对去执行NOMA传输。此时，第$n$个用户在使用SIC解码信号时，会出现以下两种中断的情况：①第$n$个用户不能解码第$f$个用户的信息；②第$n$个用户能成功解码第$f$个用户的信息，但不能成功解码其自身的信号。基于上述解释，第$n$个用户的中断概率可以表示为

$$P_n=\Pr(\gamma_{n\to f}<\gamma_{th_f})+\Pr(\gamma_{n\to f}>\gamma_{th_f},\gamma_n<\gamma_{th_n}) \tag{7-24}$$

式中，$\gamma_{th_n}=2^{R_n}-1$，$R_n$表示第$n$个用户的目标数据速率。对于CD-NOMA网络，第$n$个用户在使用ipSIC检测下的中断概率可由下面定理7.2给出。

**定理7.2**：在CD-NOMA网络中，第$n$个用户使用ipSIC检测时的中断概率闭合表达式可以表示为

$$\begin{aligned}P_{n,\mathrm{CD}}^{ipSIC}\approx&\frac{\varphi_n}{(K-1)!\Omega_I^K}\sum_{p=0}^{M-n}\binom{M-n}{p}\frac{(-1)^p}{n+p}\int_0^{\infty}y^{K-1}e^{-\frac{y}{\Omega_I}}\\&\times\left\langle\sum_{u=1}^{U}b_u\left\{1-e^{-\frac{c_u(\varpi\rho y+1)\gamma_{th_n}}{\eta\rho a_n}}\sum_{i=0}^{K-1}\frac{1}{i!}\left[\frac{c_u(\varpi\rho y+1)\gamma_{th_n}}{\eta\rho a_n}\right]^i\right\}\right\rangle^{n+p}\mathrm{d}y\end{aligned} \tag{7-25}$$

式中，$\varpi=1$。

**证明**：由于变量$\|\mathrm{diag}(\boldsymbol{h}_f)\boldsymbol{g}_f\|_2^2$和$\|\mathrm{diag}(\boldsymbol{h}_f)\boldsymbol{g}_n\|_2^2$具有相同的分布函数，因此可以定义$Z_n=\|\mathrm{diag}(\boldsymbol{h}_n)\boldsymbol{g}_n\|_2^2=\|\mathrm{diag}(\boldsymbol{h}_f)\boldsymbol{g}_f\|_2^2$，$Y_I=\|\boldsymbol{h}_I\|_2^2$。将式(7-3)和式(7-4)带入式(7-24)中，经过一些简单的数学变换后，中断概率$P_{n,\mathrm{CD}}^{ipSIC}$可以表示为

$$P_{n,\mathrm{CD}}^{ipSIC}=\underbrace{\Pr\left(\frac{\rho Z_na_f}{\rho Z_na_n+1}<\gamma_{th_f}\right)}_{\dot{J}_1}+\underbrace{\Pr\left(\frac{\rho Z_na_f}{\rho Z_na_n+1}>\gamma_{th_f},\frac{\rho Z_na_n}{\varpi\rho Y_I+1}<\gamma_{th_n}\right)}_{\dot{J}_2} \tag{7-26}$$

式中，$\varpi=1$。由引理7.2中的式(7-17)可知$\dot{J}_1=F_{Z_n}(\dot{\tau})$。

$\dot{J}_2$计算过程如下：

$$\begin{aligned}\dot{J}_2&=\Pr\left(\dot{\tau}<Z_n<\frac{\varpi Y_I\gamma_{th_n}}{a_n}+\frac{\gamma_{th_n}}{\rho a_n}\right)\\&=\underbrace{\int_0^{\infty}f_{Y_I}(y)F_{Z_n}\left(\frac{\varpi y\gamma_{th_n}}{a_n}+\frac{\gamma_{th_n}}{\rho a_n}\right)\mathrm{d}y}_{\dot{J}_3}-F_{Z_n}(\dot{\tau})\end{aligned} \tag{7-27}$$

从式(7-27)可以看出,积分表达式 $\dot{J}_3$ 的求解对是否能获得 $\dot{J}_2$ 的准确表达式是至关重要的。将式(7-17)和式(7-18)带入 $\dot{J}_3$ 中可得

$$\begin{aligned}\dot{J}_3 \approx & \frac{\varphi_n}{(K-1)!\Omega_I^K}\sum_{p=0}^{M-n}\binom{M-n}{p}\frac{(-1)^p}{n+p}\int_0^\infty y^{K-1}e^{-\frac{y}{\Omega_I}} \\ & \times\left\langle\sum_{u=1}^{U}b_u\left\{1-e^{-\frac{c_u(\varpi\rho y+1)\gamma_{th_n}}{\eta\rho a_n}}\sum_{i=0}^{K-1}\frac{1}{i!}\left[\frac{c_u(\varpi\rho y+1)\gamma_{th_n}}{\eta\rho a_n}\right]^i\right\}\right\rangle^{n+p}\mathrm{d}y\end{aligned} \tag{7-28}$$

将式(7-28)带入式(7-27),可以得到式(7-25)。证明完毕。

另外将 $\varpi=0$ 带入式(7-25)中,可得 CD-NOMA 网络中第 $n$ 个用户在使用 pSIC 检测时的中断概率闭合表达式为

$$P_{n,CD}^{pSIC}(x) \approx \frac{\varphi_n}{(K-1)!\Omega_I^K}\sum_{p=0}^{M-n}\binom{M-n}{p}\frac{(-1)^p}{n+p}\left\{\sum_{u=1}^{U}b_u\left[1-e^{-\frac{c_u\gamma_{th_n}}{\eta\rho a_n}}\sum_{i=0}^{K-1}\frac{1}{i!}\left(\frac{c_u\gamma_{th_n}}{\eta\rho a_n}\right)^i\right]\right\}^{n+p} \tag{7-29}$$

对于 $K=1$ 的特殊情况,推论 7.2 给出了 PD-NOMA 网络中第 $n$ 个用户在使用 ipSIC 检测时的中断概率。

**推论 7.2**:将 $K=1$ 带入式(7-25)式中,可得 PD-NOMA 网络第 $n$ 个用户在使用 ipSIC 检测时的中断概率闭合表达式为

$$P_{n,PD}^{ipSIC}(x) \approx \frac{\varphi_n}{\Omega_I}\sum_{p=0}^{M-n}\binom{M-n}{p}\frac{(-1)^p}{n+p}\int_0^\infty e^{-\frac{y}{\Omega_I}}\left\{\sum_{u=1}^{U}b_u\left[1-e^{-\frac{c_u(\varpi\rho y+1)\gamma_{th_n}}{\eta\rho a_n}}\right]\right\}^{n+p}\mathrm{d}y \tag{7-30}$$

将 $\varpi=0$ 带入式(7-30),可得 PD-NOMA 网络中第 $n$ 个用户在使用 pSIC 检测时的中断概率闭合表达式为

$$P_{n,PD}^{pSIC}(x) \approx \varphi_n\sum_{p=0}^{M-n}\binom{M-n}{p}\frac{(-1)^p}{n+p}\left[\sum_{u=1}^{U}b_u\left(1-e^{-\frac{c_u\gamma_{th_n}}{\eta\rho a_n}}\right)\right]^{n+p} \tag{7-31}$$

**命题 7.1**:在 CD/PD-NOMA 网络中,使用 ipSIC/pSIC 检测信号时配对用户的中断概率可分别表示为

$$P_{nf,CD}^{\psi}=1-(1-P_{f,CD})(1-P_{n,CD}^{\psi}) \tag{7-32}$$

$$P_{nf,PD}^{\psi}=1-(1-P_{f,PD})(1-P_{n,PD}^{\psi}) \tag{7-33}$$

式中,$\psi\in$ (ipSIC, pSIC),$P_{f,CD}$ 和 $P_{f,PD}$ 可以分别从式(7-22)和式(7-23)中获得;$P_{n,CD}^{ipSIC}$ 和 $P_{n,PD}^{ipSIC}$ 可以分别从式(7-25)和式(7-30)中获得。$P_{n,CD}^{pSIC}$ 和 $P_{n,PD}^{pSIC}$ 可以分别从式(7-29)和式(7-31)中获得。

## 7.3.3 分集阶数与系统吞吐量

**1. 分集阶数**

根据第 3 章 3.3.2 节中分集阶数的定义,它可以表示为

$$d=-\lim_{\rho\to\infty}\frac{\log[P^\infty(\rho)]}{\log(\rho)} \tag{7-34}$$

式中,$P^\infty(\rho)$ 表示用户在高 SNR 条件下的渐近中断概率。

**推论 7.3**:在 CD-NOMA 网络中,第 $f$ 个用户在高 SNR 条件下的渐近中断概率可以表示为

$$P_{f,CD}^{\infty} \approx \frac{M!}{(M-f)!f!}\left[\sum_{u=1}^{U}\frac{b_u}{K!}\left(\frac{\dot{\tau}c_u}{\eta}\right)^K\right]^f \propto \frac{1}{\rho^{fK}} \tag{7-35}$$

**证明**:对式(7-22)中的变量进行替换,令 $\Theta_1 = 1 - e^{-\frac{\dot{\tau}c_u}{\eta}}\underbrace{\sum_{i=0}^{K-1}\frac{1}{i!}\left(\frac{\dot{\tau}c_u}{\eta}\right)^i}_{\Theta_2}$。对求和项 $\Theta_2$ 展开并结合幂级数运算可得

$$\begin{aligned}\Theta_2 &= \sum_{i=0}^{\infty}\frac{1}{i!}\left(\frac{\dot{\tau}c_u}{\eta}\right)^i - \sum_{i=K}^{\infty}\frac{1}{i!}\left(\frac{\dot{\tau}c_u}{\eta}\right)^i \\ &= e^{\frac{\dot{\tau}c_u}{\eta}} - \sum_{i=K}^{\infty}\frac{1}{i!}\left(\frac{\dot{\tau}c_u}{\eta}\right)^i\end{aligned} \tag{7-36}$$

将 $\Theta_2$ 带入 $\Theta_1$ 中并利用近似表达式 $e^{-x}\approx 1-x(x\to 0)$,当 $\rho\to 0(\dot{\tau}\to 0)$,$\Theta_1$ 可以近似为

$$\Theta_1 \approx \frac{1}{K!}\left(\frac{\dot{\tau}c_u}{\eta}\right)^K \tag{7-37}$$

进一步将式(7-37)带入式(7-22)中并取求和项的第一项($p=0$),可以得到式(7-35)。证明完毕。

将 $K=1$ 带入式(7-35),可得 PD-NOMA 网络第 $f$ 个用户在高 SNR 条件下的渐近中断概率为

$$P_{f,PD}^{\infty} \approx \frac{M!}{(M-f)!f!}\left[\sum_{u=1}^{U}b_u\left(\frac{\dot{\tau}c_u}{\eta}\right)\right]^f \propto \frac{1}{\rho^f} \tag{7-38}$$

**结论 7.1**:将式(7-35)和式(7-38)带入式(7-34),可得 CD-NOMA 和 PD-NOMA 网络第 $f$ 个用户的分集阶数分别为 $fK$ 和 $f$。

**推论 7.4**:在高 SNR 条件下,CD-NOMA 网络第 $n$ 个用户使用 ipSIC 进行检测时的渐近中断概率可以表示为

$$\begin{aligned}P_{n,CD}^{ipSIC,\infty} \approx &\frac{\varphi_n}{(K-1)\Omega_I^K}\sum_{p=0}^{M-n}\binom{M-n}{p}\frac{(-1)^p}{n+p}\int_0^{\infty}y^{K-1}e^{-\frac{y}{\Omega_I}} \\ &\times\left[\sum_{u=1}^{U}b_u\left(1-e^{-\frac{\varpi yc_u\gamma_{th_n}}{\eta a_n}}\sum_{i=0}^{K-1}\frac{1}{i!}\left(\frac{\varpi yc_u\gamma_{th_n}}{\eta a_n}\right)^i\right)\right]^{n+p}\mathrm{d}y\end{aligned} \tag{7-39}$$

将 $\varpi=0$ 带入式(7-39),可得 CD-NOMA 网络第 $n$ 个用户使用 pSIC 进行检测时的渐近中断概率为

$$P_{n,CD}^{pSIC,\infty} \approx \frac{M!}{(M-n)!n!}\left[\sum_{u=1}^{U}\frac{b_u}{K!}\left(\frac{c_u\gamma_{th_n}}{\eta\rho a_n}\right)^K\right]^n \propto \frac{1}{\rho^{nK}} \tag{7-40}$$

**结论 7.2**:将式(7-39)和式(7-40)带入式(7-34),可得在 CD-NOMA 网络中第 $n$ 个用户使用 ipSIC 和 pSIC 检测时的分集阶数分别为 0 和 $nK$。

**推论 7.5**:在高 SNR 条件下,PD-NOMA 网络第 $n$ 个用户使用 ipSIC 进行检测时的渐近中断概率可以表示为

$$P_{n,PD}^{ipSIC,\infty} \approx \frac{\varphi_n}{\Omega_I}\sum_{p=0}^{M-n}\binom{M-n}{p}\frac{(-1)^p}{n+p}\int_0^{\infty}y^{K-1}e^{-\frac{y}{\Omega_I}}\left[\sum_{u=1}^{U}b_u(1-e^{-\frac{\varpi yc_u\gamma_{th_n}}{\eta a_n}})\right]^{n+p}\mathrm{d}y \tag{7-41}$$

将 $\varpi=0$ 带入式(7-41),可得第 $n$ 个用户在使用 pSIC 检测时的渐近中断概率为

$$P_{n,PD}^{pSIC,\infty}\approx\frac{M!}{(M-n)!n!}\left[\sum_{u=1}^{U}b_u\left(\frac{\dot{\tau}c_u}{\eta}\right)\right]^n\propto\frac{1}{\rho^n}\tag{7-42}$$

**结论 7.3**:将式(7-41)和式(7-42)带入式(7-34),可得在 PD-NOMA 网络中第 $n$ 个用户使用 ipSIC 和 pSIC 检测时的分集阶数分别为 0 和 $n$。

由上述结论可知,用户的分集阶数不仅与用户信道的排序有关,还与系统子载波数 $K$ 的大小有关。因此可以调整子载波数 $K$ 的大小来满足不同应用场景的需求。在使用 pSIC 检测的条件下,CD-NOMA 较 PD-NOMA 提供了较大的分集阶数;然而在使用 ipSIC 检测的条件下,由于残留干扰信号的影响,CD/PD-NOMA 获得的分集阶数均为 0。

**命题 7.2**:基于命题 7.1,在 CD-NOMA 和 PD-NOMA 网络配对用户使用 ipSIC/pSIC 检测时的渐近中断概率可分别表示为

$$P_{nf,CD}^{\psi,\infty}=P_{f,CD}^{\infty}+P_{n,CD}^{\psi,\infty}-P_{f,CD}^{\infty}P_{n,CD}^{\psi,\infty}\tag{7-43}$$

$$P_{nf,PD}^{\psi,\infty}=P_{f,PD}^{\infty}+P_{n,PD}^{\psi,\infty}-P_{f,PD}^{\infty}P_{n,PD}^{\psi,\infty}\tag{7-44}$$

式中,$P_{f,CD}^{\infty}$ 和 $P_{f,PD}^{\infty}$ 可以分别从式(7-35)和式(7-38)中获得;$P_{n,CD}^{ipSIC,\infty}$ 和 $P_{n,PD}^{ipSIC,\infty}$ 可以分别从式(7-39)和式(7-41)中获得;$P_{n,CD}^{pSIC,\infty}$ 和 $P_{n,PD}^{pSIC,\infty}$ 可以分别从式(7-40)和式(7-42)中获得。

**结论 7.4**:基于上述结论可知,在 CD-NOMA 和 PD-NOMA 网络使用 ipSIC/pSIC 检测信号时配对用户所获得的分集阶数分别为 0、$fK$、0 和 $f$。同样受残留干扰信号的影响,配对用户在使用 ipSIC 检测时获得的分集阶数为 0。此外还可以看出配对用户的分集阶数大小由第 $f$ 个用户的分集阶数来决定。

**2. 系统吞吐量**

根据第 2 章 2.3.3 节给出的延时受限发送模式下系统吞吐量的定义,在使用 ipSIC/pSIC 检测的情况下,CD-NOMA 和 PD-NOMA 的系统吞吐量可以分别表示为

$$R_{CD}^{\psi}=(1-P_{f,CD})R_n+(1-P_{n,CD}^{\psi})R_f\tag{7-45}$$

$$R_{PD}^{\psi}=(1-P_{f,CD})R_n+(1-P_{n,PD}^{\psi})R_f\tag{7-46}$$

式中,$P_{f,CD}$ 和 $P_{f,PD}$ 分别从式(7-22)和式(7-23)中获得;$P_{n,CD}^{ipSIC}$ 和 $P_{n,PD}^{ipSIC}$ 分别从式(7-25)和式(7-30)中获得。

## 7.4 数值仿真结果

本节通过数值仿真来验证上述 NOMA 统一框架下的理论分析结果。不失一般性,假设配对用户的功率分配因子分别为 $a_f=0.8$ 和 $a_n=0.2$,对应的目标数据速率设置为 $R_f=R_n=0.01$ BPCU,路径损耗指数设置为 $\alpha=2$,系统载波频率设置为 1 GHz。复杂度与准确度之间的折中参数 $U$ 设置为 $U=15$。为了对比 NOMA 统一框架下的中断性能,将传统 OMA 作为对比基准。此时 OMA 的目标速率 $R_o$ 满足关系式 $R_o=R_n+R_f$。注意这里设置较小的目标数据速率可以应用于支持低能量消耗和小包业务等物联网场景。

图 7-2 呈现了配对用户(第 $f$ 个用户和第 $n$ 个用户)在不同 SNR 下的中断概率,其中,$M=3,n=2,f=1,K=2,R_{\mathcal{D}}=2$ m,$R_n=R_f=0.01$ BPCU。第 $f$ 个用户准确中断概率和渐近中断概率曲线分别是根据式(7-22)和式(7-35)绘制的。第 $n$ 个用户在使用 ipSIC 和 pSIC 检测情况下的中断概率分别是根据式(7-25)和式(7-29)绘制的。很显然中断概率的

理论分析曲线与数值仿真结果完美匹配。从图中可以观察到，第 $n$ 个用户的中断概率小于第 $f$ 个用户的中断概率，这种现象可以解释为经过信道排序后第 $n$ 个用户的信道增益优于第 $f$ 个用户的信道增益。还可以观察到传统 OMA 的中断性能优于第 $f$ 个用户的中断性能却差于第 $n$ 个用户的中断性能，这是由于当系统同时服务于多个用户时，NOMA 相对于 OMA 能够提供更好的用户公平性，这与参考文献[26，58]中的结论是一致的。另外第 $n$ 个用户在使用 ipSIC 和 pSIC 检测情况下的渐近中断概率分别是根据式(7-39)和式(7-40)绘制的。从图中可以看出，在高 SNR 范围内渐近中断概率收敛于准确中断概率。由于受到残留干扰信号的影响，在高 SNR 条件下第 $n$ 个用户使用 ipSIC 检测时的中断概率存在错误平层，这也证实了结论 7.2。随着干扰值的增加，比如，$E\{\|\boldsymbol{h}_I\|_2^2\}=-30,-25,-20$ dB，第 $n$ 个用户的中断性能变差。因此，如何抑制由 ipSIC 检测带来的残留干扰对 NOMA 系统性能的影响至关重要。

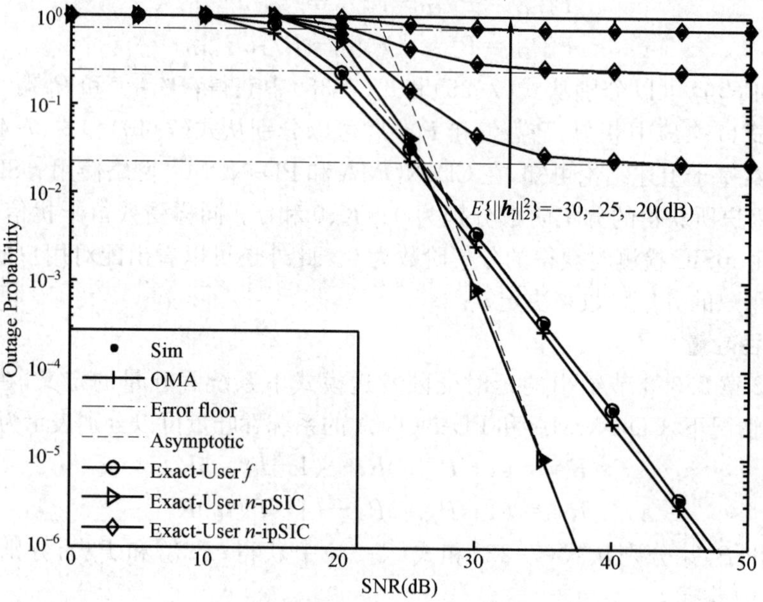


图 7-2　配对用户在不同 SNR 下的中断性能

图 7-3 呈现了第 $f$ 个用户和第 $n$ 个用户在不同子载波数(比如，$K=1$ 和 $K=3$)下的中断概率，其中，$M=3$，$n=2$，$f=1$，$R_{\mathcal{D}}=2$ m，$R_n=R_f=0.01$ BPCU。当子载波数 $K=1$ 时，NOMA 统一框架将变成 PD-NOMA。在 PD-NOMA 网络下，第 $f$ 个用户的中断概率曲线根据式(7-23)绘制；第 $n$ 个用户在使用 ipSIC 和 pSIC 检测情况下的中断概率曲线分别是根据式(7-30)和式(7-31)绘制的；由图可知，中断概率的数值仿真曲线与理论分析结果曲线完全一致。在高 SNR 条件下，配对用户的渐近中断概率收敛于准确中断概率。从图中可以观察到，CD-NOMA 相对于 PD-NOMA 提供了较好的中断性能，这是因为CD-NOMA 能实现较高的分集增益，证实了结论 7.1。

图 7-4 呈现了第 $f$ 个用户和第 $n$ 个用户在不同目标数据速率下的中断概率，其中，$M=3$，$n=2$，$f=1$，$R_{\mathcal{D}}=2$ m，$R_n=R_f=0.01$ BPCU。从图中可以观察到，随着目标数据速率的增加用户的中断概率越来越小。这是因为用户目标数据速率与检测目标 SNR 有直接关系，

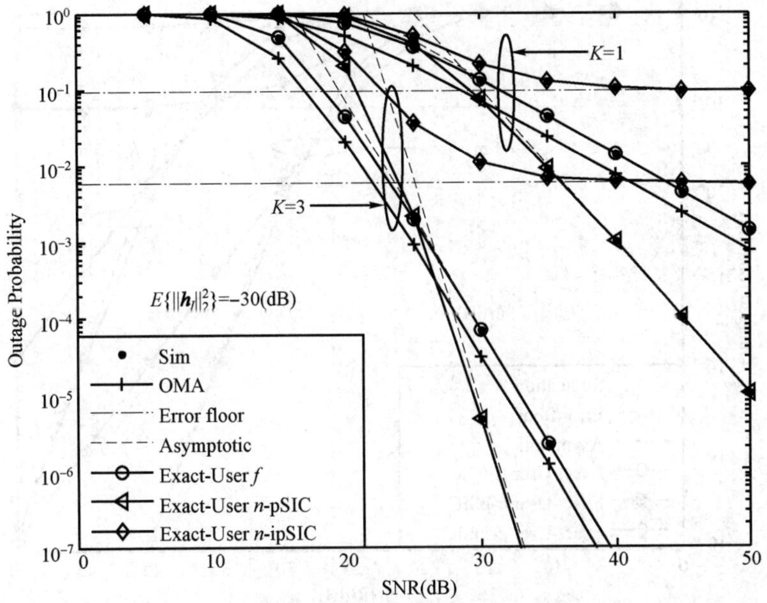


图 7-3　配对用户在不同子载波数下的中断性能

影响着用户的中断概率的大小。需要指出的是不正确的目标数据速率 $R_f$ 和 $R_n$ 将会导致较差的中断性能。图 7-5 呈现了第 $f$ 个用户和第 $n$ 个用户在不同网络半径和路损指数下的中断概率，其中，$M=3,n=2,f=1,K=2,R_{\mathcal{D}}=2$ m，$R_n=R_f=0.01$ BPCU。从仿真结果可以看出，随着网络半径逐渐减小用户的中断概率性能越来越好。这是由于较小的网络半径使得系统中受大尺度衰落的影响较小。如果调整路径损耗指数 $\alpha=3$ 到 $\alpha=2$，配对用户同样可以获得较好的中断性能。由此可知，在设计实际的 NOMA 通信系统时应考虑网络半径和损耗指数等参数对非正交用户性能的影响。

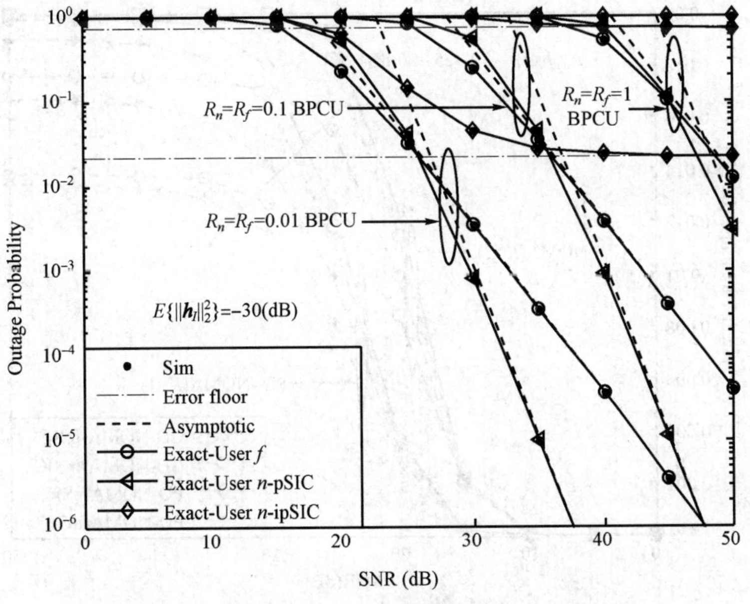


图 7-4　配对用户在不同目标数据速率下的中断性能

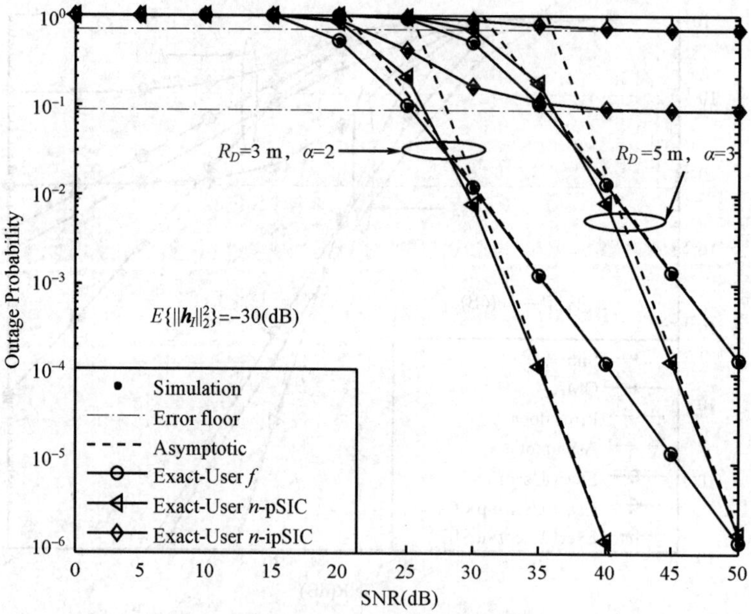


图 7-5　配对用户在不同网络半径和路损指数下的中断性能

图 7-6 呈现了 CD/PD-NOMA 在延时受限发送模式下的系统吞吐量，其中，$M=3$，$n=2$，$f=1$。正方形/菱形实线表示在使用 pSIC 检测的情况下 CD/PD-NOMA 的系统吞吐量，分别是根据式(7-45)和式(7-46)绘制的。圆圈/星形虚线分别表示在不同残留干扰值影响下 CD-NOMA 和 PD-NOMA 的系统吞吐量。从数值仿真结果可以看出，CD-NOMA 相对于 PD-NOMA 实现了较大的系统吞吐量，这是因为 CD-NOMA 具有较小的中断概率。随着干扰值从 −30 dB 增加到 −20 dB，系统吞吐量越来越小并收敛于吞吐量的上界，这种现象可以解释为 CD/PD-NOMA 的中断概率在高 SNR 条件下收敛于错误平层。

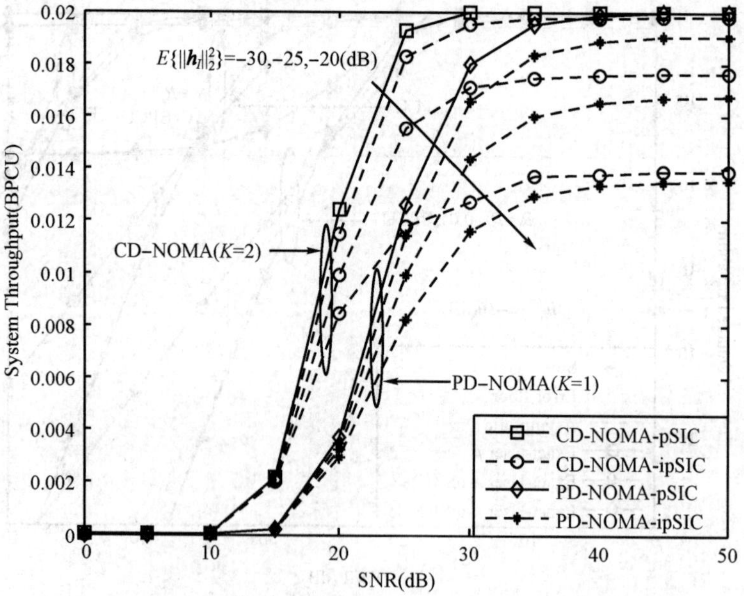


图 7-6　CD/PD-NOMA 在延时受限发送模式下的系统吞吐量

## 7.5 本章小结

本章介绍了一种用于下行 NOMA 通信的统一技术框架，根据系统设置的子载波数 $K$ 的大小，该技术框架可以转换为 CD-NOMA 或者 PD-NOMA。利用排序理论对基站到用户的信道进行排序，推导了 CD/PD-NOMA 系统中第 $f$ 个用户的中断概率闭式解以及高 SNR 条件下的渐近中断概率；其次，推导了 CD/PD-NOMA 系统中第 $n$ 个用户在分别使用 ipSIC/pSIC 时的中断概率闭式解和高 SNR 条件下的渐近中断概率。根据理论分析结果，求解出了第 $n$ 个用户和第 $f$ 个用户的分集阶数。对于 CD-NOMA 网络来说，用户的分集阶数不仅与用户信道的排序有关，而且还与系统中子载波数 $K$ 的大小有关；由于残留干扰信号的影响，CD/PD-NOMA 网络中第 $n$ 个用户在使用 ipSIC 检测时获得的分集阶数为零。最后，讨论了 CD/PD-NOMA 在延时受限发送模式下的系统吞吐量。

# 第8章 基于NOMA的物理层安全通信技术

本章在NOMA统一技术框架下介绍外部窃听和内部窃听场景的安全通信问题。通过随机几何理论对合法用户和窃听者的空间位置进行建模，考虑了ipSIC和pSIC检测对NOMA统一框架的影响，分别给出CD-NOMA和PD-NOMA网络合法用户安全中断概率闭合表达式和渐近表达式。针对外部窃听场景，即存在恶意用户窃取合法用户（第$n$个用户和第$f$个用户）信息的场景，给出CD-NOMA和PD-NOMA网络第$n$个用户使用ipSIC/pSIC检测条件下分集阶数分别为$0/K$和$0/1$；第$f$个用户的分集阶数分别为$K$和1。针对内部窃听场景，即将第$f$个用户视为窃听者非法窃取第$n$个用户的信息，给出CD-NOMA和PD-NOMA网络在使用ipSIC/pSIC检测条件下的分集阶数分别为$0/K$和$0/1$。数值仿真结果表明：①在外部窃听场景中，第$n$个用户的安全中断性能优于第$f$个用户的性能；②随着NOMA统一框架下子载波数目的增加，CD-NOMA网络比PD-NOMA网络能够获得更高的安全分集增益。

## 8.1 概　述

差异性、多样化的业务类型和服务需求对信息安全和用户隐私保护提出了巨大的挑战。由于通信网络拓扑结构的复杂性和无线链路的开放性，复杂的上层加密算法很难在无线通信网络中实现，基于密码学的传统安全策略也逐渐不能满足当今时代的需求。高性能计算技术的发展使得大运算量的加密机制存在被攻破的风险，同时密钥管理容易受高传输速率的限制，即使增加密钥长度或扩充密钥空间也难以避免被穷举破解的可能。物理层安全通信技术是信息安全的重要组成部分，它是在香农提出的物理层安全模型基础上发展起来的，能够利用无线信道的物理特性保证信息传输的安全性。与传统在网络协议栈的上层采用各种加密密钥的方式相比，物理层安全技术利用无线信道内在的随机特性实现无密钥的信息安全传输，已成为下一代通信网络信息安全发展的必然趋势和进一步提高信息安全的有效途径。物理层安全以信息论为基础，利用无线信道的时变性，并结合信道编码和加密等手段保证合法用户信息不被窃听。当窃听信道的信道条件比主信道差时，存在一种适用于合法通信双方的信道编码，使得安全用户能够以任意小的错误概率对信息进行准确的解调。在窃听者无法获取合法用户有用信息情况下，通信系统最大的可达安全速率称为安全容量，即窃听者无法正确解码时收发双方的最大安全传输速率。

下一代移动通信系统将实现泛在网络连接，大量的敏感和私密信息通过无线信道传播很容易被窃听者干扰和窃取。在NOMA网络中，由于发送端采用叠加编码和接收端使用SIC解码的特性，以及多用户服务需求差异性大等因素将出现非正交用户成为被动偷听者或存在恶意拦截、窃听用户信息的情况。内部窃听是指在NOMA通信网络中存在用户节点之间窃听信息的风险，即近端用户窃听远端用户的信息或者远端用户窃听近端用户的信息，导致 NOMA 用户的安全信息泄露。外部窃听是指当窃听者的信道条件优于非正交用户的信道条件时，窃听者可以使用 SIC 来解码信息从而导致信息外泄。另外由于无线信道的时变性以及在使用 SIC 检测时存在差错传播等因素的影响，评估 ipSIC 条件下 NOMA 统一框架下物理层安全通信性能更符合实际场景的需求。基于此，本章主要介绍 NOMA 统一技术框架下物理层安全通信性能。首先，推导了外部窃听场景下第 $n$ 个用户和第 $f$ 个用户的安全中断概率闭合表达式和渐近表达式，得到高 SNR 条件下第 $n$ 个用户和第 $f$ 个用户获得的分集阶数；其次，推导了内部窃听场景下第 $f$ 个用户窃听第 $n$ 个用户信息时的安全中断概率闭合表达式和渐近表达式，给出相应的分集阶数；分析 ipSIC 检测对统一框架下 CD-NOMA 和 PD-NOMA 中断性能的影响；最后，讨论延时受限发送模式下 CD-NOMA 和 PD-NOMA 的系统吞吐量并利用数值仿真验证理论分析结果。

本章剩余部分具体安排如下：8.2 节介绍了 NOMA 统一框架下安全通信网络模型和信号模型；8.3 节给出了 NOMA 统一框架下内部窃听和外部窃听场景合法用户的中断概率和分集阶数；8.4 节给出了数值仿真结果用于证实前述章节的理论分析；最后，8.5 节对本章进行了小结。

## 8.2 系统模型

本节分别从网络描述、接收信号模型以及信道统计特性三个方面展开介绍。

### 8.2.1 网络描述

考虑一个基于 NOMA 统一框架的物理层安全通信场景，如图 8-1 所示，在多个恶意窃听用户存在的情况下，基站向 $M$ 个非正交用户发送叠加信号。通过使用预先定义好的稀疏矩阵 $\boldsymbol{G}_{K\times M}$，基站将多个用户的信息映射到子载波或时频资源单元上。为了确保稀疏矩阵是过载的，假设 $\boldsymbol{G}_{K\times M}$ 的维度满足不等式 $1\leqslant K<M$。需要注意的是如果 $M$ 小于或等于 $K$，每个用户的信息则在相互正交的时频资源单元上传输。$\boldsymbol{G}_{K\times M}$ 中“1”表示有数据映射到相应的子载波，“0”则表示没有数据映射到相应的子载波上。为了便于分析，基站、合法用户和窃听者分别配备了单根天线。假设网络中 $M$ 个用户分成 $M/2$ 个相互正交用户组，每个组内根据信道条件来区分远近用户。如图 8-1 所示，基站位于圆环 $\mathcal{D}_1$ 的中心，其中 $M/2$ 个用户均匀分布在半径为 $R_{\mathcal{D}_1}$ 的 $\mathcal{D}_1$ 内，剩余的 $M/2$ 个用户均匀分布在从半径 $R_{\mathcal{D}_1}$ 到 $R_{\mathcal{D}_2}$ 的圆环 $\mathcal{D}_2$ 内，而窃听者则均匀分布在半径为 $R_{\mathcal{D}_2}$ 的圆形区域内。需要注意的是合法用户和窃听者的空间位置分别建模为密度为 $\lambda_l$ 和 $\lambda_e$ 的 HPPPs $\Phi_l$ 和 $\Phi_e$。本章使用有界路径损耗模型来建模基站到合法用户以及窃听者的信道系数，来确保对于任何距离来说路径损耗总是大于 1。基站和合法用户之间的信道以及基站和窃听者之间的信道分别表示为主信道和窃听信道。假设基站无法获取窃听者的信道状态信息，只能获取合法用户的信道状态信息。基站随机从 $\mathcal{D}_1$ 和 $\mathcal{D}_2$ 中选择一个近端用户(第 $n$ 个用户)和一个远端用户(第 $f$ 个用户)去执行 NOMA 协议，需要注意的是更复杂的用户配对能够进一步增强系统的安全性能。本章从安全传输设计的角度出发，考虑外部窃听和内部窃听两种通信场景：①在外部窃听场景中，窃

听者恶意偷听基站与合法用户之间的主信道通信链路信息;②在内部窃听场景中,将信道条件较差的第 $f$ 个用户看作窃听者去监听基站发送给第 $n$ 个用户的信息。

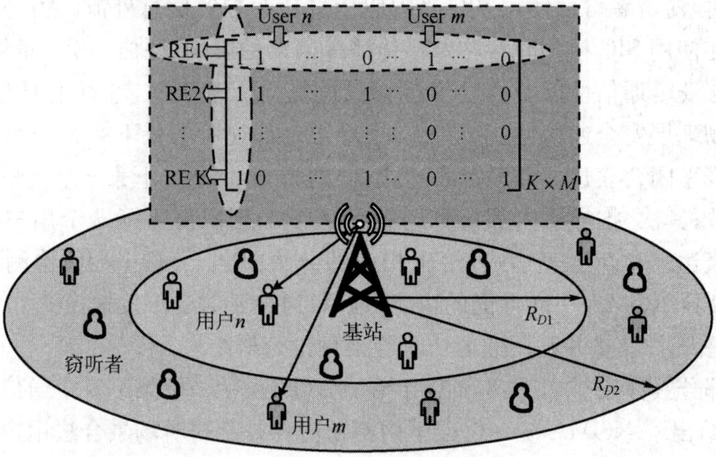


图 8-1 NOMA 统一框架下物理层安全通信系统模型图

## 8.2.2 接收信号模型

在 NOMA 统一框架下,基站将合法用户的数据通过稀疏矩阵的一列扩频到 $K$ 个子载波上。因此第 $\varphi$ 个用户的接收信号表达式可以写为

$$\boldsymbol{y}_{\varphi}=\text{diag}(\boldsymbol{h}_{\varphi})(\boldsymbol{g}_n\sqrt{P_s a_n}x_n+\boldsymbol{g}_f\sqrt{P_s a_f}x_f)+n_{\varphi} \tag{8-1}$$

式中,$\varphi\in(n,f)$。$x_n$ 和 $x_f$ 分别表示第 $n$ 个用户和第 $f$ 个用户的归一化能量信号,即 $E\{x_n^2\}=E\{x_f^2\}=1$。考虑到用户之间的公平性,第 $n$ 个用户和第 $f$ 个用户的功率分配因子 $a_n$ 和 $a_f$ 需要满足 $a_f>a_n$ 且 $a_f+a_n=1$。需要指出的是最优的功率分配因子能够进一步增强 NOMA 物理层安全通信性能,但该内容超出了本章的研究范围。$P_s$ 表示基站的发送功率。$\boldsymbol{g}_{\varphi}=[g_{\varphi 1}g_{\varphi 1}\cdots g_{\varphi K}]^{\mathrm{T}}$ 属于 $\boldsymbol{G}_{K\times M}$ 其中的一列表示第 $\varphi$ 个用户的映射指示向量。具体而言,$g_{\varphi k}=1$ 和 $g_{\varphi k}=0$ 分别表示信号是否被映射到第 $k$ 个子载波。为了便于分析,假设 $\boldsymbol{G}_{K\times M}$ 是一个具有相同列重的规则稀疏矩阵。$\boldsymbol{h}_{\varphi}=[\tilde{h}_{\varphi 1}\tilde{h}_{\varphi 2}\cdots\tilde{h}_{\varphi K}]^{\mathrm{T}}$ 表示基站到第 $\varphi$ 个用户在 $K$ 个子载波上的信道向量且 $\tilde{h}_{\varphi k}=\sqrt{\eta}h_{\varphi k}/\sqrt{1+d_{\varphi}^{\alpha}}$,其中,$h_{\varphi k}\sim\mathcal{CN}(0,1)$ 表示基站到第 $\varphi$ 个用户在第 $k$ 个子载波上的瑞利衰落信道,$\eta$ 是频率相关因子,$\alpha$ 是路径损耗指数,$d_{\varphi}$ 是基站到第 $\varphi$ 个用户的距离。$\boldsymbol{n}_{\varphi}\sim\mathcal{CN}(0,N_0\boldsymbol{I}_K)$ 表示第 $\varphi$ 个用户在 $K$ 个子载波上的 AWGN。

为了最大化输出 SNR,在第 $\varphi$ 个合法用户处采用最大比合并的方式来处理 $K$ 个子载波上的信息。令 $\boldsymbol{u}_{\varphi}=[\text{diag}(\boldsymbol{h}_{\varphi})\boldsymbol{g}_{\varphi}]^{*}/\|\text{diag}(\boldsymbol{h}_{\varphi})\boldsymbol{g}_{\varphi}\|$,第 $\varphi$ 个用户的接收信号可以重新写为

$$\tilde{y}_{\varphi}=\boldsymbol{u}_{\varphi}\text{diag}(\boldsymbol{h}_{\varphi})(\boldsymbol{g}_n\sqrt{P_S a_n}x_n+\boldsymbol{g}_f\sqrt{P_S a_f}x_f)+\boldsymbol{u}_{\varphi}\boldsymbol{n}_{\varphi} \tag{8-2}$$

对于第 $n$ 个用户,由于其具有较好的信道条件使用 SIC 先解码第 $f$ 个用户的信号 $x_f$ 并将其从叠加信号中删除,然后再检测自身的信号 $x_n$。此时第 $n$ 个用户解码信号 $x_n$ 的 SINR 可以表示为

$$\gamma_{n,s}=\frac{\rho\|\text{diag}(\boldsymbol{h}_n)\boldsymbol{g}_n\|_2^2 a_n}{\varpi'\rho\|\boldsymbol{h}_I\|_2^2+1} \tag{8-3}$$

式中，$\rho=P_s/N_0$ 表示发送端 SNR。$\varpi'\in[0,1]$表示残余干扰的影响等级，具体而言 $\varpi'\neq 0$ 和 $\varpi'=0$ 分别表示近端用户使用了 ipSIC 和 pSIC 解码。$\boldsymbol{h}_I=[h_{I1}h_{I2}\cdots h_{IK}]^{\mathrm{T}}$ 表示残留干扰信道向量且 $h_{Ik}\sim\mathcal{CN}(0,\Omega_I)$。第 $f$ 个用户的信道条件较差，在检测自身信号 $x_f$ 时将 $x_n$ 看作干扰，对应的 SINR 可以表示为

$$\gamma_{f,s}=\frac{\rho\parallel\mathrm{diag}(\boldsymbol{h}_f)\boldsymbol{g}_f\parallel_2^2 a_f}{\rho\parallel\mathrm{diag}(\boldsymbol{h}_f)\boldsymbol{g}_n\parallel_2^2 a_n+1}\tag{8-4}$$

(1) 外部窃听场景：与现有文献的研究不同，此处假设窃听者不具备强大的检测能力，即不能执行理想的多用户检测。例如，窃听者只有有限的计算能力并且允许干扰信号的存在。类似于式(8-2)，NOMA 统一框架下窃听者使用最大比合并后的接收信号表达式可以写为

$$\tilde{\boldsymbol{y}}_e=\boldsymbol{u}_e\mathrm{diag}(\boldsymbol{h}_e)(\boldsymbol{g}_n\sqrt{P_S a_n}x_n+\boldsymbol{g}_f\sqrt{P_S a_f}x_f)+\boldsymbol{u}_e\boldsymbol{n}_e\tag{8-5}$$

式中，$\boldsymbol{u}_e=[\mathrm{diag}(\boldsymbol{h}_e)\boldsymbol{g}_e]^*/\parallel\mathrm{diag}(\boldsymbol{h}_e)\boldsymbol{g}_e\parallel$。$\boldsymbol{h}_e=[\tilde{h}_{e1}\tilde{h}_{e2}\cdots\tilde{h}_{eK}]^{\mathrm{T}}$ 表示基站到窃听者在 $K$ 个子载波上的信道向量且$\tilde{h}_{ek}=\sqrt{\eta}h_{ek}/\sqrt{1+d_e^{\alpha}}$，其中，$h_{ek}\sim\mathcal{CN}(0,1)$表示基站到窃听者在第 $k$ 个子载波上的瑞利衰落信道，$d_e$ 是基站和窃听者之间的距离。$\boldsymbol{g}_e=[g_{e1}g_{e2}\cdots g_{eK}]^{\mathrm{T}}$ 属于$\boldsymbol{G}_{K\times M}$的一列。$\boldsymbol{n}_e\sim\mathcal{CN}(0,N_e\boldsymbol{I}_K)$表示在窃听者处的 AWGN。

基于上述假设，窃听者先检测第 $f$ 个用户的信号 $x_f$，并将第 $n$ 个用户的信号当作干扰信号，然后再解码第 $n$ 个用户的信号 $x_n$。此时，检测能力最强的窃听者检测信号 $x_n$ 的 SINR 可以表示为

$$\gamma_{E_{n,s}}=\max_{e\in\Phi_e}\left\{\frac{a_n\parallel\mathrm{diag}(\boldsymbol{h}_e)\boldsymbol{g}_e\parallel_2^2\rho_e}{\varpi'\parallel\boldsymbol{h}_{I_e}\parallel_2^2\rho_e+1}\right\}\tag{8-6}$$

式中，$\rho_e=P_s/N_e$ 表示窃听者处的 SNR。$\boldsymbol{h}_{I_e}=[h_{I_e1}h_{I_e2}\cdots h_{I_eK}]^{\mathrm{T}}$ 表示残留干扰信道向量且 $h_{I_ek}\sim\mathcal{CN}(0,\Omega_{I_e})$。

另外，检测能力最强窃听者检测信号 $x_f$ 的 SINR 可以表示为

$$\gamma_{E_{f,s}}=\max_{e\in\Phi_e}\left\{\frac{a_f\parallel\mathrm{diag}(\boldsymbol{h}_e)\boldsymbol{g}_e\parallel_2^2\rho_e}{a_n\parallel\mathrm{diag}(\boldsymbol{h}_e)\boldsymbol{g}_e\parallel_2^2\rho_e+1}\right\}\tag{8-7}$$

(2) 内部窃听场景：将第 $f$ 个用户看作窃听者窃取第 $n$ 个用户的信息。此时第 $f$ 个用户检测第 $n$ 个用户的 SNR 可以表示为

$$\gamma_{E_{f\to n}}=\max_{e\in\Phi_e}\{\rho_e\parallel\mathrm{diag}(\boldsymbol{h}_f)\boldsymbol{g}_f\parallel_2^2 a_n\}\tag{8-8}$$

## 8.2.3 信道统计特性

为了便于后续章节评估用户的安全中断概率性能，本小节介绍式(8-3)和式(8-4)的信道统计特性。

**引理 8.1**：假设合法用户均匀地分布在圆环 $\mathcal{D}_1$ 内，那么在 CD-NOMA 网络中第 $n$ 个用户使用 ipSIC 条件下 $\gamma_{n,s}$的 CDF $F_{CD,\gamma_{n,s}}^{ipSIC}$ 可以近似为

$$F_{CD,\gamma_{n,s}}^{ipSIC}(x)\approx\frac{1}{(K-1)!\Omega_I^K}\sum_{u=1}^{U}b_u\left[\Omega_I^K\Gamma(K)-e^{-\frac{xc_u}{\eta\rho a_n}}\sum_{i=0}^{K-1}\sum_{j=0}^{i}\binom{i}{j}\frac{\psi}{i!}\left(\frac{xc_u}{\eta\rho a_n}\right)^i\left(\frac{\eta a_n\Omega_I}{x\varpi c_u\Omega_I+\eta a_n}\right)^{K+j}\right]\tag{8-9}$$

式中，$\varpi'\neq 0$，$b_u=\frac{\pi}{2U}\sqrt{1-\theta_u^2}\,(\theta_u+1)$，$c_u=1+\left[\frac{R_{\mathcal{D}_1}}{2}(\theta_u+1)\right]^{\alpha}$，$\theta_u=\cos\left(\frac{2u-1}{2U}\pi\right)$，$\psi=(\varpi'\rho)^j\Gamma(K+j)$。参数 $U$ 表示复杂度与准确度之间的一种折中。

**证明**:假设 $\boldsymbol{G}_{K\times M}$是一个规则的稀疏矩阵,则 $\boldsymbol{G}_{K\times M}$的第 $n$ 列 $\boldsymbol{g}_n$ 和第 $f$ 列 $\boldsymbol{g}_f$ 具有相同的列重。此时,变量 $\|\mathrm{diag}(\boldsymbol{h}_n)\boldsymbol{g}_n\|_2^2$ 和 $\|\mathrm{diag}(\boldsymbol{h}_f)\boldsymbol{g}_n\|_2^2$ 具有相同的分布函数。基于式(8-3),CD-NOMA 网络第 $n$ 个用户使用 ipSIC 条件下 $\gamma_{n,s}$的 CDF $F_{CD,\gamma_{n,s}}^{ipSIC}$ 可以表示为

$$F_{CD,\gamma_{n,s}}^{ipSIC}(x)=\Pr\left(\frac{\rho\|\mathrm{diag}(\boldsymbol{h}_n)\boldsymbol{g}_n\|_2^2 a_n}{\varpi'\rho\|\boldsymbol{h}_I\|_2^2+1}<x\right) \tag{8-10}$$

式中,$\varpi'\neq0$。在第 7 章式(7-15)的基础上去掉信道排序操作,式(8-10)可以进一步计算如下:

$$F_{CD,\gamma_{n,s}}^{ipSIC}(x)\approx\frac{1}{(K-1)!\Omega_I^K}\int_0^{\infty}y^{K-1}e^{-\frac{y}{\Omega_I}}\left\{\sum_{u=1}^{U}b_u\left[1-e^{-\frac{xc_u(\varpi'\rho y+1)}{\eta\rho a_n}}\sum_{i=0}^{K-1}\frac{1}{i!}\left(\frac{xc_u(\varpi'\rho y+1)}{\eta\rho a_n}\right)^i\right]\right\}\mathrm{d}y$$

$$=\frac{1}{(K-1)!\Omega_I^K}\sum_{u=1}^{U}b_u\left[\underbrace{\int_0^{\infty}y^{K-1}e^{-\frac{y}{\Omega_I}}\mathrm{d}y}_{J_{s1}}-e^{-\frac{xc_u}{\eta\rho a_n}}\sum_{i=0}^{K-1}\frac{1}{i!}\left(\frac{xc_u}{\eta\rho a_n}\right)^i\right]\underbrace{\int_0^{\infty}y^{K-1}e^{-\frac{y(x\varpi'c_u\Omega_I+\eta a_n)}{\eta a_n\Omega_I}}(\varpi'\rho y+1)^i\mathrm{d}y}_{J_{s2}} \tag{8-11}$$

借助于文献[103]中公式(3.381.4)并利用二项式定理,可以得到 $J_{s1}$和 $J_{s2}$的闭式解分别为

$$J_{s1}=\Omega_I^K\Gamma(K) \tag{8-12}$$

$$J_{s2}=e^{-\frac{xc_u}{\eta\rho a_n}}\sum_{i=0}^{K-1}\sum_{j=0}^{i}\frac{1}{i!}\binom{i}{j}\left(\frac{xc_u}{\eta\rho a_n}\right)^i\left(\frac{\eta a_n\Omega_I}{x\varpi'c_u\Omega_I+\eta a_n}\right)^{K+j}(\varpi'\rho)^j\Gamma(K+j) \tag{8-13}$$

将式(8-12)和式(8-13)代入式(8-11),可以得到式(8-9)。证明完毕。

将 $\varpi'=0$ 代入式(8-9)中,可得 CD-NOMA 网络第 $n$ 个用户使用 pSIC 条件下 $\gamma_{n,s}$的 CDF $F_{CD,\gamma_{n,s}}^{pSIC}$ 为

$$F_{CD,\gamma_{n,s}}^{pSIC}(x)\approx\sum_{u=1}^{U}b_u\left[1-e^{-\frac{xc_u}{\eta\rho a_n}}\sum_{i=0}^{K-1}\frac{1}{i!}\left(\frac{xc_u}{\eta\rho a_n}\right)^i\right] \tag{8-14}$$

在 $K=1$ 的特殊情况下,PD-NOMA 网络第 $n$ 个用户使用 ipSIC 条件下 $\gamma_{n,s}$的 CDF $F_{PD,\gamma_{n,s}}^{ipSIC}$ 可以表示为

$$F_{PD,\gamma_{n,s}}^{ipSIC}(x)\approx\sum_{u=1}^{U}b_u\left(1-\frac{\eta a_n}{\eta a_n+x\varpi'c_u\Omega_I}e^{-\frac{xc_u}{\eta\rho a_n}}\right) \tag{8-15}$$

将 $\varpi=0$ 代入式(8-15)中,可得 PD-NOMA 网络第 $n$ 个用户使用 pSIC 条件下 $\gamma_{n,s}$的 CDF $F_{PD,\gamma_{n,s}}^{pSIC}$ 为

$$F_{PD,\gamma_{n,s}}^{pSIC}(x)\approx\sum_{u=1}^{U}b_u(1-e^{-\frac{xc_u}{\eta\rho a_n}}) \tag{8-16}$$

## 8.3 安全性能分析

本小节介绍 NOMA 统一技术框架下外部窃听和内部窃听场景下的物理层安全通信性能。具体而言,如果基站无法获取窃听者的信道状态信息,则它将以固定安全速率传输信息;当合法用户瞬时安全速率小于其目标安全速率,系统将会发生安全中断。此时可以选取安全中断概率作为物理层安全通信性能的评估指标。接下来详细介绍外部窃听场景下第 $n$ 个用户和第 $f$ 个用户的安全中断性能以及内部窃听场景下第 $f$ 个用户窃听第 $n$ 个用户的

信息时的安全中断概率。根据理论分析结果，进一步给出高 SNR 条件下合法用户的安全分集阶数。

## 8.3.1 外部窃听场景

考虑将第 $n$ 个用户和第 $f$ 个用户配对去执行 NOMA 传输。在 NOMA 统一框架下定义第 $n$ 个用户和第 $f$ 个用户的安全速率分别如下：

$$C_{n,s}=[\log_2(1+\gamma_{n,s})-\log_2(1+\gamma_{E_{n,s}})]^+ \tag{8-17}$$

$$C_{f,s}=[\log_2(1+\gamma_{f,s})-\log_2(1+\gamma_{E_{f,s}})]^+ \tag{8-18}$$

式中，$[x]^+=\max\{0,x\}$。为了便于澄清，假设第 $n$ 个用户和第 $f$ 个用户面对的最有害窃听者是不同的。

(1) 第 $n$ 个用户的安全中断概率：根据上述定义，当第 $n$ 个用户的安全速率 $C_{n,s}$ 低于目标安全速率时，第 $n$ 个用户的安全通信发生中断。因此，在外部窃听场景下第 $n$ 个用户的安全中断概率可以表示为

$$\begin{aligned}P_{n,s}(R_{n,s})&=\Pr(C_{n,s}<R_{n,s})\\&=\int_0^\infty f_{\gamma_{E_{n,s}}}(x)F_{\gamma_{n,s}}(2^{R_{n,s}}(1+x)-1)\mathrm{d}x\end{aligned} \tag{8-19}$$

式中，$R_{n,s}$ 表示第 $n$ 个用户的目标安全速率。为了得到式(8-19)中 $P_{n,s}(R_{n,s})$ 的闭合表达式，首先要给出窃听信道下 $\gamma_{E_{n,s}}$ 的 PDF，然后再求解对应的积分表达式。引理 8.2 给出了 CD-NOMA 网络窃听者在使用 ipSIC 检测条件下的 PDF。

**引理 8.2**：假设窃听者的位置均匀地分布在如图 8-1 所示的圆形区域内，那么在 CD-NOMA 网络中具有最强检测能力的窃听者使用 ipSIC 检测时 PDF $f_{\mathrm{CD},\gamma_{E_{n,s}}}^{ipSIC}$ 可以近似为

$$\begin{aligned}f_{\mathrm{CD},\gamma_{E_{n,s}}}^{ipSIC}(x)\approx{}& e^{-2\pi\lambda_e\sum\limits_{i=0}^{K-1}\sum\limits_{j=0}^{i}\sum\limits_{p=1}^{P}\binom{i}{j}\frac{x^i\zeta}{i!}H_p[\varphi_{s1}+x\varpi'\varphi_{s2}(1+r_p^\alpha)]^{-K-j}e^{-\frac{x(1+r_p^\alpha)}{\varphi_{s1}}+r_p}(1+r_p^\alpha)^i r_p}(-2\pi\lambda_e)\sum_{i=0}^{K-1}\sum_{j=0}^{i}\binom{i}{j}\frac{\zeta}{i!}e^{-\frac{x}{\varphi_{s1}}}\\&\times\left\langle\sum_{p=1}^{P}H_p\left\{\frac{ix^{i-1}-x^i(1+r_p^\alpha)\varphi^{-1}{}_{s1}}{[\varphi_{s1}+x\varpi'\varphi_{s2}(1+r_p^\alpha)]^{K+j}}-\frac{\varpi'\varphi_{s2}(1+r_p^\alpha)(K+j)x^i}{[\varphi_{s1}+x\varpi'\varphi_{s2}(1+r_p^\alpha)]^{K+j+1}}\right\}e^{-\frac{xr_p^\alpha}{\varphi_{s1}}+r_p}(1+r_p^\alpha)^i r_p\right\rangle\end{aligned} \tag{8-20}$$

式中，$\varpi'\neq0$，$\varphi_{s1}=\eta\rho_e a_n$，$\varphi_{s2}=\rho_e\Omega_{I_e}$，$\zeta=(\varpi'\varphi_{s2})^j(K+j-1)!\ /\varphi_{s1}^{-K-j+i}(K-1)!$。$r_p$ 和 $H_p$ 分别是高斯-拉盖尔积分的横坐标和加权系数。更具体来说，$r_p$ 是拉盖尔多项式 $L_P(r_p)$ 的第 $p$ 个零点，对应的第 $p$ 个加权系数为 $H_p=(P!)^2 r_p/[L_{P+1}(r_p)]^2$。另外，参数 $P$ 表示复杂度与准确度之间的一种折中。

**证明**：先给出窃听者在 ipSIC 检测条件下 $\gamma_{E_{n,s}}$ 的 CDF $F_{\mathrm{CD},\gamma_{E_{n,s}}}^{ipSIC}$，然后对其进行求导可得 $f_{\mathrm{CD},\gamma_{E_{n,s}}}^{ipSIC}$。为了简单起见，定义 $X\triangleq\|\mathrm{diag}(\boldsymbol{h}_e)\boldsymbol{g}_e\|_2^2=\dfrac{\eta Y}{1+d_e^\alpha}$，其中，$Y=\sum\limits_{k=1}^{K}|g_{ek}\widetilde{h}_{ek}|^2$ 以及 $Z\triangleq\|h_{I_e}\|_2^2$。很容易观察到，$Y$ 和 $Z$ 分别是服从参数为 $(K,1)$ 和 $(K,\Omega_{I_e})$ 的伽玛函数。因此，$Y$ 的 CDF 以及 $Z$ 的 PDF 可以分别表示为

$$F_Y(y)=1-e^{-y}\sum_{i=0}^{K-1}\frac{y^i}{i!} \tag{8-21}$$

$$f_Z(z)=\frac{y^{K-1}e^{-\frac{z}{\Omega_{I_e}}}}{\Omega_{I_e}^K(K-1)} \tag{8-22}$$

借助于式(8-6)，CD-NOMA 网络窃听者在 ipSIC 检测条件下 $\gamma_{E_{n,s}}$ 的 CDF $F_{CD,\gamma_{E_{n,s}}}^{ipSIC}$ 可以表示如下：

$$\begin{aligned} F_{CD,\gamma_{E_{n,s}}}^{ipSIC}(x) &= \Pr\left[\max_{e\in\Phi_e}\left(\frac{\rho_e\|\operatorname{diag}(h_e)g_e\|_2^2a_n}{\varpi'\rho_e\|h_{I_e}\|_2^2+1}\right)<x\right] \\ &= E_{\Phi_e}\left\{\prod_{e\in\Phi_e}\int_0^\infty f_Z(z)F_Y\left[\frac{x(\varpi'\rho_e z+1)(1+d_e^\alpha)}{\varphi_{s1}}\right]\mathrm{d}z\right\} \end{aligned} \tag{8-23}$$

式中，$\varpi'\neq0$。

通过应用生成函数 $E_\Phi\left[\prod_{x\in\Phi}f(x)\right]=\exp\left\{-\int_{\mathbb{R}^2}[1-f(x)]F(x)\mathrm{d}x\right\}$ 和极坐标转换，式(8-23)可以进一步计算如下：

$$\begin{aligned} F_{CD,\gamma_{E_{n,s}}}^{ipSIC}(x) &= \exp\left\{-\lambda_e\int_{\mathbb{R}^2}\left[1-\int_0^\infty f_Z(z)F_Y\left(\frac{x(\varpi'\rho_e z+1)(1+r^\alpha)}{\varphi_{s1}}\right)\mathrm{d}z\right]r\mathrm{d}r\right\} \\ &= \exp\left\{-2\pi\lambda_e\int_0^\infty\left[1-\int_0^\infty f_Z(z)F_Y\left(\frac{x(\varpi'\rho_e z+1)(1+r^\alpha)}{\varphi_{s1}}\right)\mathrm{d}z\right]r\mathrm{d}r\right\} \\ &= \exp\left\{-2\pi\lambda_e\int_0^\infty\frac{e^{\frac{x(1+r^\alpha)}{\varphi_{s1}}}}{(K-1)!\Omega_{I_e}^K}\sum_{i=0}^{K-1}\sum_{j=0}^{i}\binom{i}{j}\frac{(\varpi'\rho_e)^j}{i!}\left(\frac{x}{\varphi_{s1}}\right)^i(1+r^\alpha)^i r\right. \\ &\quad\left.\times\underbrace{\int_0^\infty z^{K+j-1}e^{-\frac{z[\varphi_{s1}+x\varpi'(1+r^\alpha)\rho_e\Omega_{I_e}]}{\varphi_{s1}\Omega_{I_e}}}\mathrm{d}z}_{J_{s3}}\mathrm{d}r\right\} \end{aligned} \tag{8-24}$$

式中，$\varphi_{s1}=\eta\rho_e a_n$。借助文献[103]中的公式(3.351.3)，上式中的 $J_{s3}$ 可以写成

$$J_{s3}=(K+j-1)!\left(\frac{\varphi_{s1}+x\varpi'(1+r^\alpha)\rho_e\Omega_{I_e}}{\varphi_{s1}\Omega_{I_e}}\right)^{-K-j} \tag{8-25}$$

将式(8-25)代入式(8-24)中，窃听信道下 $\gamma_{E_{n,s}}$ 的 CDF $F_{CD,\gamma_{E_{n,s}}}^{ipSIC}$ 可以表示为

$$F_{CD,\gamma_{E_{n,s}}}^{ipSIC}(x)=\exp\left\{-2\pi\lambda_e\sum_{i=0}^{K-1}\sum_{j=0}^{i}\binom{i}{j}\frac{x^i\zeta}{i!}\int_0^\infty(1+r^\alpha)^i[\varphi_{s1}+\varpi'x\varphi_2(1+r^\alpha)]^{-K-j}e^{\frac{x(1+r^\alpha)}{\varphi_{s1}}}r\mathrm{d}r\right\} \tag{8-26}$$

式中，$\varphi_{s2}=\rho_e\Omega_{I_e}$，$\zeta=(\varpi'\varphi_{s2})^j(K+j-1)!/\varphi_{s1}^{-K-j+i}(K-1)!$。

然后对窃听者在 ipSIC 检测条件下 $\gamma_{E_{n,s}}$ 的 CDF $F_{CD,\gamma_{E_{n,s}}}^{ipSIC}$ 进行求导，可获得对应的 PDF $f_{CD,\gamma_{E_{n,s}}}^{ipSIC}$ 为

$$\begin{aligned} f_{CD,\gamma_{E_{n,s}}}^{ipSIC}(x) &= e^{-2\pi\lambda_e\sum_{i=0}^{K-1}\sum_{j=0}^{i}\binom{i}{j}\frac{x^i\zeta}{i!}\underbrace{\int_0^\infty[\varphi_{s1}+\varpi'x\varphi_{s2}(1+r^\alpha)]^{-K-j}(1+r^\alpha)^i e^{-\frac{x(1+r^\alpha)}{\varphi_{s1}}}r\mathrm{d}r}_{f_1(r)}}(-2\pi\lambda_e)\sum_{i=0}^{K-1}\sum_{j=0}^{i}\binom{i}{j}\frac{\zeta}{i!}e^{-\frac{x}{\varphi_{s1}}} \\ &\quad\times\underbrace{\int_0^\infty\left\{\frac{ix^{i-1}-x^i(1+r^\alpha)\varphi_{s1}^{-1}}{[\varphi_{s1}+\varpi'x\varphi_{s2}(1+r^\alpha)]^{K+j}}-\frac{\varpi'\varphi_{s2}(1+r^\alpha)(K+j)x^i}{[\varphi_{s1}+\varpi'x\varphi_{s2}(1+r^\alpha)]^{K+j+1}}\right\}e^{-\frac{xr^\alpha}{\varphi_{s1}}}(1+r^\alpha)^i r\mathrm{d}r}_{f_2(r)} \end{aligned} \tag{8-27}$$

借助于高斯-拉盖尔积分，$f_1(r)$和$f_2(r)$可以分别近似表示为

$$f_1(r) \approx \sum_{p=1}^{P} H_p f_1(r_p) \tag{8-28}$$

$$f_2(r) \approx \sum_{p=1}^{P} H_p f_2(r_p) \tag{8-29}$$

式中，$r_p$ 和 $H_p$ 分别是高斯-拉盖尔积分的横坐标和加权系数。

将式(8-28)和式(8-29)代入式(8-27)，可以得到式(8-20)，证明完毕。

类似于式(8-20)的求解过程，在 CD-NOMA 网络中具有最强检测能力的窃听者使用 pSIC 检测时 PDF $f_{CD,\gamma_{E_{n,s}}}^{pSIC}$ 可以近似为

$$\begin{aligned} f_{CD,\gamma_{E_{n,s}}}^{pSIC}(x) = {} & e^{-\delta\pi\lambda_e \sum_{i=0}^{K-1}\sum_{j=0}^{i}\binom{i}{j}\frac{1}{i!}\varphi_{s1}^{j-i+\delta+1}\Gamma(j+\delta)x^{i-1-j-\delta}e^{-\frac{x}{\varphi_{s1}}}} \\ & \times \delta\pi\lambda_e \sum_{i=0}^{K-1}\sum_{j=0}^{i}\binom{i}{j}\frac{1}{i!}\varphi_{s1}^{j-i+\delta+1}\Gamma(j+\delta)\left[(j-i+1+\delta)x^{i-j-\delta-2}+\frac{x^{i-j-1-\delta}}{\varphi_{s1}}\right]e^{\frac{-x}{\varphi_{s1}}} \end{aligned} \tag{8-30}$$

式中，$\delta=\dfrac{2}{\alpha}$。

将式(8-9)和式(8-20)代入式(8-19)并利用高斯-拉盖尔积分近似处理，CD-NOMA 网络中第 $n$ 个用户使用 ipSIC 检测时的安全中断概率可由定理 8.1 给出。

**定理 8.1**：在 HPPPs 条件下，CD-NOMA 网络中第 $n$ 个用户在 ipSIC 检测时下的安全中断概率可以近似为

$$P_{CD,n,s}^{ipSIC}(R_{n,s}) \approx \sum_{q=1}^{Q} H_q f_{CD,\gamma_{E_{n,s}}}^{ipSIC}(x_q) F_{CD,\gamma_{n,s}}^{ipSIC}(x_q) e^{x_q} \tag{8-31}$$

式中，$F_{CD,\gamma_{n,s}}^{ipSIC}(x_q)$和$f_{CD,\gamma_{E_{n,s}}}^{ipSIC}(x_q)$可以分别从式(8-9)和式(8-20)获得。$x_q$ 和 $H_q$ 分别表示高斯-拉盖尔积分的零点和加权系数。参数 $Q$ 表示复杂度与准确度之间的一种折中。

进一步将式(8-14)、式(8-30)代入式(8-19)并利用高斯-拉盖尔积分近似，CD-NOMA 网络中第 $n$ 个用户在 pSIC 检测时的安全中断概率可以近似为

$$P_{CD,n,s}^{pSIC}(R_{n,s}) \approx \sum_{q=1}^{Q} H_q f_{CD,\gamma_{E_{n,s}}}^{pSIC}(x_q) F_{CD,\gamma_{n,s}}^{pSIC}(x_q) e^{x_q} \tag{8-32}$$

**推论 8.1**：对于 $K=1$ 的特殊情况，在 PD-NOMA 网络中第 $n$ 个用户使用 ipSIC 检测时的安全中断概率可以近似为

$$\begin{aligned} P_{PD,n,s}^{ipSIC}(R_{n,s}) \approx {} & \sum_{q=1}^{Q} H_q F_{PD,\gamma_{n,s}}^{ipSIC}(x_q) e^{x_q} e^{\Theta_s \frac{(\varphi_{s1}+x_q\varphi_{s2})^{\delta-1}}{(x_q\varphi_{s2})^{\delta}}\Gamma\left(1-\delta,\frac{\varphi_{s1}+x_q\varphi_{s2}}{\varphi_{s1}\varphi_{s2}}\right)} \Theta_s \left\{\left[\frac{(\delta-1)(\varphi_{s1}+x_q\varphi_{s2})^{\delta-2}}{x_q^{\delta}\varphi_{s2}^{\delta-1}}\right.\right. \\ & \left.-\frac{\delta(\varphi_{s1}+x_q\rho_e\Omega_{I_e})^{\delta-1}}{x_q^{\delta+1}\varphi_{s2}^{\delta}}\right]\Gamma\left(1-\delta,\frac{\varphi_{s1}+x_q\varphi_{s2}}{\varphi_{s1}\varphi_{s2}}\right)-\frac{\varphi_{s1}^{\delta-1}e^{-\frac{\varphi_{s1}+x_q\varphi_{s2}}{x_q^{\delta+1}\varphi_{s2}^{\delta}}}}{x_q^{\delta}(\varphi_{s1}+x_q\varphi_{s2})} \end{aligned} \tag{8-33}$$

式中，$\Theta_s=-\delta\pi\lambda_e\varphi_{s1}\Gamma(\delta)e^{\varphi_{s2}^{-1}}$。$F_{PD,\gamma_{n,s}}^{ipSIC}(x_q)$可以从式(8-15)中获得。$\Gamma(\cdot,\cdot)$表示上界非完备伽玛函数。

**证明**：定义 $\tilde{X}\triangleq|\tilde{h}_{ek}|^2=\dfrac{\eta\tilde{Y}}{1+d_e^{\alpha}}$，$\tilde{Y}=|h_{ek}|^2$ 和 $\tilde{Z}=|h_{I_e k}|^2$，容易看出变量 $\tilde{Y}$ 的 CDF 和

变量 $\widetilde{Z}$ 的 PDF 分别为 $F_{\widetilde{Y}}(y)=1-e^{-y}$ 和 $f_{\widetilde{Z}}(z)=\frac{1}{\Omega_{I_e}}e^{-\frac{z}{\Omega_{I_e}}}$。基于式(8-6)，PD-NOMA 网络具有最强检测能力的窃听者使用 ipSIC 检测时 $\gamma_{E_{n,s}}$ 的 CDF$F_{PD,E_{n,s}}^{ipSIC}(x)$可以表示为

$$
\begin{aligned}
F_{PD,E_{n,s}}^{ipSIC}(x) &= \Pr\left[\max_{e\in\Phi_e}\left(\frac{\rho_e|\widetilde{h}_{ek}|^2 a_n}{\varpi'\rho_e|h_{I_e k}|^2+1}\right)<x\right] \\
&= E_{\Phi_e}\left\{\prod_{e\in\Phi_e}\int_0^{\infty} f_{\widetilde{Z}}(z)F_{\widetilde{Y}}\left[\frac{x(\rho_e z+1)(1+d_e^{\alpha})}{\varphi_{s1}}\right]\mathrm{d}y\right\}
\end{aligned} \tag{8-34}
$$

式中，$\varpi'\neq 0$。类似于式(8-23)的求解，式(8-34)可以进一步计算如下：

$$
\begin{aligned}
F_{PD,E_{n,s}}^{ipSIC}(x) &= \exp\left\{-2\pi\lambda_e\int_0^{\infty}\left[1-\int_0^{\infty} f_{\widetilde{Z}}(z)F_{\widetilde{Y}}\left(\frac{x(\rho_e z+1)(1+r^{\alpha})}{\varphi_{s1}}\right)\mathrm{d}y\right]r\,\mathrm{d}r\right\} \\
&= \exp\left\{-2\pi\lambda_e\varphi_{s1}\underbrace{\int_0^{\infty}\frac{re^{-\frac{x(1+r^{\alpha})}{\varphi_1}}}{\varphi_{s1}+x\rho_e\Omega_{I_e}+x\rho_e\Omega_{I_e}r^{\alpha}}\mathrm{d}r}_{J_{s4}}\right\}
\end{aligned} \tag{8-35}
$$

借助文献[103]中的公式(3.383.10)，$J_{s4}$ 可以表示为

$$
J_{s4}=\Gamma(\delta)e^{\frac{1}{\rho_e\Omega_{I_e}}}\frac{(\varphi_1+x\rho_e\Omega_{I_e})^{\delta-1}}{\alpha\,(x\rho_e\Omega_{I_e})^{\delta}}\Gamma\left(1-\delta,\frac{\varphi_1+x\rho_e\Omega_{I_e}}{\rho_e\Omega_{I_e}\varphi_1}\right) \tag{8-36}
$$

式中，$\delta=\frac{2}{\alpha}$。将式(8-36)代入式(8-35)中，可以获得 $F_{PD,E_{n,s}}^{ipSIC}(x)$为

$$
F_{PD,E_{n,s}}^{ipSIC}(x)=\exp\left\{-\delta\pi\lambda_e\varphi_{s1}\Gamma(\delta)e^{\frac{1}{\rho_e\Omega_{I_e}}}\frac{(\varphi_{s1}+x\rho_e\Omega_{I_e})^{\delta-1}}{(x\rho_e\Omega_{I_e})^{\delta}}\Gamma\left(1-\delta,\frac{\varphi_{s1}+x\rho_e\Omega_{I_e}}{\rho_e\Omega_{I_e}\varphi_{s1}}\right)\right\} \tag{8-37}
$$

对式(8-37)进行求导操作，注意$\Gamma(s,x)|_x'=-x^{s-1}e^{-x}$，可得 PD-NOMA 网络具有最强检测能力的窃听者使用 ipSIC 检测时 $\gamma_{E_{n,s}}$ 的 PDF$f_{PD,E_{n,s}}^{ipSIC}(x)$为

$$
\begin{aligned}
f_{PD,E_{n,s}}^{ipSIC}(x) = e^{\Theta_s\frac{(\varphi_{s1}+x\varphi_{s2})^{\delta-1}}{(x\varphi_{s2})^{\delta}}\Gamma\left(1-\delta,\frac{\varphi_{s1}+x\varphi_{s2}}{\varphi_{s1}\varphi_{s2}}\right)}\Theta_s\Bigg\{\Bigg[&\frac{(\delta-1)(\varphi_{s1}+x\varphi_{s2})^{\delta-2}}{x^{\delta}\varphi_{s2}^{\delta-1}} \\
&-\frac{\delta(\varphi_{s1}+x\rho_e\Omega_{I_e})^{\delta-1}}{x^{\delta+1}\varphi_{s2}^{\delta}}\Bigg]\Gamma\left(1-\delta,\frac{\varphi_{s1}+x\varphi_{s2}}{\varphi_{s1}\varphi_{s2}}\right)-\frac{\varphi_{s1}^{\delta-1}e^{-\frac{\varphi_{s1}+x\varphi_{s2}}{x^{\delta+1}\varphi_{s2}^{\delta}}}}{x^{\delta}(\varphi_{s1}+x\varphi_{s2})}
\end{aligned} \tag{8-38}
$$

式中，$\Theta_s=-\delta\pi\lambda_e\varphi_{s1}\Gamma(\delta)e^{\varphi_{s2}^{-1}}$。

结合式(8-15)和式(8-38)并利用高斯-拉盖尔积分进行近似，可以得到式(8-33)，证明完毕。

将 $\varpi'=0$ 代入式(8-34)，PD-NOMA 网络第 $n$ 个用户使用 pSIC 检测时的安全中断概率可以近似为

$$
P_{PD,n,s}^{pSIC}(R_{n,s})\approx\delta\pi\lambda_e(\eta\rho_e a_n)^{\delta-1}\Gamma(\delta)\sum_{q=1}^{Q}\sum_{u=1}^{U}H_q b_u e^{-\frac{\mu}{x_q^{\delta}}e^{-\frac{x_q}{\eta\rho_e a_n}}-\frac{x_q}{\eta\rho_e a_n}+x_q}\left(\frac{1}{x_q^{\delta}}+\frac{\eta\rho_e a_n\delta}{x_q^{\delta+1}}\right)(1-e^{-\vartheta}) \tag{8-39}
$$

式中，$\mu=\pi\delta\lambda_e(\eta\rho_e a_n)^{\delta}$，$\vartheta=\frac{[2^{R_{n,s}}(1+x_q)-1]c_u}{\eta\rho a_n}$。

(2) 第 $f$ 个用户的安全中断概率：当第 $f$ 个用户的安全速率 $C_f$ 低于目标安全速率时，第 $f$ 个用户的安全通信将发生中断。因此，第 $f$ 个用户的安全中断概率可以表示为

$$P_{f,s}(R_{f,s}) = \Pr(C_{f,s} < R_{f,s}) = \int_0^\infty f_{\gamma_{E_{f,s}}}(x) F_{\gamma_{f,s}}\left[2^{R_{f,s}}(1+x)-1\right]\mathrm{d}x \tag{8-40}$$

式中，$R_{f,s}$表示第 $f$ 个用户的目标安全速率。定理 8.2 给出了第 $f$ 个用户的安全中断概率。

**定理 8.2**：在 HPPPs 条件下，CD-NOMA 网络中第 $f$ 个用户的安全中断概率可以近似为

$$\begin{aligned} P_{f,s}^{CD}(R_{f,s}) \approx & \frac{\dot{\tau}\delta\lambda_e\pi^2}{2W}\sum_{w=1}^{W}\sum_{i=0}^{K-1}\sum_{j=0}^{i}\binom{i}{j}\frac{\Gamma(j+\delta)}{i!}(\eta\rho_e)^{j+\delta-i}e^{-\delta\pi\lambda_e\sum_{i=0}^{K-1}\sum_{j=0}^{i}\binom{i}{j}\frac{\Gamma(j+\delta)}{i!}\left[\frac{\eta\rho_e(a_f-a_n\zeta_1)}{\zeta_1}\right]^{j+\delta-i}e^{\frac{-\zeta_1}{\eta\rho_e(a_f-a_n\zeta_1)}}} \\ & \times e^{\frac{-\zeta_1}{\eta\rho_e(a_f-a_n\zeta_1)}}(a_f-a_n\zeta_1)^{j+\delta-i}\left[\frac{a_n(j-i+\delta)}{\zeta_1^{j-i+\delta}(a_f-a_n\zeta_1)}+\frac{a_f}{\eta\rho_e\zeta_1^{j-i+\delta}(a_f-a_n\zeta_1)^2}\right. \\ & \left.+\frac{(j-i+\delta)}{\zeta_1^{j-i+\delta+1}}\right]\sum_{u=1}^{U}b_u\left\{1-e^{-\frac{c_u\Upsilon}{\eta\rho(a_f-\Upsilon a_n)}}\sum_{i=0}^{K-1}\frac{1}{i!}\left[\frac{\Upsilon c_u}{\eta\rho(a_f-\Upsilon a_n)}\right]^i\right\}\sqrt{1-x_w^2} \end{aligned} \tag{8-41}$$

式中，$\dot{\tau}=\frac{1}{2^{R_{f,s}}(1-a_f)}-1$，$\zeta_1=\frac{(x_w+1)\dot{\tau}}{2}$，$x_w=\cos\left(\frac{2w-1}{2W}\pi\right)$，$\Upsilon=2^{R_{f,s}}(1+\zeta_1)-1$，参数 $W$ 表示复杂度与准确度之间的一种折中。

**证明**：根据式(8-7)，CD-NOMA 网络第 $f$ 个用户的 SINR $\gamma_{f,s}$的 CDF$F_{E_{f,s}}^{CD}(x)$可以写为

$$\begin{aligned} F_{E_{f,s}}^{CD}(x) &= \Pr\left[\max_{e\in\Phi_e}\left(\frac{\rho_e a_f \|\mathrm{diag}(h_e)g_e\|_2^2}{\rho_e a_n \|\mathrm{diag}(h_e)g_e\|_2^2+1}\right)<x\right] \\ &= E\left\{\prod_{e\in\Phi_e}F_Y\left[\frac{(1+d_e^\alpha)x}{\eta\rho_e(a_f-a_n x)}\right]\right\} \end{aligned} \tag{8-42}$$

式中，$a_f > x a_n$，$F_Y(y)$可以从式(8-21)中获得。

类似于式(8-23)的求解过程，式(8-42)使用生成函数并对其进行极坐标转换后可写为

$$F_{E_{f,s}}^{CD}(x) = \exp\left\{-2\pi\lambda_e e^{\frac{-x}{\eta\rho_e(a_f-a_n x)}}\sum_{i=0}^{K-1}\frac{1}{i!}\left[\frac{x}{\eta\rho_e(a_f-a_n x)}\right]^i\int_0^\infty(1+r^\alpha)^i e^{\frac{-xr^\alpha}{\eta\rho_e(a_f-a_n x)}}r\mathrm{d}r\right\} \tag{8-43}$$

借助文献[103]中公式(3.326.2)以及二项式定理，式(8-43)可进一步写为

$$F_{E_{f,s}}^{CD}(x) = \exp\left\{-\delta\pi\lambda_e\sum_{i=0}^{K-1}\sum_{j=0}^{i}\binom{i}{j}\frac{1}{i!}\Gamma(j+\delta)\left[\frac{\eta\rho_e(a_f-a_n x)}{x}\right]^{j-i+\delta}e^{\frac{-x}{\eta\rho_e(a_f-a_n x)}}\right\} \tag{8-44}$$

对式(8-44)$F_{E_{f,s}}^{CD}(x)$求导之后，可得第 $f$ 个用户的 SINR $\gamma_{f,s}$的 PDF$f_{E_{f,s}}^{PD}(x)$为

$$\begin{aligned} f_{E_{f,s}}^{CD}(x) = & e^{-\delta\pi\lambda_e\sum_{i=0}^{K-1}\sum_{j=0}^{i}\binom{i}{j}\frac{\Gamma(j+\delta)}{i!}\left[\frac{\eta\rho_e(a_f-a_n x)}{x}\right]^{j+\delta-i}}\delta\pi\lambda_e\sum_{i=0}^{K-1}\sum_{j=0}^{i}\binom{i}{j}\frac{\Gamma(j+\delta)(\eta\rho_e)^{j+\delta-i}}{i!} \\ & \times\left[\frac{a_n(j+\delta-i)}{x^{j+\delta-i}(a_f-a_n x)}+\frac{a_f}{\eta\rho_e x^{j+\delta-i}(a_f-a_n x)^2}+\frac{(j+\delta-i)}{x^{j+\delta-i+1}}\right](a_f-a_n x)^{j+\delta-i} \end{aligned} \tag{8-45}$$

另外在第 7 章式(7-6)的基础上去掉排序操作，可得 CD-NOMA 网络第 $f$ 个用户的 SINR $\gamma_{f,s}$的 CDF$F_{\gamma_{f,s}}^{CD}(x)$可以表示为

$$F_{\gamma_{f,s}}^{CD}(x) \approx \sum_{u=1}^{U}b_u\left[1-e^{-\frac{xc_u}{\eta\rho(a_f-a_n x)}}\sum_{i=0}^{K-1}\frac{1}{i!}\left(\frac{xc_u}{\eta\rho(a_f-a_n x)}\right)^i\right] \tag{8-46}$$

式中，$a_f > x a_n$。

将式(8-45)和式(8-46)代入式(8-40)，并进一步应用高斯-切比雪夫积分近似可得到式(8-41)。证明完毕。

对于 $K=1$ 的特殊情况，PD-NOMA 网络第 $f$ 个用户的中断概率可以近似为

$$P_{f,s}^{PD}(R_{f,s})\approx\frac{\pi\tau\dot{\kappa}}{2W}\sum_{w=1}^{W}\sum_{u=1}^{U}b_u e^{-\frac{\kappa(a_f-a_n\zeta_1)}{x^{\delta}}}e^{-\frac{\zeta_1}{\eta\rho_e(a_f-a_n\zeta_1)}}e^{\frac{-\zeta_1}{\eta\rho_e(a_f-a_n\zeta_1)}}\left[\frac{a_n\delta\,(a_f-a_n\zeta_1)^{\delta-1}}{\zeta_1^{\delta}}\right.$$
$$\left.+\frac{\delta\,(a_f-a_n\zeta_1)^{\delta}}{\zeta_1^{\delta+1}}+\frac{a_f\,(a_f-a_n\zeta_1)^{\delta-2}}{\eta\rho_e\zeta_1^{\delta}}\right](1-e^{-\frac{\Upsilon c_n}{\eta\rho(a_f-\Upsilon a_n)}})\sqrt{1-x_w^2}\tag{8-47}$$

式中，$\dot{\kappa}=\delta\pi\lambda_e\,(\eta\rho_e)^{\delta}\Gamma(\delta)$。

### 8.3.2 内部窃听场景

在该场景中将第 $m$ 个用户看作窃听者窃取第 $n$ 个用户的信息。此时，第 $n$ 个用户的安全速率可以定义为

$$C_{f\to n}=[\log_2(1+\gamma_{n,s})-\log_2(1+\gamma_{E_{f\to n}})]^+\tag{8-48}$$

通过使用上述定义，当第 $n$ 个用户的可达安全速率 $C_{f\to n}$ 小于目标安全速率时，系统通信将发生中断。此时，第 $f$ 个用户窃听第 $n$ 个用户信息时的安全中断概率可以表示为

$$\begin{aligned}P_{f\to n}^{CD}(\overline{R}_{n,s})&=\Pr(C_{f\to n}<\overline{R}_{n,s})\\&=\int_0^{\infty}f_{\gamma_{E_{f\to n}}}(x)F_{\gamma_{n,s}}[2^{\overline{R}_{n,s}}(1+x)-1]\mathrm{d}x\end{aligned}\tag{8-49}$$

式中，$\overline{R}_{n,s}$ 表示第 $n$ 个用户的目标安全速率。

类似于式(8-20)的求解过程，CD-NOMA 网络中第 $f$ 个用户窃听第 $n$ 个用户信息时 SINR$\gamma_{E_{f\to n}}$ 的 PDF 可以表示为

$$f_{\gamma_{E_{f\to n}}}^{CD}(x)=e^{-\delta\pi\lambda_e\sum_{i=0}^{K-1}\sum_{j=0}^{i}\binom{i}{j}\frac{\Gamma(j+\delta)}{i!}\left(\frac{\eta\rho_e a_n}{x}\right)^{j+\delta-i+1}e^{\frac{-x}{\eta\rho_e a_n}}}\delta\pi\lambda_e e^{\frac{-x}{\eta\rho_e a_n}}$$
$$\times\sum_{i=0}^{K-1}\sum_{j=0}^{i}\binom{i}{j}\frac{\Gamma(j+\delta)}{i!}\,(\eta\rho_e a_n)^{j+\delta-i+1}\left[(j+\delta-i+1)x^{i-j-\delta-2}+\frac{x^{i-j-1-\delta}}{\eta\rho_e a_n}\right]\tag{8-50}$$

将式(8-9)、式(8-50)代入式(8-49)并利用高斯-拉盖尔积分近似，得到第 $f$ 个用户窃听第 $n$ 个用户时的安全中断概率，具体可由定理 8.3 给出。

**定理 8.3**：在 ipSIC 检测条件下，CD-NOMA 网络第 $f$ 个用户窃听第 $n$ 个用户信息时的安全中断概率可以近似为

$$P_{CD,f\to n}^{ipSIC}(\overline{R}_{n,s})\approx\sum_{q=1}^{Q}H_q f_{\gamma_{E_{f\to n}}}^{CD}(x_q)F_{CD,\gamma_n}^{ipSIC}(x_q)e^{x_q}\tag{8-51}$$

将 $\varpi'=0$ 代入式(8-51)中，可得 pSIC 检测条件下 CD-NOMA 网络第 $f$ 个用户窃听第 $n$ 个用户信息时的安全中断概率为

$$P_{CD,f\to n}^{pSIC}(\overline{R}_{n,s})\approx\sum_{q=1}^{Q}H_q f_{\gamma_{E_{f\to n}}}^{CD}(x_q)F_{CD,\gamma_n}^{pSIC}(x_q)e^{x_q}\tag{8-52}$$

对于 $K=1$ 的特殊情况，在 ipSIC 条件下第 $f$ 个用户窃听第 $n$ 个用户信息时的安全中断概率可以近似为

$$P_{f\to n}^{PD,ipSIC}(\overline{R}_{n,s})\approx\sum_{q=1}^{Q}\sum_{u=1}^{U}H_q b_u\mu e^{-\frac{\mu}{x_q^{\delta}}e^{-\frac{x_q}{\eta\rho_e a_n}}+x_q}e^{-\frac{x_q}{\eta\rho_e a_n}}\left(\frac{1}{\eta\rho_e a_n x_q^{\delta}}+\frac{\delta}{x_q^{\delta+1}}\right)\left(1-\frac{e^{-\vartheta_1}}{1+\rho\vartheta_1\Omega_I}\right)\tag{8-53}$$

式中，$\vartheta_1=\frac{[2^{\bar{R}_n}(1+x_q)-1]c_u}{\eta\rho a_n}$。

将 $\varpi'=0$ 代入式(8-53)，可得 pSIC 检测条件下 PD-NOMA 网络第 $f$ 个用户窃听第 $n$ 个用户信息时的安全中断概率为

$$P_{f\to n}^{PD,pSIC}(\bar{R}_{n,s})\approx\sum_{q=1}^{Q}\sum_{u=1}^{U}H_q b_u\mu e^{-\frac{\mu}{x_q^{\delta}}e^{-\frac{x_q}{\eta\rho_e a_n}}+x_q}e^{-\frac{x_q}{\eta\rho_e a_n}}\left(\frac{1}{\eta\rho_e a_n x_q^{\delta}}+\frac{\delta}{x_q^{\delta+1}}\right)(1-e^{-\vartheta_1}) \quad (8\text{-}54)$$

## 8.3.3 安全分集阶数

为了获得明确的结论，将安全分集阶数作为 NOMA 统一框架下物理层安全通信性能的评估指标；它能够描述安全中断概率随着平均 SNR 的增加而不断下降的趋势。当基站和合法用户之间的主信道 SNR 趋于无穷大时，即 $\rho\to\infty$，可以进一步得出高 SNR 条件下的渐近安全中断概率。需要指出的是 $\rho\to\infty$ 对应于合法用户比窃听者更接近基站的情况。相反当窃听者 SNR 趋于无穷大时，窃听者则能够成功地窃听到合法用户的信息。基于上述分析，NOMA 统一框架下的用户安全分集阶数可以定义为

$$d=-\lim_{\rho\to\infty}\frac{\log[P_{\infty}(\rho)]}{\log\rho} \quad (8\text{-}55)$$

式中，$P_{\infty}(\rho)$ 表示在高 SNR 条件下的渐近安全中断概率。

(1) 外部窃听场景：当 $\rho\to\infty$ 时，下面给出 CD/PD-NOMA 网络第 $n$ 个用户和第 $f$ 个用户的渐近安全中断概率。

**推论 8.2**：在高 SNR 条件下，CD-NOMA 网络第 $n$ 个用户使用 ipSIC 检测时的渐近安全中断概率可以表示为

$$P_{CD,n,\infty}^{ipSIC}(R_{n,s})=\frac{1}{(K-1)!\Omega_I^K}\sum_{q=1}^{Q}\sum_{u=1}^{U}H_q b_u f_{CD,\gamma_{E_{n,s}}}^{ipSIC}(x_q)e^{x_p}\left[\Omega_I^K\Gamma(K)-\sum_{i=0}^{K-1}\frac{1}{i!}\times\left(\frac{\varpi' x_q c_u}{\eta a_n}\right)^i\left(\frac{\eta a_n\Omega_I}{x_q\varpi' c_u\Omega_I+\eta a_n}\right)^{K+i}\Gamma(K+i)\right] \quad (8\text{-}56)$$

式中，$\varpi'\neq0$。$f_{CD,\gamma_{E_{n,s}}}^{ipSIC}$ 可以从式(8-20)中获得。

**证明**：基于式(8-11)，当 $\rho\to\infty$ 时，CD-NOMA 网络第 $n$ 个用户在 ipSIC 检测条件下的安全中断概率可以近似为

$$F_{CD,\gamma_{n,s}}^{ipSIC,\infty}(x)=\frac{1}{(K-1)!\Omega_I^K}\int_0^{\infty}y^{K-1}e^{-\frac{y}{\Omega_I}}\left[1-e^{-\frac{x\varpi' c_u y}{\eta a_n}}\sum_{i=0}^{K-1}\frac{1}{i!}\left(\frac{x\varpi' c_u y}{\eta a_n}\right)^i\right]dy \quad (8\text{-}57)$$

经过一些简单的数学变换后，$F_{CD,\gamma_{n,s}}^{ipSIC,\infty}$ 可进一步表示为

$$F_{CD,\gamma_{n,s}}^{ipSIC,\infty}(x)=\frac{1}{(K-1)!\Omega_I^K}\sum_{u=1}^{U}b_u\left[\Omega_I^K\Gamma(K)-\sum_{i=0}^{K-1}\frac{1}{i!}\left(\frac{x\varpi' c_u}{\eta a_n}\right)^i\left(\frac{\eta a_n\Omega_I}{x\varpi' c_u\Omega_I+\eta a_n}\right)^{K+i}\Gamma(K+i)\right] \quad (8\text{-}58)$$

用式(8-58)中的 $F_{CD,\gamma_{n,s}}^{ipSIC,\infty}$ 代替式(8-31)中的 $F_{CD,\gamma_{n,s}}^{ipSIC}$，可以得到式(8-56)。证明完毕。

**结论 8.1**：将式(8-56)代入式(8-55)中，可以得出 CD-NOMA 网络第 $n$ 个用户在使用 ipSIC 检测时的安全分集阶数等于零，这是由于在使用 ipSIC 检测时带来的残留干扰导致的。

类似于第 7 章式(7-35)的求解过程，高 SNR 条件下 $F_{CD,\gamma_{n,s}}^{pSIC}$ 的近似表达式为

$$F_{\mathrm{CD},\gamma_{n,s},\infty}^{p\mathrm{SIC}}(x)=\sum_{u=1}^{U}\frac{b_u}{K!}\left(\frac{xc_u}{\eta\rho a_n}\right)^K \tag{8-59}$$

将式(8-59)带入式(8-32)，可得 CD-NOMA 网络第 $n$ 个用户在使用 pSIC 检测时的渐近安全中断概率为

$$P_{\mathrm{CD},n,\infty}^{p\mathrm{SIC}}(R_{n,s})=\frac{1}{K!}\sum_{q=1}^{Q}\sum_{u=1}^{U}H_q b_u \vartheta^K e^{x_q} f_{\mathrm{CD},\gamma_{\mathrm{E}_{n,s}}}^{p\mathrm{SIC}}(x_q) \tag{8-60}$$

式中，$f_{\mathrm{CD},\gamma_{\mathrm{E}_{n,s}}}^{p\mathrm{SIC}}$ 可以从式(8-30)中获得。

**结论 8.2**：将式(8-60)代入式(8-55)，可得 CD-NOMA 网络第 $n$ 个用户在使用 pSIC 检测时的安全分集阶数为 $K$。可以看出 CD-NOMA 相对于 PD-NOMA 能够获得了较大的安全分集增益。

与式(8-56)和式(8-60)的求解过程类似，PD-NOMA 网络第 $n$ 个用户在使用 ipSIC/pSIC 检测条件下渐近安全中断概表达式可以分别表示为

$$P_{\mathrm{PD},n,\infty}^{ip\mathrm{SIC}}(R_{n,s})=\frac{\vartheta\rho\Omega_I}{1+\vartheta\rho\Omega_I}\sum_{q=1}^{Q}\sum_{u=1}^{U}H_q b_u e^{x_q} f_{\mathrm{PD},\gamma_{\mathrm{E}_{n,s}}}^{ip\mathrm{SIC}}(x_q) \tag{8-61}$$

$$P_{\mathrm{PD},n,\infty}^{p\mathrm{SIC}}(R_{n,s})=\sum_{q=1}^{Q}\sum_{u=1}^{U}H_q b_u \mu\Gamma(\delta) e^{-\frac{x_q}{\eta\rho_e a_n}+x_q} e^{-\mu\Gamma(\delta)\frac{1}{x_q^{\delta}}e^{-\frac{x_q}{\eta\rho_e a_n}}}\left(\frac{1}{\eta\rho_e a_n x_q^{\delta}}+\frac{\delta}{x_q^{\delta+1}}\right)\vartheta \tag{8-62}$$

**结论 8.3**：将式(8-61)和式(8-62)代入式(8-55)，可得 PD-NOMA 网络第 $n$ 个用户在 ipSIC/pSIC 检测条件下的安全分集阶数分别为 0 和 1。

在第 7 章式(7-35)和式(7-38)的基础上去掉排序操作，可得 CD/PD-NOMA 网络第 $f$ 个用户的渐近安全中断概分别为

$$P_{f,\infty}^{\mathrm{CD}}(R_{f,s})\approx\frac{\pi\dot{\tau}}{2WK!}\sum_{w=1}^{W}\sum_{u=1}^{U}b_u f_{\mathrm{E}_{f,s}}^{\mathrm{CD}}(\zeta_1)\left[\frac{\zeta_1 c_u}{\eta\rho(a_f-xa_n)}\right]^K\sqrt{1-x_w^2} \tag{8-63}$$

$$\begin{aligned}P_{f,\infty}^{\mathrm{PD}}(R_{f,s})\approx&\frac{\pi\dot{\tau}\dot{\kappa}}{2W}\sum_{w=1}^{W}\sum_{u=1}^{U}b_u e^{-\frac{\kappa(a_f-a_n\zeta_1)^{\delta}}{\zeta_1^{\delta}}e^{\frac{-\zeta_1}{\eta\rho_e(a_f-a_n\zeta_1)}}} e^{\frac{-\zeta_1}{\eta\rho_e(a_f-a_n\zeta_1)}}\left[\frac{a_n\delta(a_f-a_n\zeta_1)^{\delta-1}}{\zeta_1^{\delta}}\right.\\&\left.+\frac{\delta(a_f-a_n\zeta_1)^{\delta}}{\zeta_1^{\delta+1}}+\frac{a_f(a_f-a_n\zeta_1)^{\delta-2}}{\eta\rho_e\zeta_1^{\delta}}\right]\frac{\zeta_1 c_n}{\eta\rho(a_f-a_n\zeta_1)}\sqrt{1-x_w^2}\end{aligned} \tag{8-64}$$

式中，$a_f>xa_n$，$f_{\mathrm{E}_{f,s}}^{\mathrm{CD}}(\zeta_1)$可以从式(8-45)中获得。

**结论 8.4**：将式(8-63)和式(8-64)代入式(8-55)，可得 CD/PD-NOMA 网络第 $m$ 个用户的安全分集阶数分别为 0 和 $K$。

(2) 内部窃听场景：在 ipSIC/pSIC 条件下，CD-NOMA 网络第 $f$ 个用户窃听第 $n$ 个用户信息时的渐近安全中断概分别为

$$\begin{aligned}P_{\mathrm{CD},f\to n}^{ip\mathrm{SIC},\infty}(\overline{R}_{n,s})=&\frac{1}{(K-1)!\Omega_I^K}\sum_{q=1}^{Q}\sum_{u=1}^{U}H_q b_u f_{\gamma_{\mathrm{E}_{f\to n}}}^{\mathrm{CD}}(x_q)e^{x_q}\left[\Omega_I^K\Gamma(K)-\sum_{i=0}^{K-1}\frac{1}{i!}\right.\\&\left.\times\left(\frac{\varpi' x_q c_u}{\eta a_n}\right)^i\left(\frac{\eta a_n\Omega_I}{\varpi' x_q c_u\Omega_I+\eta a_n}\right)^{K+i}\Gamma(K+i)\right]\end{aligned} \tag{8-65}$$

$$P_{\mathrm{CD},f\to n}^{p\mathrm{SIC},\infty}(\overline{R}_{n,s})=\frac{1}{K!(K-1)!\Omega_I^K}\sum_{q=1}^{Q}\sum_{u=1}^{U}H_q b_u \vartheta_1^K e^{x_q} f_{\gamma_{\mathrm{E}_{f\to n}}}^{\mathrm{CD}}(x_q) \tag{8-66}$$

式中，$f_{\gamma_{\mathrm{E}_{f\to n}}}^{\mathrm{CD}}$ 可以从式(8-50)中得到。

**结论 8.5**：将式(8-65)和式(8-66)代入到式(8-55)，可得 ipSIC/pSIC 条件下 CD-NOMA 网络第 $f$ 个用户窃听第 $n$ 个用户信息时的安全分集阶数分别为 0 和 $K$。

同时在 PD-NOMA 网络，使用 ipSIC/pSIC 检测时第 $f$ 个用户窃听第 $n$ 个用户信息时的渐近安全中断概分别表示为

$$P_{PD,f\to n}^{ipSIC,\infty}(\overline{R}_{n,s})=\sum_{q=1}^{Q}\sum_{u=1}^{U}H_q b_u \mu e^{-\frac{\mu}{x_q^{\delta}}e^{\frac{x_q}{\eta\rho_e a_n}}-\frac{x_q}{\eta\rho_e a_n}+x_q}\left(\frac{1}{\eta\rho_e a_n x_q^{\delta}}+\frac{\delta}{x_q^{\delta+1}}\right)\left(\frac{\vartheta_1\rho\Omega_I}{1+\vartheta_1\rho\Omega_I}\right) \tag{8-67}$$

$$P_{PD,f\to n}^{pSIC,\infty}(\overline{R}_{n,s})=\sum_{q=1}^{Q}\sum_{u=1}^{U}H_q b_u \vartheta_1 \mu e^{-\frac{\mu}{x_q^{\delta}}e^{\frac{x_q}{\eta\rho_e a_n}}+x_q}e^{-\frac{x_q}{\eta\rho_e a_n}}\left(\frac{1}{\eta\rho_e a_n x_q^{\delta}}+\frac{\delta}{x_q^{\delta+1}}\right) \tag{8-68}$$

**结论 8.6**：将式(8-67)和式(8-68)代入式(8-55)，可得 PD-NOMA 网络第 $f$ 个用户窃听第 $n$ 个用户在 ipSIC/pSIC 条件下的安全分集阶数分别是 0 和 1。

从上面的结论中，可以观察到合法用户的安全分集阶数不仅与子载波数 $K$ 有关，同时还受 ipSIC 检测时残留干扰的影响。因此在实际物理层安全通信场景，考虑子载波 $K$ 的数目和残留干扰的大小是很重要的。

# 8.4 数值仿真结果

本节通过数值仿真结果验证 NOMA 统一框架下外部窃听和内部窃听场景物理层安全通信性能，给出不同系统仿真参数配置对 CD/PD-NOMA 网络安全中断概率的影响。数值验证过程中使用的蒙特卡罗仿真参数如表 8-1 所示，仿真曲线用 · 来表示。复杂度与准确度之间的折中参数 $U$ 和 $W$ 分别表示设置为 $U=15$ 和 $W=160$。对于外部窃听场景，选用传统 OMA 作为物理层安全通信性能的对比基准；而在内部窃听场景中，选用 PD-NOMA 网络安全性能作为对比基线。

**表 8-1 数值仿真参数配置**

| 参数名称 | 具体配置 |
|---|---|
| 蒙特卡洛仿真次数 | $10^5$ |
| 载波频率 | 1 GHz |
| 窃听者所在圆形区域半径 | 1000 m |
| NOMA 功率分配因子 | $a_n=0.2, a_m=0.8$ |
| 路径损耗指数 | 2 |
| 目标安全速率 | $R_{n,s}=R_{f,s}=\overline{R}_{n,s}=0.01$ |
| 第 $n$ 个用户所在圆形区域半径 | $R_{\mathcal{D}_1}=2$ m |
| 第 $m$ 个用户所在圆形区域半径 | $R_{\mathcal{D}_2}=10$ m |

## 8.4.1 外部窃听场景

本小节对 NOMA 统一框架下外部窃听场景中第 $n$ 个用户和第 $f$ 个用户的安全中断概率进行仿真验证。

图 8-2 呈现了第 $n$ 个用户和第 $f$ 个用户在不同 SNR 下的安全中断概率，其中，$\rho_e=10$ dB，$\lambda_e=10^{-3}$，$K=2$，$\alpha=2$，$R_{n,s}=R_{f,s}=0.01$ BPCU。第 $n$ 个用户使用 ipSIC 和 pSIC 检测条件下的安全中断概率理论分析曲线分别是根据式(8-31)和式(8-32)绘制的；第 $f$ 个用户

的安全中断概率分析曲线是根据式(8-41)绘制的。从图中可以观察到，合法用户中断概率的理论分析曲线与数值仿真结果完全一致，这说明理论分析的结果是准确的。第 $n$ 个用户使用 ipSIC 和 pSIC 检测时的渐近安全中断概率理论分析曲线分别是根据式(8-56)和式(8-60)绘制的；第 $f$ 个用户的渐近安全中断概率分析曲线是根据式(8-63)绘制的。可以看出在高 SNR 条件下，合法用户安全中断概率的近似结果与理论值完全吻合，这说明近似分析结果是正确的。从图中可以看到，第 $n$ 个用户在使用 pSIC 检测时的安全中断概率性能优于 OMA 方案，而第 $f$ 个用户的安全性能差于 OMA 方案。这是因为基于 NOMA 的物理层安全通信系统能够提供更好的用户公平性。另外从图中可以观察到第 $n$ 个用户使用 ipSIC 检测时的中断概率在高 SNR 条件下收敛于错误平层，即安全分集阶数为零。这是因为第 $n$ 个用户使用 ipSIC 检测时的残留干扰对中断性能的影响，这也验证了结论 8.1。在固定残留干扰等级的情况下，比如 $\varpi=1$，随着干扰值从 $-30$ dB 增加到 $-20$ dB，第 $n$ 个用户使用 ipSIC 检测条件下的中断性能越来越差，相应的安全中断概率错误平层越来越大。与此同时，残留干扰等级的大小也会不同程度地影响着第 $n$ 个用户的安全中断性能。具体地说在 $E\{\|\boldsymbol{h}_I\|_2^2\}=E\{\|\boldsymbol{h}_{I_e}\|_2^2\}=-30$ dB 的条件下，干扰值 $\varpi'$ 从 $\varpi'=0.3$ 增加至 $\varpi'=1$ 时，第 $n$ 个用户在 ipSIC 条件下的中断性能的优势下降。这意味着在实际的 NOMA 安全场景中需要考虑如何消除残留干扰对合法用户中断性能的影响。

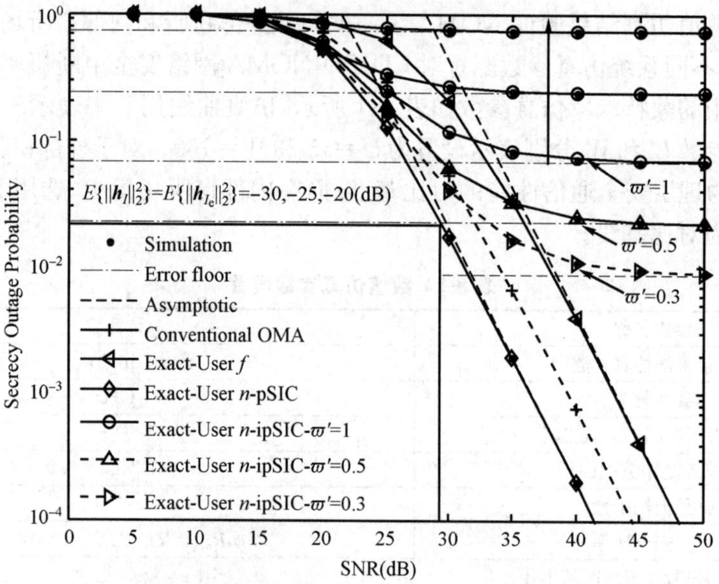


图 8-2　第 $n$ 个用户和第 $f$ 个用户在不同 SNR 下的安全中断概率

图 8-3 呈现了第 $n$ 个用户和第 $f$ 个用户在不同子载波数下的安全中断概率，其中，$\varpi'=1$，$\rho_e=10$ dB，$\lambda_e=10^{-3}$，$\alpha=2$，$R_{n,s}=R_{f,s}=0.01$ BPCU。从图中可以观察到，随着系统子载波数 $K$ 的增加，NOMA 统一框架下 CD-NOMA($K=3$)的安全中断性能优于 PD-NOMA($K=1$)，即对应的安全中断概率斜率较大。这是因为 CD-NOMA 网络合法用户获得的分集阶数等于系统的子载波数 $K$，这也验证了结论 8.3 和结论 8.4。因此，在 NOMA 统一框架下通过将合法用户的信息扩展到多个子载波上，即采用 CD-NOMA 网络可以增强用户的安全通信性能，相对于 PD-NOMA 提供了较大的扩频增益。

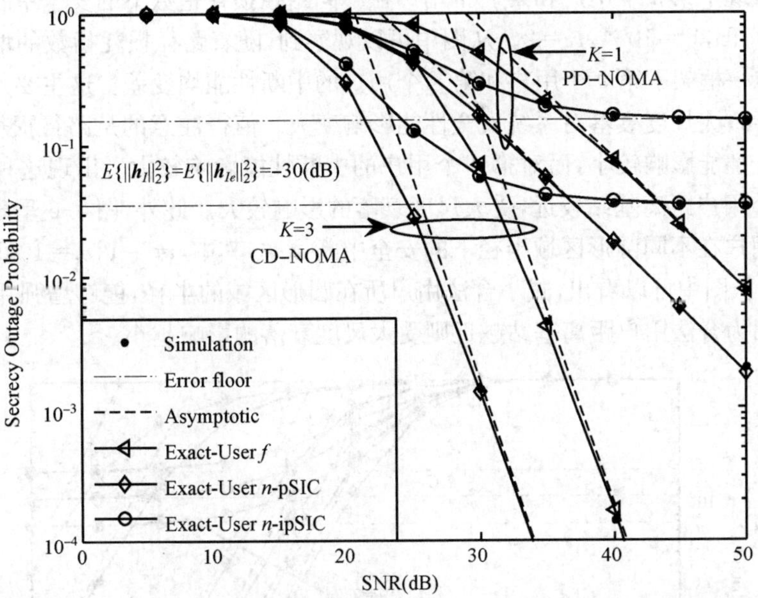


图 8-3 第 $n$ 个用户和第 $f$ 个用户在不同子载波数下的安全中断概率

图 8-4 呈现了第 $n$ 个用户和第 $f$ 个用户在不同目标速率下的安全中断概率，其中，$\varpi'=1$，$\rho_e=10$ dB，$\lambda_e=10^{-3}$，$K=2$，$\alpha=2$。从图中可以看出，合法用户目标安全速率的选择对 NOMA 统一框架下的安全中断性能有较大的影响。随着目标速率的增加，第 $n$ 个用户和第 $f$ 个用户的中断概率均变大。需要指出的是自适应的安全目标速率对 CD/PD-NOMA 网络的安全通信性能有较大的影响。因此可以调整目标速率来适应不同的通信场景，特别是可以支持对数据速率要求不高的低速率物联网场景，如低功耗广域网场景。

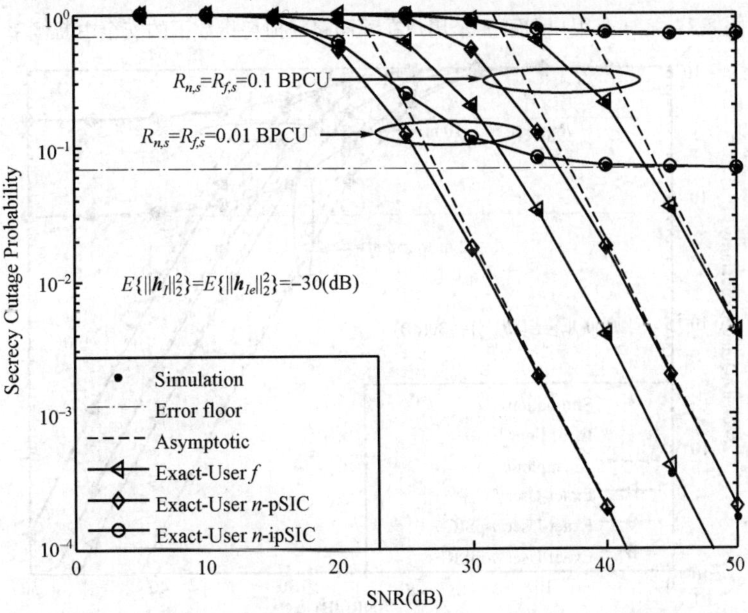


图 8-4 第 $n$ 个用户和第 $f$ 个用户在不同目标速率下的安全中断概率

图 8-5 呈现了第 $n$ 个用户和第 $f$ 个用户在不同路径损耗指数下的安全中断概率，其中，$\varpi'=1$，$\rho_e=10$ dB，$\lambda_e=10^{-3}$，$K=2$。从图中可以观察到，随着路径损耗指数的增大（$\alpha=2,3,4$），NOMA 统一框架下第 $n$ 个用户和第 $f$ 个用户的中断性能均变差。这主要是因为路径损耗指数增加导致大尺度衰落对系统安全性能影响变大。值得注意的是路径损耗指数对第 $n$ 个用户的安全性能影响较小，而对第 $f$ 个用户的中断性能影响较大。出现这种现象的主要原因是第 $f$ 个用户距离基站较远，受大尺度衰落的影响较大。此外，图 8-6 呈现了第 $n$ 个用户和第 $f$ 个用户在不同圆形区域半径下的安全中断概率，其中，$\varpi'=1$，$\rho_e=10$ dB，$\lambda_e=10^{-3}$，$K=2$，$\alpha=2$。从图中可以看出，减小合法用户所在圆形区域的半径，能够增强用户安全中断性能。这是因为合法用户距离基站越近则受大尺度衰落的影响越小。

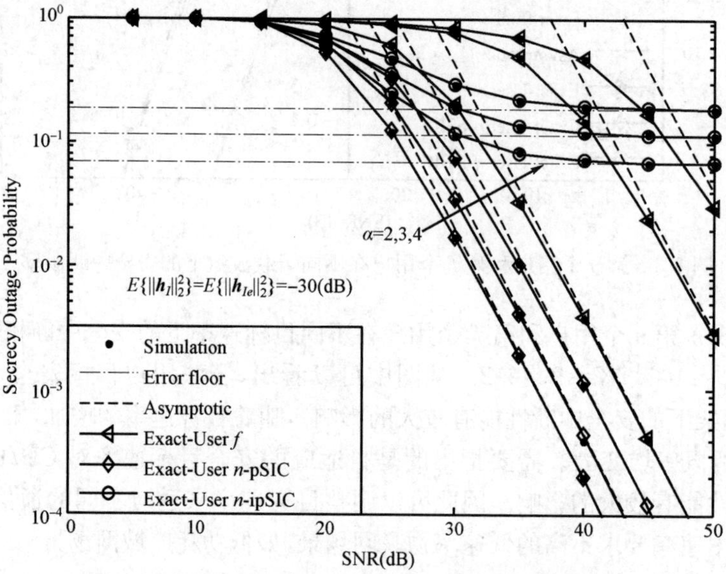


图 8-5 第 $n$ 个用户和第 $f$ 个用户在不同路径损耗指数下的安全中断概率

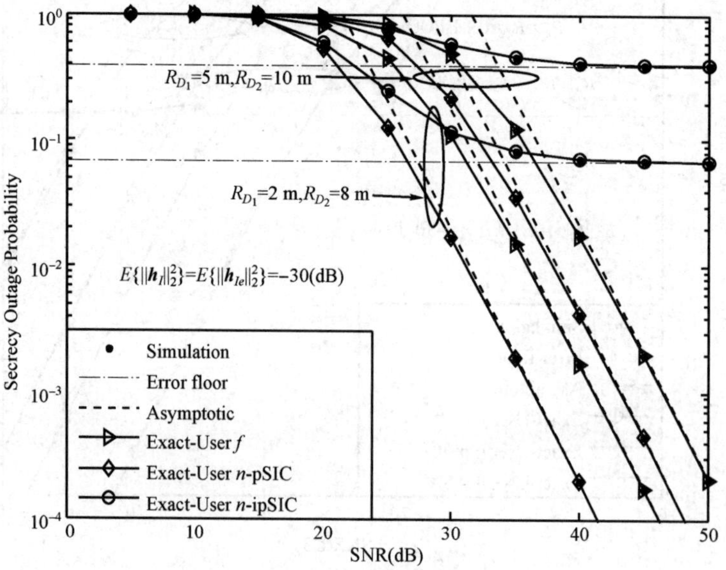


图 8-6 第 $n$ 个用户和第 $f$ 个用户在不同圆形区域半径下的安全中断概率

为了观察不同$\rho$和$\rho_e$是如何影响NOMA统一框架下合法用户的安全中断性能，图8-7呈现了第$n$个用户和第$f$个用户在不同信噪比$\rho$和$\rho_e$下的安全中断概率，其中，$\varpi'=1$，$\lambda_e=10^{-3}$，$K=2$，$\alpha=2$，$R_{n,s}=R_{f,s}=0.01$ BPCU。从图中可以看出，随着$\rho_e$的增加，第$n$个用户在使用pSIC检测时的中断概率和第$f$个用户的安全中断概率逐渐变大，这主要是因为$\rho_e$的增加导致窃听者的检测能力变强，降低了合法用户的安全通信性能。而第$n$个用户在使用ipSIC检测时受残留干扰的影响导致其安全中断概率收敛于一个固定值。当$\rho_e=20$ dB固定的情况下，随着$\rho$不断增加，第$n$个用户和第$f$个用户的安全中断概率越来越小。这是因为基站发射功率的增加使得窃听信道的性能逐渐退化。因此在实际通信场景中，考虑窃听信道对安全通信性能的影响是很重要的。

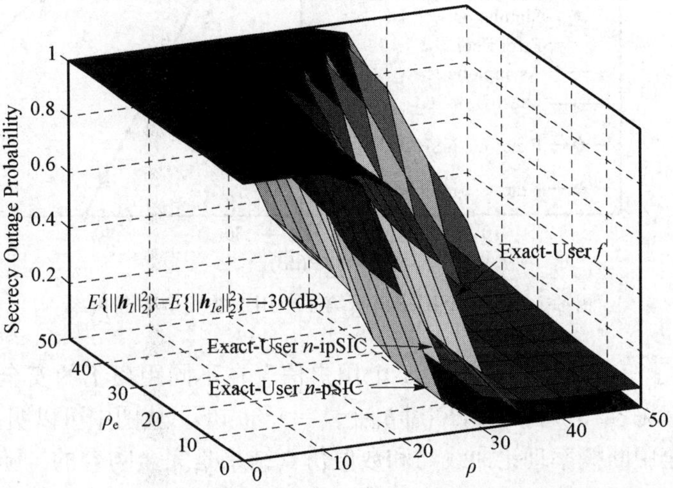


图8-7 第$n$个用户和第$f$个用户在不同信噪比$\rho$和$\rho_e$下的安全中断概率

## 8.4.2 内部窃听场景

本小节对NOMA统一框架下第$f$个用户窃听第$n$个用户的安全中断概率进行仿真验证。

图8-8呈现了第$f$个用户窃听第$n$个用户信息时的安全中断概率，其中，$\rho_e=10$ dB，$\lambda_e=10^{-3}$，$K=2$，$R_{\mathcal{D}_1}=2$ m。在ipSIC和pSIC检测条件下，CD-NOMA网络第$f$个用户窃听第$n$个用户信息时的安全中断概率理论分析曲线分别是根据式(8-51)和式(8-52)绘制的。在ipSIC和pSIC检测条件下，PD-NOMA网络第$f$个用户窃听第$n$个用户信息时的安全中断概率理论分析曲线分别是根据式(8-53)，式(8-54)绘制的。从图中可以观察到，理论分析与数值仿真结果一致，证实了前述理论推导的准确性。可以看出CD-NOMA网络第$f$个用户窃听第$n$个用户的安全中断性能优于PD-NOMA网络。这是因为CD-NOMA相对于PD-NOMA能够提供更多的分集增益。另外从图中可以看出，使用ipSIC检测带来的残留干扰对NOMA统一框架下的安全通信性能有较大的影响。随着残留干扰等级$\varpi'$从$\varpi'=1$减小到$\varpi'=0.5$，第$n$个用户使用ipSIC检测时的中断性能明显提升。在固定干扰等级$\varpi'=1$的情况下，随着残留干扰值的增加，比如$\Omega_I=-30,-25,-20$(dB)，NOMA统一

框架下内部窃听场景的中断性能越来越差。可以看出如何消除由于使用 ipSIC 检测带来的残留干扰是后续需要研究的重要问题。

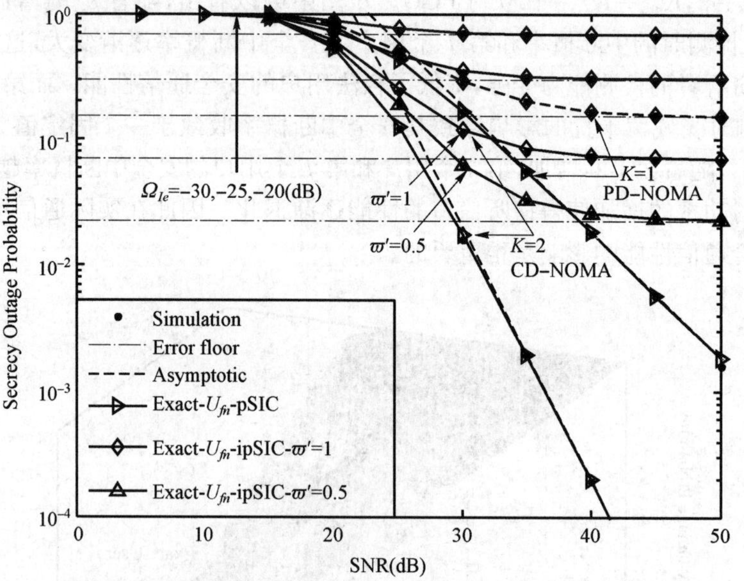


图 8-8　第 $f$ 个用户窃听第 $n$ 个用户的安全中断概率

图 8-9 呈现了第 $f$ 个用户窃听第 $n$ 个用户信息在不同距离下的安全中断概率，其中，$\varpi'=1,\rho_e=10\ \text{dB},\lambda_e=10^{-3},K=2,E\{\|\boldsymbol{h}_I\|_2^2\}=-30\ \text{dB}$。从图中可以明显看出，对于不同距离的参数，安全中断概率理论曲线与和数值仿真结果是完全吻合的。随着基站与合法用户之间的距离逐渐增加，第 $f$ 个用户窃听第 $n$ 个用户信息时的安全中断概率逐渐增大。这种现象可以解释为合法用户的安全中断性能受大尺度衰落的影响比较大。

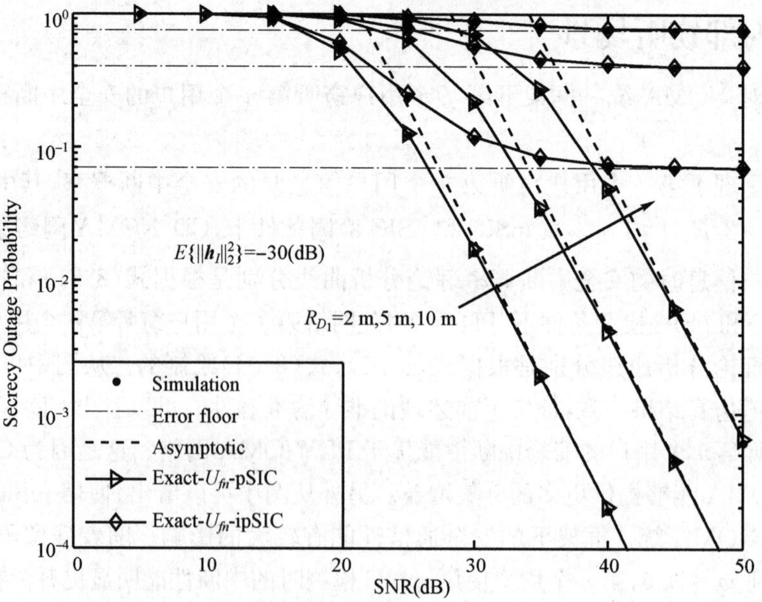


图 8-9　第 $f$ 个用户窃听第 $n$ 个用户信息时的安全中断概率

从以上数值仿真结果可以观察到，在基于 NOMA 统一框架的内部窃听和外部窃听场景，当基站的发射功率发生变化时，窃听者的 $\rho_e$ 都被设定为一个固定的值，即 $\rho_e=10$ dB。为了便于阐明在不影响合法用户通信的前提下如何降低窃听信道的性能，假设 $\rho_e$ 和 $\rho$ 具有一定的比例关系，比如 $\rho_e=\beta'\rho$，其中，$\beta'$ 是正比例因子。图 8-10 和图 8-11 分别呈现了外部窃听和内部窃听场景下不同 $\beta'$ 值下的安全中断概率，其中，$\rho_e=\beta'\rho$，$\lambda_e=10^{-3}$，$K=2$，$\varpi'=1$。从图中可以看出，合法用户的安全中断性能随着 $\beta'$ 的增加（即 $\beta'=0.1$，0.5 和 1）而变得越来越差。这是因为随着 $\beta'$ 变大，窃听者的检测能力变强，在合法用户处的干扰变大进而无法保障安全通信。利用基站或中继来广播噪声等方法可以降低窃听信道通信质量，将在后续的工作中展开进一步的研究。

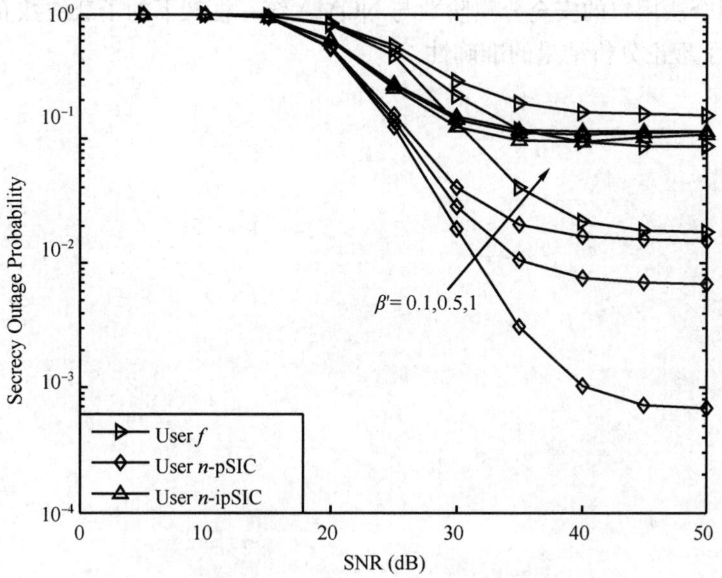


图 8-10　外部窃听场景下不同 $\beta'$ 值下的安全中断概率

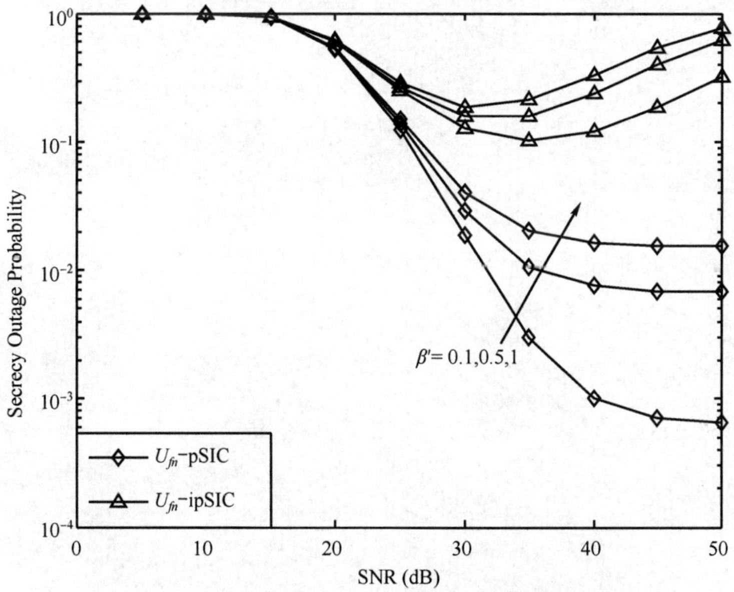


图 8-11　内部窃听场景下不同 $\beta'$ 值下的安全中断概率

## 8.5 本章小结

本章对 NOMA 统一框架下外部窃听和内部窃听场景中的安全通信问题进行了讨论。借助于随机几何理论工具对合法用户和窃听者的空间位置进行 HPPP 建模，分析了这两种场景下用户的安全中断性能，推导给出了统一框架下 CD/PD-NOMA 网络合法用户在使用 ipSIC/pSIC 检测时的安全中断概率闭合表达式和渐近表达式。由理论分析可知，由于受残留干扰的影响，CD/PD-NOMA 网络中第 $n$ 个用户在 ipSIC 检测条件下获得的分集阶数均为零，而使用 pSIC 检测时获得分集阶数分别为 $K$ 和 1；第 $f$ 个用户获得的分集阶数分别为 $K$ 和 1，这说明合法用户的安全分集阶数与 NOMA 统一框架下的子载波数有关。最后通过数值仿真验证了理论分析结果的准确性。

# 第 9 章　基于 NOMA 的卫星通信技术

前述章节重点研究了 NOMA 技术在地面移动通信网络中的理论性能。本章介绍基于 NOMA 的卫星通信技术，将卫星到地面用户的信道建模为莱斯-阴影衰落，考虑 ipSIC/pSIC 检测对 NOMA 卫星通信系统性能的影响。理论分析表明地面用户获得的分集阶数与其对应的信道排序有关。数值仿真结果证实基于 NOMA 的卫星通信系统相对于传统 OMA 系统能同时服务多个地面用户，且提供了较好的用户公平性。

## 9.1　概　述

随着物联网的发展和卫星通信业务的多样化，基于物联网的卫星通信网络受到了广泛关注，被视为下一代移动通信系统的关键应用场景。卫星网络作为地面网络的补充，可以为受灾地区、山区以及其他偏远地区提供无线接入。伴随偏远地区无线接入需求的迅速增加，需要卫星通信网络在有限的时间和频谱资源范围内为越来越多的用户提供服务。同时考虑到下一代无线通信中卫星终端数目激增，地面用户所处的网络环境更加复杂，如何借助已有中继节点提高星地协作通信网络的资源利用率，以及在无中继节点场景中提高深衰落用户的通信质量是卫星移动通信网络亟须解决的问题。未来无线通信网络需要综合利用空、天、地等多维空间资源，通过多维信息的协作和融合，在有限的频谱资源上为海量用户提供高通信质量和低时延的无线服务。

当前卫星通信系统为了减少用户之间的干扰，通常采用 OMA 技术进行信息的传输和解码。比如采用空分多址接入将卫星的覆盖范围划分为多个波束，然后在每个波束内使用 TDMA、FDMA 或 CDMA 技术为地面用户提供通信服务。这本质上还是在不同维度为用户分配独占的资源用于承载业务的信息，极大地限制了频谱资源的利用率和卫星通信系统容量的提升。受限于有限的资源利用率和用户接入量，OMA 技术已经无法满足卫星网络为下一代无线通信系统的海量用户提供数据接入的需求。NOMA 技术利用叠加编码机制将多个用户的信息通过不同的功率等级映射到相同的物理资源，接收端使用 SIC 机制进行多用户检测，提高了频谱资源利用率和系统用户接入数量。随着相同物理资源上接入系统用户数量的增加，NOMA 系统可以有效保证信道增益较差用户的服务质量，提高用户的公平性。因此，将 NOMA 技术引入卫星网络可以有效提高资源利用率，减少地面用户的等待服务时间，从而满足日益增长的卫星宽带接入需求。

目前基于 NOMA 的卫星通信研究尚处于起步阶段，如何将 NOMA 技术引入卫星系统并进行准确的性能评估有待进一步探讨。本章介绍基于 NOMA 的卫星通信技术，以中断概率作为评估指标分析系统性能，给出了阴影-莱斯衰落信道下地面用户使用 ipSIC/pSIC

检测时的中断概率准确表达式和渐近表达式，讨论了系统参数对 NOMA 卫星通信系统的影响，为实现星地融合网络在下一代移动通信系统中服务海量用户奠定了基础。

本章剩余部分具体安排如下：9.2 节介绍了 NOMA 卫星通信系统模型；9.3 节分析了地面用户的中断概率性能；9.4 节给出了数值仿真结果并对理论分析进行验证；最后 9.5 节对本章进行了小结。

## 9.2 系统模型

考虑一个基于 NOMA 的卫星通信场景，如图 9-1 所示，一个卫星向 $M$ 个地面用户广播叠加信号，卫星和地面用户均配备单根天线。假设 $h_p$ 表示卫星到第 $p$ 个地面用户的信道系数，并将其建模为阴影-莱斯衰落。不失一般性，本章将卫星到 $M$ 个地面用户的信道增益进行排序处理 $|h_1|^2\leqslant|h_2|^2\leqslant\cdots\leqslant|h_p|^2\cdots\leqslant|h_{M-1}|^2\leqslant|h_M|^2$，同时卫星到用户的通信链路受到平均功率为 $\tilde{N}$ 的 AWGN 的影响。根据已有研究理论可知，在信道未排序情况下，卫星到第 $p$ 个地面用户的信道增益 $|\hat{h}_p|^2$ 对应的 CDF 和 PDF 分别表示为

$$F_{|\hat{h}_p|^2}(x)=\alpha_p\sum_{k=0}^{\infty}\frac{(m_p)_k\delta_p^k}{(k!)^2\beta_p^{k+1}}\gamma(k+1,x\beta_p) \tag{9-1}$$

$$f_{|\hat{h}_p|^2}(x)=\frac{1}{2b_p}\left(\frac{2b_pm_p}{2b_pm_p+\Omega_p}\right)^{m_p}e^{-\frac{x}{2b_{p_1}}}F_1\left(m_p;1;\frac{x\Omega_p}{2b_p(2b_pm_p+\Omega_p)}\right) \tag{9-2}$$

式中，$(m)_k=\Gamma(m+k)/\Gamma(m)$ 表示 Pochhammer 符号。$\gamma(a,x)=\int_0^x t^{a-1}e^{-t}\mathrm{d}t$ 表示下界非完备伽玛函数（参见文献[103]中公式（8.350.1））。$\delta_p=\Omega_p/2b_p/(2b_pm_p+\Omega_p)$，$\alpha_p=(2b_pm_p/(2b_pm_p+\Omega_p))^{m_p}/2b_p$ 和 $\beta_p=1/2b_p$。$\Omega_p$ 和 $2b_p$ 分别表示 LoS 分量和多径分量的平均功率。$m_p$ 是一个范围从 0 到无穷的 Nakagami-$m$ 参数。${}_1F_1(a;b;x)$ 表示合流超几何函数（参见文献[103]中公式（9.100））。

在 NOMA 卫星通信网络中，卫星向地面用户发送叠加信号，此时第 $p$ 个地面用户的接收信号 $y_p$ 可以表示为

$$y_p=h_p\sum_{i=1}^{M}\sqrt{\eta_iG_sG_i(\varphi_i)a_iP_s}x_i+n_p \tag{9-3}$$

式中，$a_i$ 表示第 $i$ 个用户的功率分配因子，并且满足关系式 $\sum_{i=1}^{M}a_i=1$。为了保证用户之间的公平性，在进行非正交通信时假设用户的功率分配因子满足 $a_1\geqslant a_2\geqslant\cdots\geqslant a_{M-1}\geqslant a_M$。需要注意这里给每个地面用户分配固定的功率，通过寻找用户之间的最优功率分配策略将进一步增强网络性能，但超出了本章的研究范围。$P_s$ 表示卫星的发送功率。$x_i$ 表示第 $i$ 个地面用户传输的信号，$n_p\sim\mathcal{CN}(0,\tilde{N})$ 表示在第 $p$ 个地面用户处的 AWGN 噪声。$\eta_i=(\lambda/4\pi d_i)^2$ 表示一个波束的自由空间损耗系数，波长 $\lambda=C/f_c$，其中，$C$ 和 $f_c$ 分别表示光速和频率。$d_i$ 表示卫星和第 $i$ 个用户之间的距离。给定第 $i$ 个用户的位置，$\dot{\varphi}_i$ 表示其相对于卫星与波束中心的夹角。对应的波束增益 $G_i(\dot{\varphi}_i)$ 表示为

$$G_i(\dot{\varphi}_i)=G_i\left(\frac{J_1(u_i)}{2u_i}+36\frac{J_3(u_i)}{u_i^3}\right) \tag{9-4}$$

式中，$G_i$ 表示第 $i$ 个用户的天线增益，$u_i=2.0712\ 3\sin\dot{\varphi}_j/\sin\dot{\varphi}_j 3\ \text{dB}$。$\dot{\varphi}_j 3\ \text{dB}$ 是波束的 3 dB 恒定角。$J_1(\cdot)$ 和 $J_3(\cdot)$ 分别表示阶数为 1 和 3 的第一类贝塞尔函数。

基于 NOMA 传输原理，第 $p$ 个地面用户解码第 $q$ 个地面用户（$p>q$）信息的 SINR 可以表示为

$$\gamma_{p\to q}=\frac{\phi_p\rho\,|h_p|^2 a_q}{\phi_p\rho\,|h_p|^2\sum\limits_{i=q+1}^{M}a_i+\varpi\rho\,|h_I|^2+1} \tag{9-5}$$

式中，$\rho=P_s/\tilde{N}$ 表示发送端 SNR，$\phi_p=\eta_p G_s G_p(\dot{\varphi}_p)$ 和 $\varpi\in[0,1]$。$\varpi=0$ 和 $\varpi=1$ 分别表示系统使用了 pSIC 和 ipSIC 检测机制。当 $\eta=1$ 时，将残留干扰 $h_I$ 建模为服从均值为 0、方差为 $\Omega_I$ 的复高斯分布，即 $h_I\sim\mathcal{CN}(0,\Omega_I)$。

第 $p$ 个用户在解码第 $q$ 个用户的信息后，将剩余的 $M-p$ 个地面用户的信号当成干扰，因此对应的 SINR 可以表示为

$$\gamma_p=\frac{\phi_p\rho\,|h_p|^2 a_p}{\phi_p\rho\,|h_p|^2\sum\limits_{i=p+1}^{M}a_i+\varpi\rho\,|h_I|^2+1} \tag{9-6}$$

这里需要指出对于具有最差信道条件的第 1 个地面用户（即 $p=1$）并不执行 SIC 操作，因此在式(9-6)中不存在干扰项 $\rho\,|h_I|^2$。

在 $M-1$ 个地面用户的信息被解码后，在第 $M$ 个地面用户处的接收 SINR 可以表示为

$$\gamma_M=\frac{\rho a_M\,|h_M|^2\phi_M}{\varpi\rho\,|h_I|^2+1} \tag{9-7}$$

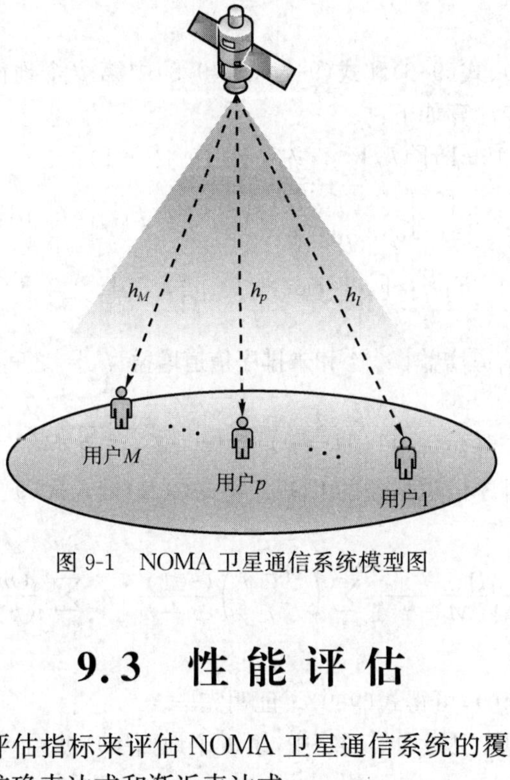


图 9-1　NOMA 卫星通信系统模型图

# 9.3 性能评估

下面通过中断概率评估指标来评估 NOMA 卫星通信系统的覆盖性能，重点给出第 $p$ 个地面用户的中断概率准确表达式和渐近表达式。

## 9.3.1 中断概率

第 $p$ 个地面用户使用 SIC 先解码第 $q$ 个地面用户($p\geqslant q$)的信息 $x_i$,然后再解码自身信号 $x_p$。如果第 $p$ 个地面用户不能解码第 $i$ 个地面用户的信息,系统将会发生中断。对应的中断事件记为 $E_{p,q}\triangleq\{\gamma_{p\to q}<\gamma_{th_q}\}$,其中 $\gamma_{th_q}=2^{R_{th_q}}-1$ 表示第 $q$ 个地面用户的目标 SNR,$R_{th_q}$ 表示第 $q$ 个用户的目标数据速率。在该场景下第 $p$ 个地面用户需要成功解码前面 $p-1$ 个远端地面用户的信号,系统才不会发生中断。因此为了便于计算,用其补事件来表示第 $p$ 个地面用户的中断概率为

$$P^p=1-\Pr[E_{p,1}^c\cap E_{p,2}^c\cap\cdots\cap E_{p,p}^c] \tag{9-8}$$

式中,$E_{p,q}^c$ 表示中断事件 $E_{p,q}$ 的补事件。

**定理 9.1**:在 NOMA 卫星通信网络中,第 $p$ 个地面用户使用 ipSIC 检测时的中断概率准确表达式为

$$\begin{aligned}P_{ipSIC}^p=&\frac{M!}{(M-p)!(p-1)!\Omega_I}\sum_{l=0}^{M-p}\binom{M-p}{l}\frac{(-1)^l\alpha_p^{p+l}}{p+l}\\&\times\int_0^\infty\left[\sum_{k=0}^{\infty}\frac{(m_p)_k\delta_p^k}{(k!)^2\beta_p^{k+1}}\gamma(k+1,\psi_p^*(\varpi\rho x+1)\beta_p)\right]^{p+l}e^{-\frac{x}{\Omega_I}}\mathrm{d}x\end{aligned} \tag{9-9}$$

式中,$\varpi=1$,$\psi_p^*=\max\{\psi_1,\cdots,\psi_p\}$,$\psi_p=\gamma_{th_p}/\rho\phi_p(a_p-\gamma_{th_p}\sum\limits_{i=p+1}^{M}a_i)$ 且满足条件 $a_p>\gamma_{th_p}\sum\limits_{i=p+1}^{M}a_i$,$\psi_M=\gamma_{th_M}/\rho\phi_M a_M$,$\gamma_{th_p}=2^{R_{th_p}}-1$,$R_{th_p}$ 是第 $p$ 个地面用户解码信号 $x_p$ 的目标数据速率。

**证明**:基于式(9-5)、式(9-6)和式(9-7),式(9-8)中第 $p$ 个地面用户使用 ipSIC 检测时的中断概率可以进一步计算如下:

$$\begin{aligned}P_{ipSIC}^p&=1-\Pr[|h_p|^2>\psi_p^*(\varpi\rho|h_I|^2+1)]\\&=1-\int_0^\infty\int_{\psi_p^*(\varpi\rho x+1)}^{\infty}f_{|h_I|^2}(x)f_{|h_p|^2}(y)\mathrm{d}y\mathrm{d}x\\&=\int_0^\infty F_{|h_p|^2}[\psi_p^*(\varpi\rho x+1)]\frac{1}{\Omega_I}e^{-\frac{x}{\Omega_I}}\mathrm{d}x\end{aligned} \tag{9-10}$$

由式(3-21)可知,排序信道增益 $|h_p|^2$ 和未排序信道增益 $|\hat{h}_p|^2$ 之间的 CDF 满足如下关系:

$$F_{|h_p|^2}(x)=\frac{M!}{(p-1)!(M-p)!}\sum_{l=0}^{M-p}\binom{M-p}{l}\frac{(-1)^l}{p+l}[F_{|\hat{h}_p|^2}(x)]^{p+l} \tag{9-11}$$

式中,$F_{|\hat{h}_p|^2}(x)$ 是未排序信道增益的 CDF。将式(9-1)带入式(9-11),$F_{|h_p|^2}(x)$ 可以进一步表示为

$$F_{|h_p|^2}(x)=\frac{M!}{(p-1)!(M-p)!}\sum_{l=0}^{M-p}\binom{M-p}{l}\frac{(-1)^l}{p+l}\left[\alpha_p\sum_{k=0}^{\infty}\frac{(m_p)_k\delta_p^k}{(k!)^2\beta_p^{k+1}}\gamma(k+1,x\beta_p)\right]^{p+l} \tag{9-12}$$

将式(9-12)带入式(9-10),可得式(9-9)。证明完毕。

**推论 9.1**:在 NOMA 卫星通信网络中,第 $p$ 个地面用户使用 pSIC 检测时的中断概率闭合式表达式为

$$P_{pSIC}^{p}=\frac{M!}{(M-p)!(p-1)!}\sum_{l=0}^{M-p}\binom{M-p}{l}\frac{(-1)^{l}\alpha_{p}^{p+l}}{p+l}\left[\sum_{k=0}^{\infty}\frac{(m_{p})_{k}\delta_{p}^{k}}{(k!)^{2}\beta_{p}^{k+1}}\gamma(k+1,\Psi_{p}^{*}\beta_{p})\right]^{p+l} \tag{9-13}$$

## 9.3.2 分集阶数

为了更好地评估用户的中断性能，接下来介绍高 SNR 条件下地面用户所能获得的分集阶数，它能够描述中断概率随 SNR 变化的快慢情况。根据以上解释，地面用户的分集阶数数学表达式可以表示为

$$d=-\lim_{\rho\to\infty}\frac{\log[P^{\infty}(\rho)]}{\log\rho} \tag{9-14}$$

式中，$P^{\infty}(\rho)$表示在高 SNR 条件下地面用户的渐近中断概率。

**推论 9.2**：在高 SNR 条件下，第 $p$ 个地面用户使用 ipSIC 检测时的渐近中断概率可以表示为

$$\begin{aligned}P_{ipSIC}^{p,\infty}=&\frac{M!}{(M-p)!(p-1)!\Omega_{I}}\sum_{l=0}^{M-p}\binom{M-p}{l}\frac{(-1)^{l}\alpha_{p}^{p+l}}{p+l}\\&\times\int_{0}^{\infty}\left[\sum_{k=0}^{\infty}\frac{(m_{p})_{k}\delta_{p}^{k}}{(k!)^{2}\beta_{p}^{k+1}}\gamma(k+1,\varpi x v_{p}^{*}\beta_{p})\right]^{p+l}e^{-\frac{x}{\Omega_{I}}}\mathrm{d}x\end{aligned} \tag{9-15}$$

式中，$v_{p}^{*}=\max\{v_{1},\cdots,v_{p}\}$，$v_{p}=\gamma_{th_{p}}/\left[\phi_{p}\left(a_{p}-\gamma_{th_{p}}\sum_{i=q+1}^{M}a_{i}\right)\right]$且满足条件$a_{p}>\gamma_{th_{p}}\sum_{i=q+1}^{M}a_{i}$。

**证明**：当$\rho\to\infty$时，$P_{ipSIC}^{p}$中的$\psi_{p}^{*}$ 和$\rho\psi_{p}^{*}$ 分别等于 0 和$\rho v_{p}^{*}$，将这两项代入式(9-9)中，可以得到式(9-15)。可以看出随着 SNR 的增加，概率 $P_{ipSIC}^{p,\infty}$是一个常数。证明完毕。

**结论 9.1**：将式(9-15)带入式(9-14)，第 $p$ 个地面用户使用 ipSIC 检测时获得的分级阶数为 0。出现这种现象的原因是基于 NOMA 的卫星通信系统受到了 ipSIC 检测带来残留干扰的影响。

**推论 9.3**：在高 SNR 条件下，第 $p$ 个地面用户使用 pSIC 检测时的渐近中断概率可以表示为

$$P_{pSIC}^{p,\infty}=\frac{M!}{(M-p)!\;p!}\alpha_{p}^{p}(\psi_{p}^{*})^{p}\propto\frac{1}{\rho^{p}} \tag{9-16}$$

**证明**：使用级数展开，式(9-13)中的 $\gamma(k+1,\psi_{p}^{*}\beta_{p})$可以进一步写为$\gamma(k+1,\psi_{p}^{*}\beta_{p})=\sum_{n=0}^{\infty}\frac{(-1)^{n}(\psi_{p}^{*}\beta_{p})^{k+1+n}}{n!(k+1+n)}$。当$\rho\to\infty$时，$\psi_{p}^{*}$ 趋于 0 并取该级数的第一项(即 $n=0$)，此时$\gamma(k+1,\psi_{p}^{*}\beta_{p})$可以近似为

$$\gamma(k+1,\psi_{p}^{*}\beta_{p})\approx\left.\frac{(\psi_{p}^{*}\beta_{p})^{k+1}}{k+1}\right|_{\psi_{p}^{*}\to 0} \tag{9-17}$$

将式(9-17)代入式(9-13)，第 $p$ 个地面用户使用 pSIC 检测时的中断概率可以近似为

$$P_{pSIC}^{p}\approx\frac{M!}{(M-p)!(p-1)!}\sum_{l=0}^{M-p}\binom{M-p}{l}\frac{(-1)^{l}\alpha_{p}^{p+l}}{p+l}\left[\sum_{k=0}^{\infty}\frac{(m_{p})_{k}\delta_{p}^{k}(\psi_{p}^{*})^{k+1}}{(k!)^{2}(k+1)}\right]^{p+l} \tag{9-18}$$

进一步取式(9-18)中级数的第一项，即 $k=0$ 和 $l=0$，可得式(9-16)。证明完毕。

**结论 9.2**：将式(9-16)代入式(9-14)，第 $p$ 个地面用户使用 pSIC 检测时的分集阶数为 $p$。该结论说明基于 NOMA 的卫星通信系统中第 $p$ 个地面用户的分集阶数与信道排序有关。

# 9.4 数值仿真结果

本小节提供数值仿真结果并分析系统参数对 NOMA 卫星通信网络性能的影响。卫星与地面用户之间的链路受阴影-莱斯衰落的影响，对应的信道参数如表 9-1 所示。另外本小节使用的蒙特卡罗仿真参数如表 9-2 所示。假设整个网络中有三个用户($M=3$)，将三个用户的功率分配因子分别设置为 $a_1=0.5$、$a_2=0.4$ 和 $a_3=0.1$。不失一般性将传统 OMA 机制作为对比基准，此时正交用户的目标速率等于非正交用户的和速率，即 $R_o=\sum_{i=1}^{M}R_{th_i}$。

表 9-1 卫星通信信道参数表

| 阴影衰落类型 | $b$ | $m$ | $\Omega$ |
|---|---|---|---|
| 深度频率选择性阴影衰落 (Frequent Heavy Shadowing, FHS) | 0.063 | 0.739 | $8.97\times10^{-4}$ |
| 平均阴影衰落 (Average Shadowing, AS) | 0.126 | 10.1 | 0.835 |
| 轻度频率选择性衰落 (Infrequent Light Shadowing, ILS) | 0.158 | 19.4 | 1.29 |

表 9-2 数值仿真参数表

| | |
|---|---|
| 蒙特卡罗仿真点数 | $10^5$ |
| 卫星轨道类型 | LEO |
| 子载波频率 | 1 GHz |
| 3 dB 角 $\varphi_{3\text{ dB}}$ | 0.4° |
| 每个波束用户天线增益 | 3.5 dBi |
| 每个波束卫星天线增益 | 24.3 dBi |
| 卫星与用户的距离 | 1000 km |
| 波束中心与用户间夹角 | 0.1° |

图 9-2 呈现了卫星通信链路在经历 FHS 时地面用户的中断概率，其中，$b_p=0.063$、$m_p=0.739$，$\Omega_p=8.97\times10^{-4}$，$\dot{\varphi}_1=\dot{\varphi}_2=\dot{\varphi}_3=0.1°$，$R_{th_1}=0.1$ BPCU，$R_{th_2}=0.5$ BPCU 和 $R_{th_3}=1$ BPCU。图中第 $p$ 个地面用户($p\geqslant2$)在使用 ipSIC 和 pSIC 检测时的中断概率理论曲线分别是根据式(9-9)和式(9-13)绘制的。从图可以看出，理论分析曲线与数值仿真曲线完全重合，这说明理论分析结果是准确的。图中点线和虚线表示第 $p$ 个地面用户在使用 ipSIC 和 pSIC 检测时的渐近中断概率理论曲线，它们分别是根据式(9-15)和式(9-16)绘制的。可以看出在高 SNR 条件下地面用户的渐近中断概率收敛于中断概率的理论曲线。在使用 ipSIC 检测时，受残留干扰的影响地面用户的中断概率收敛于错误平层，而且随着残留干扰值的增加(比如干扰值从 $E\{|h_I|^2\}=-30$ dB 增加到 $E\{|h_I|^2\}=-20$ dB)，地面用户($p=2$)的中断性能变差。另外从图中可以看出地面用户在使用 pSIC 检测时的中断性能优于正交用户。这种现象可以解释为 NOMA 在同时服务多个用户时比 OMA 方式提供了更好的公平性。

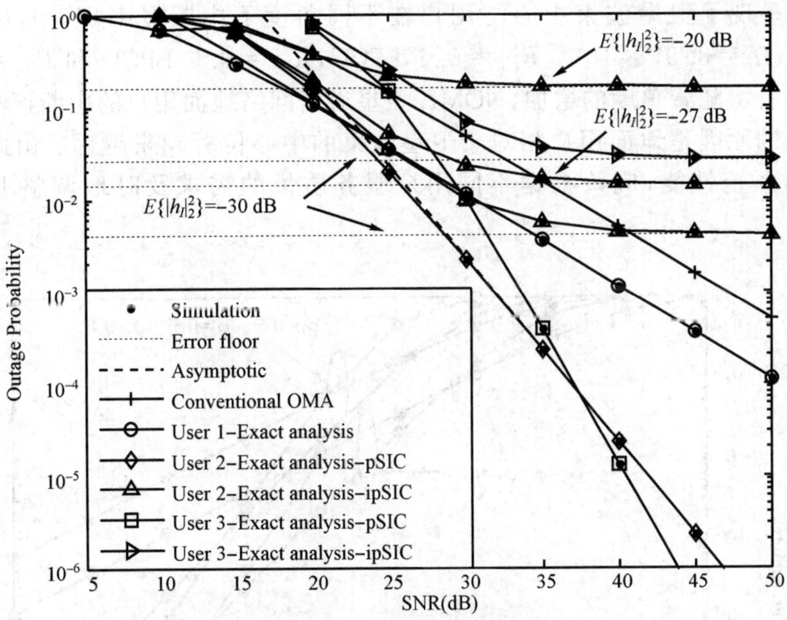


图 9-2 地面用户在不同 SNR 下的中断概率

图 9-3 呈现了不同信道参数下地面用户的中断概率，其中，$\dot{\varphi}_1=0.1°$，$\dot{\varphi}_2=0.2°$和 $\dot{\varphi}_3=0.3°$，$R_{th_1}=0.1$ BPCU，$R_{th_2}=0.5$ BPCU 和 $R_{th_3}=1$ BPCU。从图中可以看出，卫星信道参数对地面用户中断性能的影响比较敏感，阴影衰落降低了用户的中断性能。深度频率选择性阴影衰落导致用户的中断概率变大，这是因为在该衰落信道下信号的传播性较差。随着信道阴影衰落参数（即 $b$、$m$ 和 $\Omega$）值的增加，地面用户的中断性能越来越好，这是由于 NOMA 卫星通信网络中的 LoS 分量和多径分量变得更加丰富。

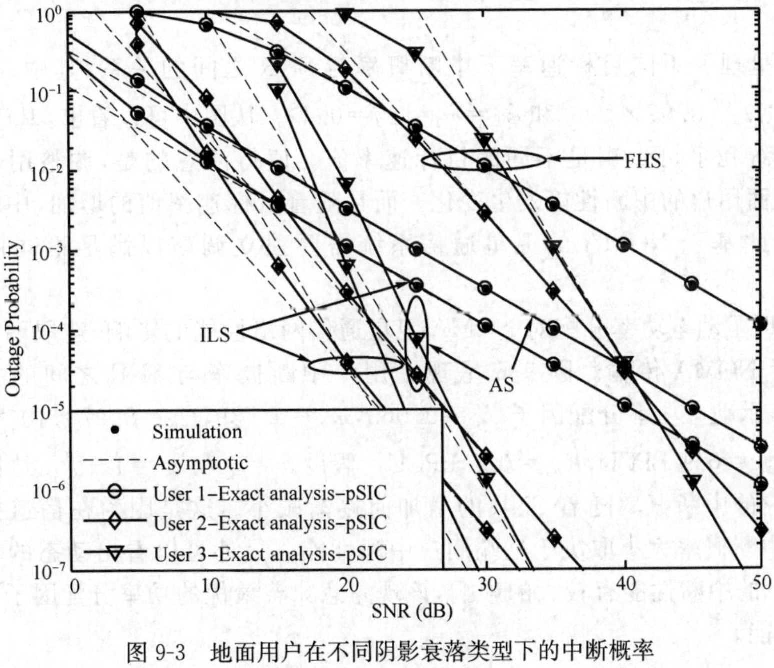


图 9-3 地面用户在不同阴影衰落类型下的中断概率

图 9-4 呈现了卫星波束中心与用户在不同角度下中断概率，其中，$b_p=0.063$、$m_p=0.739$，$\Omega_p=8.97\times10^{-4}$，$R_{th_1}=0.1$ BPCU，$R_{th_2}=0.5$ BPCU 和 $R_{th_3}=1$ BPCU。从图中可以看出随着角度的增加，NOMA 卫星通信网络地面用户的中断概率增大。出现这种现象的原因是地面用户相对于卫星波束的中心位置越来越远。由此可知为了获得更好的系统性能，应该根据不同用户服务质量的需求及时地调整卫星波束的角度。

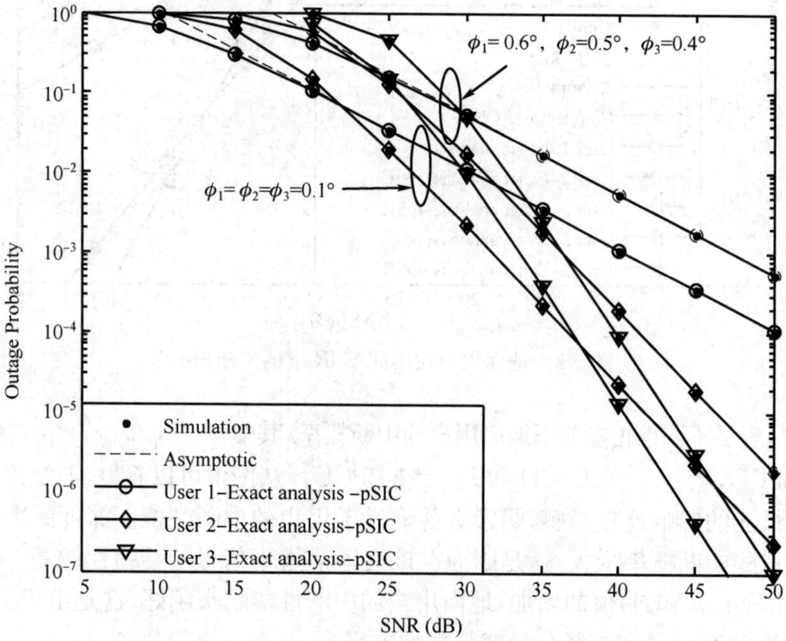


图 9-4　地面用户在不同 SNR 情况下的中断概率

图 9-5 呈现了不同目标速率下中断概率与 SNR 之间的关系，其中，$b_p=0.063$、$m_p=0.739$、$\Omega_p=8.97\times10^{-4}$ 和 $\dot{\varphi}_1=\dot{\varphi}_2=\dot{\varphi}_3=0.1°$。从图中可以看出，基于 NOMA 的卫星通信系统几乎可以满足不同的目标速率值。值得注意的是，调整用户的目标速率会导致地面用户的中断性能发生变化。而且随着目标速率值的增加，中断性能会变得更差。因此基于 NOMA 的卫星通信系统需要独立调整以满足不同用户的应用需求。

为了说明了动态功率分配对 NOMA 卫星通信网络性能的影响，选取两个地面用户配对去执行 NOMA 传输。图 9-6 呈现了用户中断概率与 SNR 之间的关系，其中，$\theta'\in[0,1]$表示动态功率分配因子，$b_p=0.063$，$m_p=0.739$、$\Omega_p=8.97\times10^{-4}$，$\dot{\varphi}_1=\dot{\varphi}_2=\dot{\varphi}_3=0.1°$，$R_{th_1}=0.1$ BPCU，$R_{th_2}=0.5$ BPCU。假设 $a_1=\theta'$ 和 $a_2=1-\theta'$。从图中可以看出，地面用户的中断概率随着 SNR 的增加而逐渐减小。这是因为在信道排序的条件下，用户的中断概率大小取决于远端用户中断性能。另外可以看出动态的功率分配对不同 SNR 下的中断性能有较大的影响，该现象意味着最优的功率分配因子可以提高系统的中断性能。

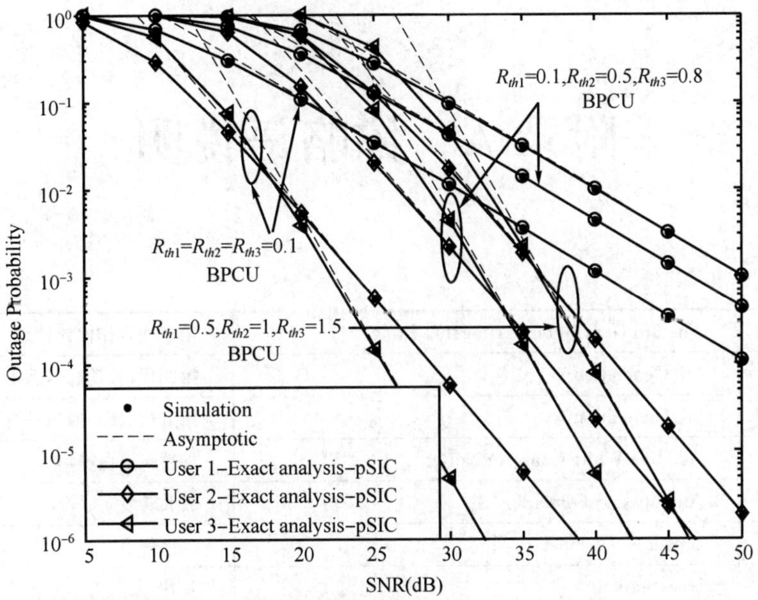


图 9-5 地面用户在不同 SNR 情况下的中断概率

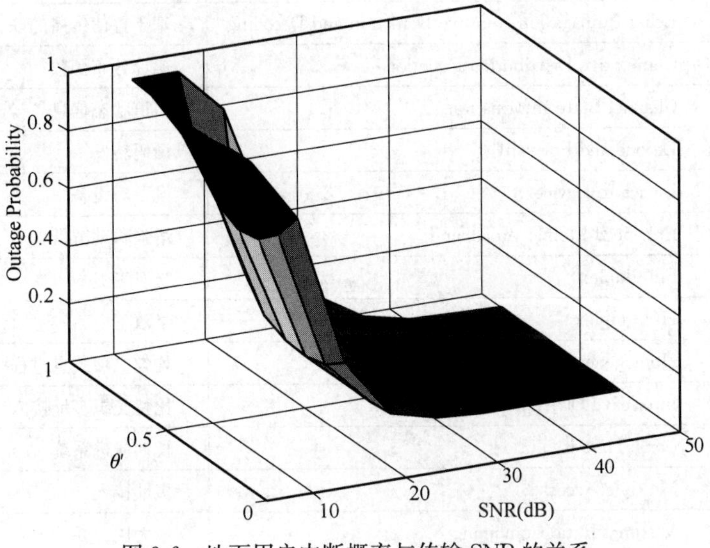


图 9-6 地面用户中断概率与传输 SNR 的关系

# 9.5 本章小结

本章介绍了阴影-莱斯衰落信道下基于 NOMA 的卫星通信网络性能。在考虑 ipSIC/pSIC 情况下，推导了地面用户中断概率的准确表达式和渐近表达式，给出了地面用户获得的分集阶数。讨论了不同阴影衰落类型对 NOMA 卫星网络性能的影响。仿真结果表明：在 pSIC 情况下，基于 NOMA 卫星通信网络的中断性能优于 OMA。随着残留干扰值的增加，地面用户使用 ipSIC 检测时的中断概率性能变差；相对于深度频率选择性阴影衰落和平均阴影衰落，频率选择性衰落下地面用户具有较好中断概率性能。

# 附录 A　缩略语说明

| | | |
|---|---|---|
| 3GPP | The 3rd Generation Partnership Project | 第三代合作伙伴计划 |
| 4G | 4th Generation | 第四代(移动通信系统) |
| 5G | 5th Generation | 第五代(移动通信系统) |
| AWGN | Additive White Gaussian Noise | 加性高斯白噪声 |
| AF | Amplify-and-Forward | 放大转发 |
| BC | Broadcast Channel | 广播信道 |
| BS | Base Station | 基站 |
| BPCU | Bit per Channel Use | 比特每秒 |
| BLER | BLock Error Rate | 误码块率 |
| BP-IDD | Belief Propagation-Iterative Detection and Decoding | 基于置信传播的联合迭代检测译码 |
| CDF | Cumulative Distribution Function | 累计分布函数 |
| CSI | Channel State Information | 信道状态信息 |
| DF | Decode and Forward | 译码转发 |
| D2D | Device to Device | 设备对设备 |
| eMBB | Enhanced Mobile Broadband | 增强移动宽带 |
| FD | Full-duplex | 全双工 |
| HD | Hull-duplex | 半双工 |
| HBPPs | Homogeneous Binomial Point Processes | 均匀二项式点过程 |
| IDMA | Interleave Division Multiple Access | 比特交织多址接入 |
| LTE | Long Time Evolution | 长期演进系统 |
| MA | Multiple Access | 多址接入 |
| MRC | Maximal Ratio Combining | 最大比合并 |
| mMTC | Massive Machine Type Communications | 大规模机器通信 |
| MUSA | Multiple Share Access | 多用户共享多址接入 |
| NR | New Radio | 新空口 |
| NOMA | Non-orthogonal Multiple Access | 非正交多址接入 |
| PDF | Probability Density Function | 概率密度函数 |
| QoS | Quality of Service | 服务质量 |
| SC | SelectionCombining | 选择合并 |
| SNR | Signal to Noise Ratio | 信噪比 |

续 表

| | | |
|---|---|---|
| 3GPP | The 3rd Generation Partnership Project | 第三代合作伙伴计划 |
| SINR | Signal to Interference and Noise Ratio | 信干噪比 |
| SCMA | Sparse Code Multiple Access | 稀疏码分多址接入 |
| TWR | Two Way Relay | 双向中继 |
| uRLLC | ultra-Reliable and Low Latency Communications | 高可靠低时延通信 |

# 参考文献


[1] Li J, Wu X, Laroia R. OFDMA Mobile Broadband Communications: A Systems Approach [M]. Cambridge University Press, 2013.

[2] Andrews J G, Buzzi S, Choi W, et al. What will 5G be? [J]. IEEE Journal of Selected Areas in Communications, 2014, 32(6): 1065-1082.

[3] Boccardi F, Heath R W, Lozano A, et al. Five Disruptive Technology Directions for 5G[J]. IEEE Communications Magazin, 2014, 52(2): 74-80.

[4] Recommendation ITU-R M. 2083. IMT Vision, Framework and Overall Objectives of the Future Development of IMT for 2020 and beyond [R]. Sep. 2015

[5] ITU-2020 (5G)推进组. 5G 概念白皮书[R]. 2015. 2.

[6] Mobile and Wireless Communications Enablers for the Twenty-Twenty Information Society (METIS). Final report on architecture [R]. ICT-317669-METIS/D6. 4, Jan. 2015.

[7] 5G-PPP. 5G Vision: the 5G Infrastructure Public Private Partnership: the Next Generation of Communication Networks and Services[R]. Feb. 2015.

[8] Next Generation Mobile Networks (NGMN). 5G White Paper[R]. Feb. 2015.

[9] 4G Americas. 4G Americas Recommendations on 5G Requirements and Solutions[R]. Oct. 2014.

[10] RPa160082, TR38. 913. Study on Scenario and Requirements for Next Generation Access Technologies (Release 14), Feb. 2016.

[11] Wang C X , Haider F, Gao X, et al. Cellular Architecture and Key Technologies for 5G Wireless Communication Networks[J]. IEEE Communications Magazin, 2014, 52(2): 122-130.

[12] Li Q C, Niu H, Papathanassiou A T, et al. 5G Network Capacity: Key Elements and Technologies[J]. IEEE Transactions on Vehicular Technology, 2014, 9(1): 71-78.

[13] Dai L, Wang B, Yuan Y, et al. Non-Orthogonal Multiple Access for 5G: Solutions, Challenges, Opportunities, and Future Research Trends[J]. IEEE Communications Magazin, 2015, 53(9): 74-81.

[14] Ding Z, Liu Y, Choi J, et al. Application of Non-Orthogonal Multiple Access in LTE and 5G Networks[J]. IEEE Communications Magazin, 2017, 55(2): 185-191.

[15] Liu Y, Qin Z, Elkashlan M, et al. Non-Orthogonal Multiple Access for 5G and Beyond[J]. Proceedings of the IEEE, 2017, 105(12): 2347-2381.

[16] Ding Z, Lei X, Karagiannidis G K, et al. A Survey on Non-Orthogonal Multiple Access for 5G Networks: Research Challenges and Future Trends [J]. IEEE Journal on Selected Areas in Communications, 2017, 35(10): 2181-2195.

[17] Cai Y, Qin Z, Cui F, et al. Modulation and Multiple Access for 5G Networks[J]. IEEE Communications Surveys Tutorial, 2018, 20(1): 629-646.

[18] Cover T. Broadcast channels[J]. IEEE Transactions Information Theory, 1972, 18(1): 2-14.

[19] Goldsmith A. Wireless J. Communications[M], Cambridge: Cambridge University Press, 2005

[20] Saito Y, Kishiyama Y, Benjebbour A, et al. Nor-Orthogonal Multiple Access (NOMA) for Cellular Future Radio Access[A]. IEEE Vehicular Technology Conference (VTC Spring)[C]. 2013: 1-5.

[21] Saito Y, Benjebbour A, Kishiyama Y, et al. System Level Performance Evaluation of Downlink Non-Orthogonal Multiple Access (NOMA) [A]. IEEE Annual International Symposium on Personal, Indoor, and Mobile Radio Communications (PIMRC)[C]. 2013: 611-615.

[22] 3rd Generation Partnership Projet (3GPP). Study on Downlink Multiuser Superposition Transmation for LTE, Mar. 2015.

[23] Al-Imari M, Xiao P, Imran M A, et al. Uplink Non-Orthogonal Multiple Access for 5G Wireless Networks [A]. IEEE International Symposium on Wireless Communications Systems (ISWCS)[C]. 2014: 781-785.

[24] Zhang N, Wang J, Kang G et al. Uplink Non-Orthogonal Multiple Access in 5G Systems [J]. IEEE Communications letters, 2016, 20(3): 458-461.

[25] Tabassum H, Hossain E, Hossain M J, et al. Modeling and Analysis of Uplink Non-Orthogonal Multiple Access NOMA in Large-Scale Cellular Networks Using Poisson Cluster Processes[J]. IEEE Transactions on Communications, 2017, 65(8): 3555-3570.

[26] Ding Z, Yang Z, Fan P, et al. On the Performance of Non-Orthogonal Multiple Access in 5G Systems with Randomly Deployed Users[J]. IEEE Signal Processing Letters, 2014, 21(12): 1501-1505.

[27] Xu P, Ding Z, Dai X, et al. NOMA: An Information Theoretic Perspective[J]. IEEE Transcations on Information Theory. Availabe on-line at arXiv: 1504. 07751.

[28] Ding Z, Fan P, Poor H V. Impact of User Pairing on 5G Non-orthogonal Multiple Access Downlink Transmissions[J]. IEEE Transactions on Vehicular Technology, 2016, 65(8): 6010-6023.

[29] Yang Z, Ding Z, Fan P, et al. On the Performance of Non-Orthogonal Multiple Access Systems with Partial Channel Information[J]. IEEE Transactions on Communications, 2016, 64(2): 654-667.

[30] Shi S, Yang L, Zhu H. Outage Balancing in Downlink Non-Orthogonal Multiple Access with Statistical Channel State Information[J]. IEEE Transactions on Wireless Communications, 2015, 15(7): 4718-4731.

[31] Choi J. On the Power Allocation for a Practical Multiuser Superposition Scheme in NOMA Systems[J]. IEEE Communications Letters, 2016, 20(3): 438-441.

[32] Yang Z, Ding Z, Fan P, et al. Outage Performance for Dynamic Power Allocation in Hybrid Non-Orthogonal Multiple Access Systems[J]. IEEE Communications Letters, 2016, 20(8): 1695-1698.

[33] Liu Y, Ding Z, Elkashlan M, et al. Non-Orthogonal Multiple Access in Large-scale Underlay Cognitive Radio Network[J]. IEEE Transactions on Vehicular Technology, 2016, 65(12): 10152-10157.

[34] Ding Z, Fan P, Karagiannidis G K, et al. NOMA Assisted Wireless Caching: Strategies and Performance Analysis[J]. IEEE Transactions on Communications 2018, 66(10): 4854-4876.

[35] Hasna M O, Alouini M S. End-to-End Performance of Transmission Systems with Relays over Rayleigh-fading Channels[J]. IEEE Transactions on Wireless Communications, 2003, 2(6): 1126-1131.

[36] Laneman J N, Tse D N C, Wornell G W. Cooperative Diversity in Wireless Networks: Efficient Protocols and Outage Behavior[J]. IEEE Transactions on Information Theory, 2004, 50(12): 3062-3080.

[37] Host-Madsen A, Zhang J. Capacity Bounds and Power Allocation for Wireless Relay Channels[J]. IEEE Transactions on Information Theory, 2005, 51(6): 2020-2040.

[38] Bletsas A, Khisti A, Reed D P, et al. A Simple Cooperative Diversity Method Based on Network Path Selection[J]. IEEE Journal on Selected Areas in Communications, 2006, 24(3): 659-672.

[39] Beaulieu N C, Hu J A. Closed-Form Expression for the Outage Probability of Decode-and-Forward Relaying in Dissimilar Rayleigh Fading Channels[J]. IEEE Communications Letters, 2006, 10(12): 813-815.

[40] Nikjah R, Beaulieu N C. Exact Closed-form Expressions for the Outage Probability and Ergodic Capacity of Decode-and-Forward Opportunistic Relaying[A]. IEEE Global Communications Conference (GLOBECOM)[C]. 2009: 1-8.

[41] Rui X. Capacity Analysis of Decode-and-Forward Protocol with Partial Relay Selection [A]. International Conference on Wireless Communications and Signal Processing (WCSP) [C]. 2010: 1-3.

[42] Chen S, Wang W, Zhang X. Ergodic and Outage Capacity Analysis of Cooperative Diversity Systems under Rayleigh Fading Channels[A]. IEEE International Conference on Communications Workshops (ICC Workshops) [C]. 2009: 1-5.

[43] Sun Y, Zhong X, Chen X, et al. Ergodic Capacity of Decode-and-Forward Relay Strategies over General Fast Fading Channels[J]. Electronics Letters, 2011, 47(2): 148-150.

[44] Bhatnagar M R. On the Capacity of Decode-and-Forward Relaying over Rician Fading Channels[J]. IEEE Communications Letters, 2014, 17(6): 1100-1103.

[45] Wang X, Liang Q. On the Ergodic Capacity of Cooperative Diversity Networks with Decode-and-Forward Relaying over Nakagami-m Fading Channels[A]. IEEE Global Communications Conference (GLOBECOM)[C]. 2013: 3832-3837.

[46] Hasna M O, Alouini M S A. Performance Study of Dual-Hop Transmissions with Fixed Gain relays[J]. IEEE Transactions on Wireless Communications, 2004, 3(6): 1963-1968.

[47] Mheidat H, Uysal M. Impact of Receive Diversity on the Performance of Amplify-and-Forward Relaying under APS and IPS Power [J]. IEEE Communications Letters, 2006, 10(6): 468-470.

[48] Gedik B, Uysal M. Impact of Imperfect Channel Estimation on the Performance of Amplify-and-Forward Relaying[J]. IEEE Transactions on Wireless Communications, 2009, 8 (3): 1468-1479.

[49] Ding Z, Peng M, Poor H V. Cooperative Non-Orthogonal Multiple Access in 5G Systems [J]. IEEE Communications Letters, 2014, 19(8): 1462-1465.

[50] Liu Y, Ding Z, Elkashlan M, et al. Cooperative Non-Orthogonal multiple access in 5G systems with SWIPT[A]. European Signal Processing Conference (EUSIPCO) [C]. 2015: 1999-2003.

[51] Liu Y, Ding Z, Elkashlan M, et al. Cooperative Non-Orthogonal Multiple Access with Simultaneous Wireless Information and Power Transfer [J]. IEEE Journal on Selected Areas in Communications, 2016, 34(4): 938-953.

[52] Ashraf M, Shahid A, Jang J W. Energy Harvesting Non-Orthogonal Multiple Access System with Multi-Antenna Relay and Base Station [J]. IEEE Access, 2017, 5: 17660-17670.

[53] Zhang Z, Ma Z, Xiao M, et al. Full-Duplex Device-to-Device Aided Cooperative Non-Orthogonal Multiple Access [J]. IEEE Transactions on Vehicular Technology, 2017, 66(5): 4467-4471.

[54] Kim J B, Lee I H. Capacity Analysis of Cooperative Relaying Systems Using Non-Orthogonal Multiple Access[J]. IEEE Communications Letters, 2015, 19(11): 1949-1952.

[55] Kim J B, Lee I H. Non-Orthogonal Multiple Access in Coordinated Direct and Relay Transmission[J]. IEEE Communications Letters, 2015, 19(11): 2037-2040.

[56] Wan D, Wen M, Ji F, et al. Non-Orthogonal Multiple Access for Dual-Hop Decode and Forward Relaying[A]. IEEE Vehicular Technology Conference (VTC Spring), 2017: 1-5.

[57] Zhong C,Zhang Z. Non-Orthogonal Multiple Access With Cooperative Full-Duplex Relaying[J]. IEEE Communications Letters,2016,20(12):2478-2481.

[58] Men J,Ge J. Performance Analysis of Non-Orthogonal Multiple Access in Downlink Cooperative Network[J]. IET Communications,2015,9(18):2267-2273.

[59] Men J,Ge J,Zhang C. Performance Analysis of Non-Orthogonal Multiple Access for Relaying Networks over Nakagami-m Fading Channels[J]. IEEE Transactions on Vehicular Technology,2017,66(2):1200-1208.

[60] Men J,Ge J,Zhang C. Performance Analysis for Downlink Relaying Aided Non-Orthogonal Multiple Access Networks with Imperfect CSI over Nakagami-m Fading[J]. IEEE Access,5:998-1004.

[61] Lv L,Ni Q,Ding Z,et al. Application of Non-Orthogonal Multiple Access in Cooperative Spectrum Sharing Networks over Nakagami-m Fading Channels[J]. IEEE Transactions on Vehicular Technology,2017,66(6):5506-5511.

[62] Hou T,Sun X,Song Z. Outage Performance for Non-Orthogonal Multiple Access With Fixed Power Allocation Over Nakagami-m Fading Channels[J]. IEEE Communications Letters,2018,22(4):744-747.

[63] Liu Y,Pan G,Zhang H,et al. Hybrid Decode-Forward & Amplify-Forward Relaying with Non-Orthogonal Multiple Access[J]. IEEE Access,2016,4:4912-4921.

[64] Liu G,Chen X,Ding Z,et al. Hybrid Half-Duplex/Full-Duplex Cooperative Non-Orthogonal Multiple Access With Transmit Power Adaptation[J]. IEEE Transactions on Wireless Communications,2017,17(1):506-519.

[65] Chen X,Benjebboui A,Lan Y,et al. Evaluation of Downlink Non-Orthogonal Multiple Access (NOMA) Combined with Open-Loop SU-MIMO[A]. IEEE Annual International Symposium on Personal,Indoor,and Mobile Radio Communication (PIMRC)[C]. 2014:1887-1891.

[66] Benjebbour A,Li A,Kishiyama Y,et al. System-Level Performance of Downlink NOMA Combined with SU-MIMO for Future LTE Enhancements[A]. 2014 IEEE Globecom Workshops (GC Workshops)[C]. 2014:706-710.

[67] Saito K,Benjebbour A,Kishiyama Y,et al. Performance and Design of SIC Receiver for Downlink NOMA with Open-Loop SU-MIMO[A]. IEEE International Conference on Communication Workshops (ICC Workshops)[C]. 2015:1161-1165.

[68] Ding Z,Adachi F,Poor H V. The Application of MIMO to Nor-Orthogonal Multiple Access[J]. IEEE Transactions on Wireless Communications,2016,15(1):537-552.

[69] Ding Z,Schober R,Poor H V. On the Design of MIMO-NOMA Downlink and Uplink Transmission[A]. IEEE International Conference on Communications(ICC)[C]. 2016:1-6.

[70] Ding Z,Schober R,Poor H V. A General MIMO Framework for NOMA Downlink and Uplink Transmission Based on Signal Alignment[J]. IEEE Transactions on Wireless Communications,2016,15(6):4438-4454.

[71] Sun Q, Han S, I C L, et al. On the Ergodic Capacity of MIMO NOMA Systems[J]. IEEE Wireless Communications Letters, 2015, 4(4): 405-408.

[72] Sun Q, Han S, Xu Z, et al. Sum Rate Optimization for MIMO Non-Orthogonal Multiple Access Systems[A]. IEEE Wireless Communications and Networking Conference (WCNC) [C]. 2015: 747-752.

[73] Choi J. On the Power Allocation for MIMO-NOMA Systems with Layered Transmissions [J]. IEEE Transactions on Wireless Communications, 2016, 15(5): 3226-3237.

[74] Liu Y, Elkashlan M, Ding Z, et al. Fairness of User Clustering in MIMO Non-Orthogonal Multiple Access Systems[J]. IEEE Communications Letters, 2016, 20(7): 1465-1468.

[75] Ding Z, Dai L, Poor H V. MIMO-NOMA Design for Small Packet Transmission in the Internet of Things[J]. IEEE Access, 2016, 4: 1393-1405.

[76] Shin W, Vaezi M, Lee B, et al. Coordinated Beamforming for Multi-Cell MIMO-NOMA[J]. IEEE Communications Letters, 2017, 21(1): 84-87.

[77] Ding Z, Poor H V. Design of Massive-MIMO-NOMA with Limited Feedback[J]. IEEE Signal Processing Letters, 2015, 23(5): 629-633.

[78] Zhang D, Yu K, Wen Z, et al. Outage Probability Analysis of NOMA within Massive MIMO Systems[A]. IEEE Vehicular Technology Conference (VTC Spring) [C]. 2016: 1-5.

[79] Nikopour H, Baligh H. Sparse Code Multiple Access[A]. IEEE Annual International Symposium on Personal, Indoor, and Mobile Radio Communications (PIMRC) [C]. 2013: 332-336.

[80] Taherzadeh M, Nikopour H, Bayesteh A, et al. SCMA Codebook Design[A]. IEEE Vehicular Technology Conference[C]. 2014: 1-5.

[81] Alam M, Zhang Q. Performance Study of SCMA Codebook Design[A]. IEEE Wireless Communications and Networking Conference (WCNC) [C]. 2017: 1-5.

[82] Wu Y, Zhang S, Chen Y. Iterative Multiuser Receiver in Sparse Code Multiple Access Systems[A]. IEEE International Conference on Communications (ICC) [C]. 2015: 2918-2923.

[83] Meng X, Wu Y, Chen Y, et al. Low Complexity Receiver for Uplink SCMA System via Expectation Propagation[A]. IEEE Wireless Communications and Networking Conference (WCNC) [C]. 2017: 1-5.

[84] Nikopour H, Yi E, Bayesteh A. SCMA for Downlink Multiple Access of 5G Wireless Networks[A]. IEEE Global Communications Conference (GLOBECOM) [C]. 2014: 3940-3945.

[85] Au K, Zhang L, Nikopour H, et al. Uplink Contention Based SCMA for 5G Radio Access[A]. IEEE Globecom Workshops[C]. 2014: 900-905.

[86] Bayesteh A, Yi E, Nikopour H.. Blind Detection of SCMA for Uplink Grant-Free Multiple Access[A]. International Symposium on Wireless Communications Systems (ISWCS) [C]. 2014: 853-857.

[87] Dai X, Chen S, Sun S, et al. Successive Interference Cancelation Amenable Multiple Access (SAMA) for Future Wireless Communications[A]. IEEE International Conference on Communication Systems (ICCC)[C]. 2014:222-226.

[88] 康绍莉,戴晓明,任斌. 面向5G的PDMA图样分割多址接入技术[J]. 电信网技术, 2015(5):43-47.

[89] Chen S, Ren B, Gao Q, et al. Pattern Division Multiple Access PDMA-A Novel Non-Orthogonal Multiple Access for Fifth-Generation Radio Networks [J]. IEEE Transactions on Vehicular Technology, 2017, 66(4): 3185-3196.

[90] Dai X, Zhang Z, Bai B, et al. Pattern Division Multiple Access: A New Multiple Access Technology for 5G[J]. IEEE Wireless Communications, 2018, 25(2):54-60.

[91] Ren B, Wang Y, Dai X, et al. Pattern Matrix Design Based on PDMA for 5G UL Application[J]. 2016, 13(2):159-173.

[92] Ren B, Yue X, Tang W, et al. Advanced IDD Receiver for PDMA Uplink System [A]. IEEE International Conference on Communications in China (ICCC)[C]. 2016:1-6.

[93] Zeng J, Li B, Su X, et al. Pattern Division Multiple Access (PDMA) for Cellular Future Radio Access[A]. IEEE International Conference on Wireless Communications & Signal Processing (WCSP)[C]. 2015:1-5.

[94] Ren B, Wang Y, Kang S, et al. Link Performance Estimation Technique of PDMA Uplink System 5G[J]. IEEE Access, 2017, 7:15571-15581.

[95] Zeng J, Kong D, Su X, et al. On the Performance of Pattern Division Multiple Access in 5G Systems[A]. International Conference on Wireless Communications Signal Processing (WCSP)[C]. 2016:1-5.

[96] Tang W, Kang S, Ren B, et al. Uplink Pattern Division Multiple Access (PDMA) in 5G Systems[J], IET Communications, 2018, 12(9):1029-1034.

[97] Tang W, Kang S, Ren B. Performance Analysis of Cooperative Pattern Division Multiple Access (Co-PDMA) in Uplink Network[J]. IEEE Access, 2017, 5:3860-3868.

[98] 袁志锋,郁光辉,李卫敏. 面向5G的MUSA多用户共享接入[J]. 电信网技术, 2015(5):28-31.

[99] Yuan Z, Yu G, Li W, et al. Multi-User Shared Access for Internet of Things[A]. IEEE Vehicular Technology Conference (VTC Spring)[C]. 2016: 1-5.

[100] 3GPP R1-164688, Resource Spread Multiple Access, Qualcomm Inc.

[101] 3GPP R1-162202, Candidate NR Multiple Access Schemes, Qualcomm Inc.

[102] 3GPP R1-162517, Consideration on DL/UL Multiple Access for NR, LG Electronic.

[103] Gradshteyn I S, Ryzhik I M. Table of Integrals, Series and Products[M], 6th ed. New York, NY, USA: Academic Press, 2000.

[104] Simon M R, Alouini M S. Digital Communication over Fading Channels[M], 2nd ed. John Wiley & Sons Inc, 2005.

[105] Karagiannidis G K, Tsiftsis T A, Mallik R K. Bounds for Multihop Relayed Communications in Nakagami-m Fading[J]. IEEE Transactions on Communications, 2006, 54(1): 18-22.

[106] Suraweera H A, Karagiannidis G K. Closed-Form Error Analysis of the Non-Identical Nakagami-m Relay Fading Channel[J]. IEEE Communications Letters, 2008, 12(4): 259-261.

[107] David H A, Nagaraja H N. Order Statistics, 3rd ed. New York: John Wiley, 2003.

[108] Tse D, Viswanath P. Fundamentals of Wireless Communication[M]. New York: Cambridge University Press, 2005: 425-483.

[109] Leonardo E J, Yacoub M D. Exact Formulations for the Throughput of IEEE 802.11 DCF in Hoyt, Rice, and Nakagami-m Fading Channels[J]. IEEE Transactions on Wireless Communications, 2013, 12(5): 2261-2271.

[110] Ju H, Oh E, Hong D. Improving Efficiency of Resource Usage in Two-Hop Full Duplex Relay Systems Based on Resource Sharing and Interference Cancellation [J]. IEEE Transactions Wireless Communications, 2009, 8(8): 3933-3938.

[111] Riihonen T, Werner S, Wichman R. Mitigation of Loopback Self-Interference in Full-Duplex MIMO Relays. IEEE Transactions Signal Processing, 2011, 59(12): 5983-5993.

[112] Zhang Z, Chai X, Long K, et al. Full Duplex Techniques for 5G Networks: Self-Interference Cancellation, Protocol Design, and Relay Selection[J]. IEEE Communications Magazine, 2015, 53(5): 128-137.

[113] Wang Q, Dong Y, Xu X, et al. Outage Probability of Full-Duplex AF Relaying with Processing Delay and Residual Self-Interference [J]. IEEE Communications Letters, 2015, 19(5): 783-786.

[114] Osorio D P M, Olivo E E B, Alves H, et al. Exploiting The Direct Link in Full-Duplex Amplify-and-Forward Relaying Networks[J]. IEEE Signal Processing Letters, 2015, 22(10): 1766-1770.

[115] Kwon T, Lim S, Choi S, et al. Optimal Duplex Mode for DF Relay in Terms of the Outage Probability[J]. IEEE Transactions Vehicular Technology, 2010, 59(7): 3628-3634.

[116] Riihonen T, Werner S, Wichman R. Hybrid Full-Duplex/Half-Duplex Relaying with Transmit Power Adaptation [J]. IEEE Transactions. Wireless Communications, 2011, 10(9): 3074-3085.

[117] Mobini Z, Mohammadi M, Suraweera H A, et al. Full-Duplex Multi-Antenna Relay Assisted Cooperative Non-Orthogonal Multiple Access[A]. IEEE Global Communications Conference (GLOBECOM)[C] 2017: 1-7.

[118] Kader M F, Shin S Y, Leung V C M. Full-Duplex Non-Orthogonal Multiple Access in Cooperative Relay Sharing for 5G Systems[J]. IEEE Transactions on Vehicular Technology, 2018, 67(7): 5831-5840.

[119] Krikidis I, Suraweera H A, Smith P J, et al. Full-Duplex Relay Selection for Amplify-and-Forward Cooperative Networks[J]. IEEE Transactions on Wireless Communications, 2012, 11(12): 4381-4393.

[120] Cover T M, Thomas J A. Elements of information theory[M], 6th ed., Wiley and Sons, New York, 1991.

[121] Riihonen T, Werner S, Wichman R. Optimized Gain Control for Single-Frequency Relaying with Loop Interference[A]. IEEE International Workshop on Signal Processing Advances in Wireless Communications (SPAWC)[C]. 2009: 275-279.

[122] Ng D W K, Scholer R. Dynamic Resource Allocation in OFDMA Systems with Full-Duplex and Hybrid Relaying[A]. IEEE International Conference on Communication (ICC)[C]. 2011: 1-6.

[123] Nasir A A, Zhou X, Durrani S, et al. Relaying Protocols for Wireless Energy Harvesting and Information Processing[J]. IEEE Transactions on Wireless Communications, 2013, 12(7): 3622-3636.

[124] Zhong C, Suraweera H A, Zheng G, et al. Wireless Information and Power Transfer with Full Duplex Relaying[J]. IEEE Transactions on Communications, 2014, 62(10): 3447-3461.

[125] Mesodiakaki A, Adelantado F, Alonso L, et al. Energy Efficient Context-Aware User Association for Outdoor Small Cell Heterogeneous Networks[A]. IEEE International Conference on Communication (ICC)[C]. 2014: 1614-1619.

[126] Su L, Yang C, Xu Z, Molisch A. Energy-efficient Downlink Transmission with Base Station Closing in Small Cell Networks[A]. IEEE International Conference on Acoustics, Speech and Signal Processing (ICASSP)[C]. 2013: 4784-4788.

[127] Liu D, Chen Y, Chai K K, et al. Joint Uplink and Downlink User Association for Energy-Efficient HetNets Using Nash Bargaining Solution[A]. IEEE Vehicular Technology Conference (VTC Spring)[C]. 2014: 1-5.

[128] Zhu H, Wang S, Chen D. Energy-Efficient User Association for Heterogenous Cloud Cellular Networks[A]. IEEE Global Communications Conference (GLOBECOM) Workshops[C]. 2012: 273-278.

[129] Chavarria Reyes E, Akyildiz I, Fadel E. Energy Consumption Analysis and Minimization in Multi-Layer Heterogeneous Wireless Systems[J]. IEEE Transactions on Mobile Computing, 2015, 14(12): 2474-2487.

[130] Bai Z, Jia J, Wang C X at al. Performance Analysis of SNR-Based Incremental Hybrid Decode-Amplify-Forward Cooperative Relaying Protocol[J]. IEEE Transactions on Communications, 2015, 63(6): 2094-2106.

[131] Jing Y, Jafarkhani H. Single and Multiple Relay Selection Schemes and Their Achievable Diversity Orders[J]. IEEE Transactions. Wireless Communications, 2009, 8(3): 1414-1423.

[132] Zlatanov N, Jamali V, Schober R. Achievable Rates for the Fading Half-duplex Single Relay Selection Network Using Buffer-Aided Relaying[J]. IEEE Transactions Wireless Communications, 2015, 14(8):4494-4507.

[133] Liu Y, Wang L, Duy T T, et al. Relay Selection for Security Enhancement in Cognitive Relay Networks[J]. IEEE Wireless Communications, 2015, 4(1):46-49.

[134] Zhong B, Zhang Z, Chai X, et al. Performance Analysis for Opportunistic Full-Duplex Relay Selection in Underlay Cognitive Networks [J]. IEEE Transactions Vehicular Technology, 2015, 64(10):4905-4910.

[135] Ding Z, Dai H, Poor H V. Relay Selection for Cooperative NOMA[J]. IEEE Wireless Communications, 2016, 5(4):416-419.

[136] Yang Z, Ding Z, Wu Y, et al. Novel Relay Selection Strategies for Cooperative NOMA [J]. IEEE Transcations on Vehichlar technoloygy, 2017, 66 (11):10114-10123.

[137] Deng D, Fan L, Lei X, et al. Joint User and Relay Selection for Cooperative NOMA Networks[J]. IEEE Access, 2017, 5:20220-20227.

[138] Haenggi M. Stochastic Geometry for Wireless Communication[M], Cambridge, UK: Cambridge University Press, 2012.

[139] Srinivasa S, Haenggi M. Distance Distributions in Finite Uniformly Random Networks: Theory and Applications[J]. IEEE Transactions on Vehicular Technology, 2010, 59(2): 940-949.

[140] Kolodziej K E, McMichael J G, Perry B T. Multitap RF Canceller for in-Band Full-Duplex Wireless Communications[J]. IEEE Transactions on Wireless Communications, 2016, 15 (6):4321-4334.

[141] Ding Z, Zhao Z, Peng M, et al. On the Spectral Efficiency and Security Enhancement of NOMA Assisted Multicast-Unicast Streaming[J]. IEEE Transactions on Communications, 2017, 65(7): 3151-3163.

[142] Ding Z, Dai L, Poor H V. MIMO-NOMA Design for Small Packet Transmission in the Internet of Things[J]. IEEE Access, 2016, 4:1393-1405.

[143] Ding Z, Krikidis I, Sharif B, et al. Wireless Information and Power Transfer in Cooperative Networks with Spatially Random Relays[J]. IEEE Transactions on Wireless Communications, 2014, 13(8):4440-4453.

[144] Hildebrand E. Introduction to Numerical Analysis[M]. New York, USA, 1987.

[145] Shannon C E. Two-way Communication Channels[M]. in Proc 4th Berkeley Symp. Math. Stat and Prob., vol. 1, pp. 611-644, 1961. 19.

[146] Jang Y U, Lee Y H. Performance Analysis of User Selection for Multiuser Two-Way Amplify-and-Forward Relay [J]. IEEE Communications Letters, 2010, 14 (11): 1086-1088.

[147] Louie R H Y, Li Y, Vucetic B. Practical Physical Layer Network Coding for Two-Way Relay Channels: Performance Analysis and Comparison [J]. IEEE Transaction Wireless Communications, 2010, 9(2):764-777.

[148] Hyadi A, Benjillali M, Alouini M S. Outage Performance of Decode-and-Forward in Two-Way Relaying with Outdated CSI[J]. IEEE Transactions Vehicular Technology, 2015, 64(12): 5940-5947.

[149] Li C, Xia B, Shao S, Chen Z, et al. Multi-User Scheduling of the Full-Duplex Enabled Two-Way Relay Systems[J]. IEEE Transactions Wireless Communications, 2017, 16(2): 1094-1106.

[150] Song K, Ji B, Huang Y, et al. Performance Analysis of Antenna Selection in Two-Way Relay Networks[J]. IEEE Transactions Signal Processing, 2015, 63(10): 2520-2532.

[151] Zhang Z, Ma Z, Ding Z, et al. Full-Duplex Two-Way and One-Way Relaying: Average Rate, Outage Probability, and Tradeoffs[J]. IEEE Transactions Wireless Communications, 15(6): 3920-3933.

[152] Chen H, Li G, Cai J. Spectral-Energy Efficiency Tradeoff in Full-Duplex Two-Way Relay Networks[J]. IEEE Systems Jourgal, 2015, 7: 1-10.

[153] Ho C, Leow C. Cooperative Non-Orthogonal Multiple Access Using Two-Way Relay[J]. 2017 IEEE International Conference on Signal and Image Processing Applications (ICSIPA), 2017.

[154] Wang X, Jia M, Ho I, et al. Exploiting Full-Duplex Two-Way Relay Cooperative Non-Orthogonal Multiple Access[J]. IEEE Transactions on Communications, 2019, 67(4): 2716-2729.

[155] Zheng B, Wang X, Wen M, et al. Secure NOMA Based Two-Way Relay Networks Using Artificial Noise and Full Duplex[J]. IEEE Journal on Selected Areas in Communications, 2017, 35(10): 2328-2341.

[156] Zheng B, Wang X, Wen M, et al. NOMA-Based Multi-Pair Two-Way Relay Networks with Rate Splitting and Group Decoding[J]. IEEE Journal on Selected Areas in Communications, 2017, 35(10): 2328-2341.

[157] Shukla M, Nguyen H, Pandey O. Secrecy Performance Analysis of Two-Way Relay Non-Orthogonal Multiple Access Systems[J]. IEEE Access, 2020, 8: 39502-39512.

[158] Nadarajah S. A Review of Results on Sums of Random Variables[J]. Acta Applcandae Mathematicae, 2008, 103(2): 131-141.

[159] Afshang M, Dhillon H S. Fundamentals of Modeling Finite Wireless Networks Using Binomial Point Process[J]. IEEE Transactions on Wireless Communications, 2017, 16(5): 3355-3370.

[160] Men J, Ge J. Non-Orthogonal Multiple Access for Multiple-Antenna Relaying Networks [J]. IEEE Communications Letters, 2015, 19(10): 1686-1689.

[161] Zhu J, Wang J, Huang Y, et al. On Optimal Power Allocation for Downlink Non-Orthogonal Multiple Access Systems[J]. IEEE Journal of Selected Areas in Communications, 2017, 35(12): 2744-2757.

[162] Forney G D, Wei L F. Multidimensional Constellations. I. Introduction, Figures of Merit, and Generalized Cross Constellations[J]. IEEE Journal on Selected Areas in Communications, 1989, 7(6): 877-892.

[163] Xiao B, Xiao K, Zhang S, et al. Iterative Detection and Decoding for SCMA Systems with LDPC Codes[A]. IEEE International Conference on Wireless Communications & Signal Processing (WCSP)[C]. 2015, 1-5.

[164] Bao J, Ma Z, Xiao M, et al. Performance Analysis of Uplink Sparse Code Multiple Access with Iterative Multiuser Receiver[A]. IEEE International Communications Conferece (ICC)[C]. 2017: 1-6.

[165] Yang Z, Cui J, Lei X, et al. Impact of Factor Graph on Average Sum Rate for Uplink Sparse Code Multiple Access Systems[J]. IEEE Access, 2016, 4: 6585-6590.

[166] Zhang S, Xu X, Lu L, et al. Sparse Code Multiple Access: An Energy Efficient Uplink Approach for 5G Wireless Systems [A]. IEEE Global Communications Conference (GLOBECOM)[C], Austin, TX, USA, Dec. 2014, 4782-4787.

[167] Bao J, Ma Z, Xiao M, et al. Performance Analysis of Uplink SCMA with Receiver Diversity and Randomly Deployed Users [J]. IEEE Transactions Vehicular Technology, 2018, 67(3): 2792-2797.

[168] Li P, Liu L, Wu K, et al. Interleave Division Multiple Access[J]. IEEE Transactions on Wireless Communications, 2006, 5(4): 938-947.

[169] Bilim M, Kapucu N, Develi I. A Closed-Form Approximate Bep Expression for Cooperative IDMA Systems over Multipath Nakagami-*m* Fading Channels. IEEE Communications Letters, 2016, 20(8): 1599-1602.

[170] Wang Q, Zhang R, Yang L, et al. Non-orthogonal Multiple Access: A Unified Perspective [J]. IEEE Transactions on Wireless Communications, 2018, 25(2)10-16.

[171] Qin Z, Yue X, Liu Y, et al. User Association and Resource Allocation in Unified NOMA Enabled Heterogeneous Ultra Dense Networks[J]. IEEE Communications Magazine, 2018, 56(6): 86-92.

[172] Men J, Ge J. Non-orthogonal Multiple Access for Multiple-antenna Relaying Networks [J] IEEE Communacations Letters, 2015, 19(10): 1686-1689.

[173] Mukherjee A, Fakoorian S A A, Huang J, et al. Principles of Physical Layer Security in Multiuser Wireless Networks: A Survey[J]. IEEE Communacations Surveys Tutorials, 2014, 16(3): 1550-1573.

[174] Fang D, Qian Y, Hu R Q. Security for 5G Mobile Wireless Networks[J]. IEEE Access, 2018, 6: 4850-4874.

[175] Zhang Y, Wang H, Yang Q, et al. Secrecy Sum Rate Maximization in Non-Orthogonal Multiple Access[J]. IEEE Communications Letters, 2016, 20(5): 930-933.

[176] Ding Z, Zhao Z, Peng M, et al. On the Spectral Efficiency and Security Enhancements of NOMA Assisted Multicast-Unicast Streaming[J]. IEEE Transactions on Communications, 2017, 65(7): 3151-3163.

[177] Liu Y, Qin Z, Elkashlan M, et al. Enhancing the Physical Layer Security of Non-Orthogonal Multiple Access in Large-Scale Networks[J]. IEEE Transactions on Wireless Communications, 2017, 16(3): 1656-1672.

[178] He B, Liu A, Yang N, et al. On the Design of Secure Non-Orthogonal Multiple Access Systems[J]. IEEE J. Sel. Areas Commun., 2017, 35(10): 2196-2206.

[179] Lv L, Ding Z, Ni Q, et al. Secure MISO-NOMA Transmission with Artificial Noise [J]. IEEE Transactions Vehicular Technology, 2018, 67(7): 6700-6705.

[180] Lei H, Zhang J, Park K, et al. Secrecy Outage of Maxcmin TAS Scheme in MIMO-NOMA Systems [J]. IEEE Transactions Vehicular Technology, 2018, 67 (8): 6981-6990.

[181] Arafa A, Shina W, Vaezi M, et al. Securing Downlink Non-Orthogonal Multiple Access Systems by Trusted Relays[A]. IEEE Global Communications Conference (GLOBECOM) [C], Abu Dhabi, UAE, Dec. 2018, 1-6.

[182] Zhang H, Yang N, Long K, et al. Secure Communications in NOMA System: Subcarrier Assignment and Power Allocation[J]. IEEE Journal on Selected Areas in Communications, 2018, 36(7): 1441-452.

[183] Lei H, Yang Z, Park K, et al. Secrecy Outage Analysis for Cooperative NOMA Systems with Relay Selection Schemes[J]. IEEE Transactions on Communications, 2019, 67(9): 6282-6298.

[184] Lei H, Zhang J, Park K, et al. On Secure NOMA Systems with Transmit Antenna Selection Schemes[J]. IEEE Access, 5: 17450-17464.

[185] Hu J, Duman T M. Graph-Based Detection Algorithms for Layered Space-Time Architectures[J]. IEEE Journal on Selected Areas in Communications, 2008, 26 (2): 269-280.

[186] Yang N, Suraweera H A, Collings I B, et al. Physical Layer Security of TAS/MRC with Antenna Correlation[J]. IEEE Transactions on Information Forensics and Security, 2013, 8(1): 254-259.

[187] Ekrem E, Ulukus S. The Secrecy Capacity Region of the Gaussian MIMO Multi-Receiver Wiretap Channel[J]. IEEE Transactions on Information Theory, 57(4): 2083-2114.

[188] Ding Z, Krikidis I, Sharif B, et al. Wireless Information and Power Transfer in Cooperative Networks with Spatially Random Relays [J]. IEEE Transactions on Wireless Communications, 2014, 13(8): 4440-4453.

[189] Jia M, Wang X, Guo Q, et al. Performance Analysis of Cooperative Non-orthogonal Multiple Access Based on Spectrum Sensing[J]. IEEE Transactions Vehicular Technology, 2019, 68(7): 6855-6866.

[190] Mathar R J. Gauss-Laguerre and Gauss-Hermite Quadrature on 64, 96 and 128 Nodes [J]. 2013. [Online]. Available: http://vixra.org/abs/1303.

[191] Bhatnagar M R, Arti M K. Performance Analysis of AF Based Hybrid Satellite-Terrestrial Cooperative Network over Generalized Fading Channels [J]. IEEE Communications Letters, 2013, 17(10): 1912-1915.

[192] Cioni S, Gaudenzi R D, Herrero O D R, et al. On the Satellite Role in the Era of 5G Massive Machine Type of Communications[J]. IEEE Network, 2018, 32(5): 54-61.

[193] Perez-Neira Ana I, Marius C, Vazquez M A, et al. NOMA Schemes for Multibeam Satellite Communications. 2018. [Online]. Available: https://arxiv. org/abs/1810. 08440v1.

[194] Zhao N, Pang X, Li Z, Chen Y, et al. Joint Trajectory and Precoding Optimization for UAV-Assisted NOMA Networks[J]. IEEE Transactions on Wireless Communications, 67(5): 3723-3735.

[195] Zhu X, Jiang C, Kuang L, et al. Non-Orthogonal Multiple Access Based Intergrated Terrestrical-Satellite Networks[J]. IEEE Journal on Selected Areas in Communications, 2017, 35(10): 2253-2267.

[196] Yan X, Xiao H, Wang C, Chronopoulos A T, et al. Performance Analysis of NOMA-Based Land Mobile Satellite Networks[J]. IEEE Access, 2018, 6: 31327-31339.

[197] Li T, Hao X, Li H, et al. Non-orthogonal Multiple Access in Coordinated LEO Satellite Networks[A]. International Conference on Cyberspace Data and Intelligence [C]. 2019: 1-6.

[198] Zhang X, Zhang B, An K, et al. Outage Performance of NOMA-Based Cognitive Hybrid Satellite Terrestrial Overlay Networks by Amplify-and-Forward Protocols [J]. IEEE Access, 2019, 7: 85372-85381.

[199] Yan X, Xiao H, Wang C, et al. Hybrid Satellite Terrestrial Relay Networks with Cooperative Non-Orthogonal Multiple Access[J]. IEEE Communications Letters, 2018, 22(5): 978-981.

[200] Yan X, An K, Liang T, et al. The Application of Power-Domain Non-orthogonal Multiple Access in Satellite Communication Networks[J]. IEEE Access, 2019, 7: 63531-63539.

[201] Zheng G, Chatzinotas S, Ottersten B. Generic optimization of linear Precoding in Multibeam Satellite Systems[J]. IEEE Transactions on Wireless Communications, 2012, 11(6): 2308-2320.

[202] Li T, Hao X, Yue X. A Power Domain Multiplexing Based Co-Carrier Transmission Method in Hybrid Satellite Communication Networks [J]. IEEE Access, to appear in 2020.